西门子工业自动化系列教材

西门子人机界面（触摸屏）组态与应用技术

第 3 版

廖常初　主　编
陈晓东　副主编

机 械 工 业 出 版 社

本书介绍了人机界面与触摸屏的工作原理，通过大量的实例，深入浅出地介绍了西门子人机界面组态和调试的方法和技巧，人机界面与 PLC 和计算机通信的方法，以及 PLC 和人机界面应用的工程实例。详细介绍了仿真调试 PLC 和人机界面组成的控制系统的方法。读者用例程在计算机上做仿真实验，可以较快地掌握人机界面组态和使用的方法。

本书的随书资源有与内容配套的 40 个例程、40 多个多媒体视频教程、20 多本中文用户手册和有关的软件。各章有适量的习题，附录有 20 多个实验的指导书。可以用仿真的方法做实验指导书中的绝大多数实验。

本书可以作为大专院校电类、机电一体化专业和培训班的教材，也可供工程技术人员参考。

图书在版编目（CIP）数据

西门子人机界面（触摸屏）组态与应用技术/廖常初主编 . —3 版 . —北京：机械工业出版社，2018.5（2025.1 重印）
西门子工业自动化系列教材
ISBN 978-7-111-60186-9

Ⅰ. ①西… Ⅱ. ①廖… Ⅲ. ①人机界面-程序设计-教材 Ⅳ. ①TP311.1

中国版本图书馆 CIP 数据核字（2018）第 126517 号

机械工业出版社（北京市百万庄大街 22 号 邮政编码 100037）
策划编辑：时 静 责任编辑：时 静
责任校对：张艳霞 责任印制：常天培
固安县铭成印刷有限公司印刷

2025 年 1 月第 3 版·第 14 次印刷
184mm×260mm·17.25 印张·418 千字
标准书号：ISBN 978-7-111-60186-9
        ISBN 978-7-89386-181-9（光盘）
定价：59.80 元（含 2DVD）

凡购本书，如有缺页、倒页、脱页，由本社发行部调换

电话服务 网络服务
服务咨询热线：(010)88379833 机 工 官 网：www.cmpbook.com
 机 工 官 博：weibo.com/cmp1952
读者购书热线：(010)88379649 教育服务网：www.cmpedu.com
封面无防伪标均为盗版 金 书 网：www.golden-book.com

前　言

随着工业自动化水平的迅速提高，人机界面技术已在工业控制领域得到了广泛的应用。党的二十大报告提出，推进新型工业化，加快建设制造强国。提升工业自动化水平是我国从制造大国向制造强国转变的关键环节。在此背景下，人机界面已经成为现代工业控制系统必不可少的设备之一，也加速推动着传统工业的智能化转型。本书是一本全面介绍西门子人机界面（HMI）组态和应用的教材。自本书第 2 版出版至今，西门子的人机界面产品的硬件、软件发生了很大的变化。精简系列、精智系列、精彩系列面板取代了 177、277、377 系列面板，TIA 博途中的组态软件 WinCC 取代了 WinCC flexible。

本书（第 3 版）根据西门子 HMI 产品最新的用户手册、组态软件 TIA 博途 V13 SP1 和 WinCC flexible SMART V3 做了全面的改写。通过大量的实例，深入浅出地介绍了使用组态软件对西门子人机界面组态和调试的方法和技巧。

本书第 1 章介绍了液晶显示器、触摸屏和人机界面的工作原理以及西门子的人机界面产品。第 2 章通过一个简单的例子，介绍了 HMI 组态与调试的入门知识，包括画面组态、仿真调试、HMI 与 PLC 的通信。第 3 章介绍了项目的组态方法和技巧。第 4 章介绍了各种基本画面对象的组态方法。第 5~8 章对报警、系统诊断、用户管理、数据记录、报警记录、趋势视图、配方、报表、运行脚本、项目移植、用 ProSave 传送数据作了专题介绍。第 9 章综合前面各章的内容，介绍了 PLC 和人机界面应用的工程实例。第 10 章介绍了精彩系列面板和它的组态软件 WinCC flexible SMART V3 的使用方法。

PLC 的仿真软件 S7-PLCSIM 和 HMI 的运行系统可以分别对 PLC 和 HMI 仿真，它们还可以对 PLC 和 HMI 组成的控制系统仿真。本书具有很强的可操作性，通过大量的实例，详细介绍了人机界面的组态方法和 3 种不同的仿真方法。随书资源有与内容配套的 40 个例程、40 多个多媒体视频教程、20 多本中文用户手册和配套的软件。读者一边阅读一边在计算机上用例程做仿真实验，就可以较快地掌握人机界面组态和使用的方法。

为了方便教学，本书配有教学用电子课件，可通过 www. cmpedu. com 下载（注册并审核通过后，输入书名或 60186 即可搜索到本书）。各章有适量的习题，附录中有 20 多个实验的指导书。只用计算机就可以用仿真的方法做实验指导书中的绝大多数实验。

本书的配套软件包括 STEP 7 Professional V13 SP1、WinCC Professional V13 SP1、TIA V13 SP1 UPD9、S7-PLCSIM V13 SP1、PLCSIM V13 SP1 UPD1、WinCC flexible SMART V3 和 WinCC flexible SMART V3 UPD3。

本书可以作为大专院校电类、机电一体化专业和培训班的教材，也可以供工程技术人员和西门子人机界面的用户参考。

本书由廖常初任主编，陈晓东任副主编，范占华、李运树、廖亮、孙明渝、文家学参加了编写工作。

因作者水平有限，书中难免有错漏之处，恳请读者批评指正。

重庆大学电气工程学院　廖常初

目　　录

第1章　人机界面的硬件与工作原理

1.1　人机界面概述

1.1.1　人机界面

PLC 是一种以微处理器为基础的通用工业自动控制装置，它综合了现代计算机技术、自动控制技术和通信技术，具有体积小、功能强、程序设计简单、维护方便、可靠性高等优点，被称为现代工业自动化的支柱之一。

人机界面装置是操作人员与 PLC 之间双向沟通的桥梁，很多工业被控对象要求控制系统具有很强的人机界面功能，用来实现操作人员与计算机控制系统之间的对话和相互作用。它们用来显示 PLC 的开关量的 0、1 状态和各种数据，接收操作人员发出的各种命令和设置的参数。人机界面装置一般安装在控制屏上，必须适应恶劣的现场环境，其可靠性应与 PLC 的可靠性相同。

如果用按钮、开关和指示灯等作人机界面装置，它们提供的信息量少，需要熟练的操作人员来操作，而且操作困难。如果用七段数字显示器来显示数字，用拨码开关来输入参数，它们占用 PLC 的 I/O 点数多，硬件成本高。

在环境条件较好的控制室内，可以用计算机作人机界面装置。早期的工业控制计算机用 CRT 显示器和薄膜键盘作工业现场的人机界面，它们的体积大，安装困难，对现场环境的适应能力差。现在使用的几乎都是基于液晶显示器（LCD）的操作员面板和触摸屏。

人机界面（Human Machine Interface）简称为 HMI。从广义上说，HMI 泛指计算机（包括 PLC）与操作人员交换信息的设备。在控制领域，HMI 一般特指用于操作人员与控制系统之间进行对话和相互作用的专用设备。西门子公司的手册将人机界面装置称为 HMI 设备，本书同样将它们称为 HMI 设备。

人机界面是按工业现场环境应用来设计的，正面的防护等级为 IP65，背面的防护等级为 IP20，坚固耐用，其稳定性和可靠性与 PLC 相当，非常适合在恶劣的工业环境中长时间连续运行，因此人机界面是 PLC 的最佳搭档。

人机界面用于承担下列任务。

- 过程可视化：在人机界面上动态显示过程数据（即 PLC 采集的现场数据）。
- 操作员对过程的控制：操作员通过图形界面来控制过程。例如，操作员可以用触摸屏画面中的输入域来修改控制系统的参数，或者用画面中的按钮来起动电动机。
- 显示报警：过程的临界状态会自动触发报警，例如当变量超出设定值时。
- 记录（归档）功能：顺序记录过程值和报警信息，用户可以检索以前的生产数据。
- 输出过程值和报警记录：例如可以在某一轮班结束时打印输出生产报表。
- 配方管理：将过程和设备的参数存储在配方中，可以一次性将这些参数从人机界面下载到 PLC，以便改变产品的品种。

在使用人机界面时，需要解决画面设计和与 PLC 通信的问题。人机界面生产厂家用组态软件很好地解决了这两个问题。组态软件使用方便、易学易用。使用组态软件可以很容易地生成人机界面的画面，还可以实现某些动画功能。人机界面用文字或图形动态地显示 PLC 中开关量的状态和数字量的数值。通过各种输入方式，将操作人员的开关量命令和数字量设定值传送到 PLC。

各种品牌的人机界面一般都可以和各主要生产厂家的 PLC 通信。用户不用编写 PLC 和人机界面的通信程序，只需要在 PLC 的编程软件和人机界面的组态软件中对通信参数进行简单的设置，就可以实现人机界面与 PLC 的通信。

各主要的控制设备生产厂商，例如西门子、AB、施奈德和三菱等公司，均有它们的人机界面系列产品，此外还有一些专门生产人机界面的厂家。不同厂家的人机界面（包括它们的组态软件）之间互不兼容。

过去应用人机界面的主要障碍是它的价格较高，随着技术的发展和应用的普及，近年来人机界面的价格已经大幅下降，一个大规模应用人机界面的时代正在到来，人机界面已经成为现代工业控制系统必不可少的设备之一。

1.1.2 液晶显示器

液晶是一种介于固态和液态之间的物质，是具有规则性分子排列的有机化合物，如果把它加热会呈现透明的液体状态，把它冷却则会出现结晶颗粒的混浊固体状态。正是由于它的这种特性，所以被称之为液晶（Liquid Crystal）。用于液晶显示器的液晶分子结构排列类似细火柴棒，称为向列型（Nematic）液晶，采用液晶制造的液晶显示器（Liquid Crystal Display）简称为 LCD。

1. TN-LCD

扭曲向列型 LCD 的英语名称为 Twisted Nematic LCD，简称为 TN-LCD，其他种类的液晶显示器是在 TN 型的基础上改进的。图 1-1 是 TN 型液晶显示器的结构示意图，它由垂直方向与水平方向的偏光板、具有细纹沟槽的配向膜、液晶材料以及导电的玻璃基板等组成。

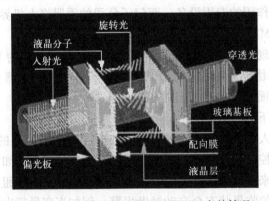

图 1-1 TN 型液晶显示器显示原理（亮的情况）

TN 型液晶显示器无法显示细腻的字符，通常用于电子表和计算器。

2

2. STN-LCD

超扭曲向列 LCD 的英语名称为 Super Twisted Nematic LCD，简称为 STN-LCD。其显示原理与 TN 型相类似。TN-LCD 的液晶分子将入射光旋转 90°，而 STN-LCD 将入射光旋转 180°~270°。由于扭转角度较大，字符显示比 TN-LCD 细腻。

STN-LCD 属于被动矩阵式 LCD 器件，反应时间较长。传统单色 STN 液晶显示器加上彩色滤光片，并将单色显示矩阵中的每个像素分成 3 个子像素，分别通过彩色滤光片显示红、绿、蓝三原色，就可以显示出彩色画面。由于 STN-LCD 支持的色彩数有限（例如 8 色或 16 色），所以也称为"伪彩"显示器。

STN 方式的图像质量较差，在较暗的环境中清晰度很差，需要配备外部光源。但是具有功耗小、价格低的优点，现在只有少量小型低端 HMI 使用 STN-LCD。

3. TFT-LCD

TFT 是薄膜晶体管（Thin Film Transistor）的缩写。TFT 液晶显示器又称为"真彩"显示器，TFT-LCD 采用与 TN 系列 LCD 截然不同的显示方式，但是在构造上和 TN 液晶显示器有相似之处，同样采用两夹层间填充液晶分子的设计，只不过把 TN 上部夹层的电极改为 FET（场效应晶体管），而下层改为共同电极。

TFT-LCD 为每个像素设有一个半导体开关，属于有源矩阵液晶显示器。它可以"主动地"对屏幕上的各个独立的像素进行控制，每一液晶像素点都用集成在其后的薄膜晶体管来驱动，每个像素都可以通过脉冲直接控制，因为每个像素都可以相对独立地控制，不仅提高了显示屏的反应速度，同时可以精确控制显示色阶，所以 TFT 液晶的色彩逼真。

TFT 液晶显示器较为复杂，主要是由荧光管、导光板、偏光板、滤光板、玻璃基板、配向膜、液晶材料、薄膜晶体管等构成。

在光源设计上，TFT 的显示采用"背透式"照射方式，即在液晶的背部设置类似日光灯的光源。光源先经过一个偏光板，然后再经过液晶。液晶分子的排列方式会改变穿透液晶的光线角度，通过遮光和透光来达到显示信息的目的。这些光线还必须经过前方的彩色滤光膜与另外一块偏光板。因此只要改变加在液晶上的电压值，就可以控制最后出现的光线强度与色彩，这样就能在液晶面板上显示出有不同色调的颜色组合。

由于 FET 晶体管具有电容效应，能够保持电位状态，先前透光的液晶分子会一直保持这种状态，直到 FET 电极下一次再加电改变其排列方式。相对而言，TN 就没有这个特性，其液晶分子一旦没有施压，立刻就会返回原始状态，这是 TFT 液晶和 TN 液晶显示的最大不同之处。

TFT 液晶显示屏的特点是亮度好、对比度高、层次感强、颜色鲜艳，反应时间较短，且其可视角度大，可达到 170°。与 STN 相比，TFT 有出色的色彩饱和度、还原能力和更高的对比度。但是也有耗电较多和成本较高的缺点。

西门子现在的 HMI 产品已经全部使用彩色的 TFT 液晶显示器。

1.1.3 人机界面的工作原理

人机界面最基本的功能是显示现场设备（通常是 PLC）中的开关量状态和存储器中数字变量的值，用监控画面向 PLC 发出开关量命令，以及修改 PLC 存储器中的参数。

1. 对画面组态

"组态"（Configuration）一词有配置和参数设置的意思。人机界面用个人计算机上运行的组态软件来生成满足用户要求的监控画面，用画面中的图形对象来实现其功能，用项目来管理这些画面。

使用组态软件可以很容易地生成人机界面的画面，用文字或图形动态地显示 PLC 中的开关量的状态和数字量的数值。通过各种输入方式，将操作人员的开关量命令和数字量设定值传送到 PLC。画面的生成是可视化的，一般不需要用户编程，组态软件的使用简单方便，很容易掌握。

在画面中生成图形对象后，只需要将图形对象与 PLC 中的存储器地址联系起来，就可以实现控制系统运行时 PLC 与人机界面之间的自动数据交换。

画面由组成背景的静态对象和动态对象组成。静态对象包括静态文字、数字、符号和静态图形，图形可以在组态软件中生成，也可以用其他绘图软件生成。

动态对象用与 PLC 内的变量相连的数字、图形符号、条形图或趋势图等方式显示出来。在运行时，可以用功能键来切换画面。还可以组态人机界面监视 PLC 的报警条件和报警画面，以及报警发生时需要打印的信息。

2. 人机界面的通信功能

人机界面具有很强的通信功能，有的配备有多个通信接口。使用各种通信接口和通信协议，人机界面能与各主要生产厂家的 PLC 通信，以及与运行组态软件的计算机通信。通信接口的个数和种类与人机界面的型号有关。西门子现在的人机界面设备基本上都有以太网接口，此外有的还有 RS-485 串行通信接口（简称串口）和 USB 接口。串口可以使用 MPI/PROFIBUS-DP 通信协议。可以实现一台触摸屏与多台 PLC 通信，或者多台触摸屏与一台 PLC 通信。

3. 编译和下载项目文件

编译项目文件是指将建立的画面和组态的参数转换成人机界面可以执行的文件。编译成功后，需要将组态计算机中的可执行文件下载到人机界面的 Flash EPROM（闪存）中，这种数据传送称为下载（见图 1-2）。为此首先应在组态软件中选择通信协议，设置计算机侧的通信参数，同时还应通过人机界面的控制面板设置人机界面的通信参数。

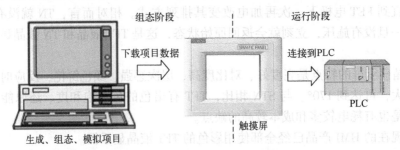

图 1-2　人机界面的工作原理

4. 运行阶段

在控制系统运行时，人机界面和 PLC 之间通过通信来交换信息，从而实现人机界面的各种功能。不用为 PLC 或人机界面的通信编程，只需要在组态软件中和人机界面中设置通信参数，就可以实现人机界面与 PLC 之间的通信。

5. 人机界面的操作与维护

只能用手指或触摸笔触摸 HMI 设备的触摸屏，只能使用手指操作 HMI 设备的薄膜按键。使用坚硬、锋利或尖锐的东西，或采取粗重的方式操作触摸屏和按键，可能大大降低其使用寿命，甚至导致完全毁坏。

HMI 设备是为免维护操作而设计的。尽管如此，触摸屏或键盘保护膜和显示器都必须定期清洁。在清洁前，应关闭 HMI 设备，以避免意外触发功能。

可以使用有清洁剂的湿润的布来清洁设备，只能使用少量液体皂水或屏幕清洁剂，不要将清洁剂直接喷在 HMI 设备上，要用布蘸上使用。不要使用有腐蚀性的溶剂或去污粉，清洁时不要使用压缩空气或喷气鼓风机。

为了在 HMI 设备通电和运行项目时也可进行清洁，组态工程师可以组态一个操作员控制对象（例如按钮），来调用"清洁屏幕"功能。"清洁屏幕"功能被激活之后，在组态的时段内，将锁定触摸屏操作和功能键操作。组态工程师可以将操作锁定 5~30s。用进度条指示到操作锁定结束时剩余的时间。

HMI 设备本身一般不提供屏幕使用的保护膜，可以订购 HMI 设备的保护膜。保护膜是一种自粘膜，可以防止刮擦和弄脏屏幕，取下保护膜时屏幕上不会留下任何粘留物。

禁止使用锋利或尖锐的工具（例如刀等）取下保护膜，这可能会损坏触摸屏。

1.2 触摸屏的工作原理

随着计算机技术的普及，在 20 世纪 90 年代初，出现了一种新的人机交互技术——触摸屏技术。利用这种技术，使用者只要用手指轻轻地触碰计算机显示屏上的图形或文字，就能实现对主机的操作或查询，这样就摆脱了键盘和鼠标操作，大大地提高了计算机的可操作性。

触摸屏是一种最直观的操作设备，只要用手指触摸屏幕上的图形对象，计算机便会执行相应的操作。人的行为和机器的行为变得简单、直接、自然，达到完美的统一。用户可以用触摸屏上的文字、按钮、图形和数字信息等，来处理或监控不断变化的信息。此外触摸屏还具有坚固耐用和节省空间等优点。

触摸屏是人机界面发展的主流方向，几乎成了人机界面的代名词，现在有的专业人机界面生产厂家甚至只生产触摸屏。本书以触摸屏为主要讲述对象。

1. 触摸屏的基本工作原理

触摸屏是一种透明的绝对定位系统，首先必须保证它是透明的，透明问题是通过材料科技来解决的。

其次是它能给出手指触摸处的绝对坐标，而鼠标属于相对定位系统。绝对坐标系统的特点是每一次定位的坐标与上一次定位的坐标没有关系，触摸屏在物理上是一套独立的坐标定位系统，每次触摸的位置转换为屏幕上的坐标。要求不管在什么情况下，同一点输出的坐标数据是稳定的，坐标值的漂移值应在允许范围内。

触摸屏的基本原理如下：用户用手指或其他物体触摸安装在显示器上的触摸屏时，被触摸位置的坐标被触摸屏控制器检测，并通过通信接口将触摸信息传送到 PLC，从而得到输入的信息。

触摸屏系统一般包括两个部分：触摸检测装置和触摸屏控制器。触摸检测装置安装在显示器的显示表面，用于检测用户的触摸位置，再将该处的信息传送给触摸屏控制器。触摸屏控制器的主要作用是接收来自触摸检测装置的触摸信息，并将它转换成触摸点的坐标，判断出触摸的意义后送给 PLC。它同时能接收 PLC 发来的命令并加以执行，例如动态地显示开关量和模拟量。

2. 四线电阻触摸屏

电阻式触摸屏利用压力感应检测触摸点的位置，能承受恶劣的环境因素的干扰，但手感和透光性较差。

电阻触摸屏的主要部分是一块与显示器表面配合得很好的 4 层透明复合薄膜，最下面是玻璃或有机玻璃构成的基层，最上面是一层外表面经过硬化处理、光滑防刮的塑料层。中间是两层称为 ITO 的透明的金属氧化物（如氧化铟）导电层，它们之间有许多细小的透明绝缘的隔离点把它们隔开。当手指触摸屏幕时，两层导电层在触摸点处接触（见图 1-3）。

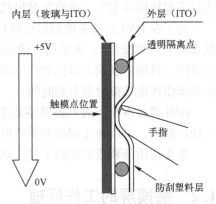

图 1-3　电阻触摸屏工作原理

触摸屏的两个金属导电层是它的工作面，在每个工作面的两端各涂有一条银胶，作为该工作面的一对电极。分别在两个工作面的竖直方向和水平方向上施加直流电压，在工作面上就会形成均匀连续平行分布的电场。

当手指触摸屏幕时，平常相互绝缘的两层导电层在触摸点处接触，使得侦测层的电压由零变为非零，这种状态被控制器侦测到后，进行 A-D 转换，并将得到的电压值与 5 V 相比，就能计算出触摸点的 Y 轴坐标，同理可以得出 X 轴的坐标。这就是所有电阻式触摸屏共同的基本原理。

根据引出线数的多少，电阻式触摸屏分为四线式和五线式两种。四线式触摸屏的 X 工作面和 Y 工作面分别加在两个导电层上，共有四根引出线，分别连到触摸屏的 X 电极对和 Y 电极对上。从实用和经济两方面考虑，西门子使用的是模拟式电阻触摸屏。

3. 五线电阻触摸屏

四线电阻触摸屏的基层大多数是有机玻璃，存在透光率低和易老化的问题，ITO 是无机物，有机玻璃是有机物，它们不能很好地结合，时间一长容易剥落。

第二代电阻式触摸屏——五线电阻触摸屏的基层使用 ITO 与玻璃复合的导电玻璃，通过精密电阻网络，把两个方向的电压场都加在玻璃的导电工作面上，可以理解为两个方向的电压场分时加在同一个工作面上，而延展性好的外层镍金导电层仅仅用来作纯导体，触摸后用既检测内层 ITO 接触点的电压又检测导通电流的方法，测得触摸点的位置。五线电阻触摸屏的内层 ITO 需要四条引线，外层作为导体仅需一条线，因此总共需要 5 根引线。

五线电阻触摸屏的使用寿命和透光率与四线电阻屏相比有了一个飞跃，触摸寿命提高了十多倍。五线电阻触摸屏没有安装风险，其 ITO 层能做得更薄，因此透光率和清晰度更高，几乎没有色彩失真。

6

不管是四线电阻触摸屏还是五线电阻触摸屏，它们都不怕灰尘、水汽和油污，可以用各种物体来触摸它，或者在它的表面上写字画画，比较适合工业控制领域及办公室内有限的人使用。因为复合薄膜的外层采用塑胶材料，其缺点是太用力或使用锐器触摸可能划伤触摸屏。在一定限度内，划伤只会伤及外导电层，对于五线电阻触摸屏来说没有关系，但是对四线电阻触摸屏来说是却是致命的。

4. 表面声波触摸屏

表面声波是超声波的一种，它是在介质（例如玻璃）表面进行浅层传播的机械能量波。表面声波性能稳定、易于分析，并且在横波传递过程中具有非常尖锐的频率特性。

表面声波触摸屏的触摸屏部分可以是一块平面、球面或是柱面的玻璃平板，安装在CRT、LED、LCD 或是等离子显示器屏幕的前面。这块玻璃平板只是一块纯粹的强化玻璃，没有任何贴膜和覆盖层。

玻璃屏的左上角和右下角各固定了竖直和水平方向的超声波发射换能器，右上角则固定了两个相应的超声波接收换能器，玻璃屏的四边刻有 45°角、由疏到密间隔非常精密的反射条纹（见图 1-4）。

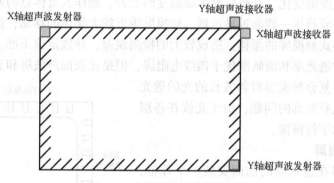

图 1-4 表面声波触摸屏示意图

在没有触摸的时候，接收信号的波形与参照波形完全一样。当手指触摸屏幕时，手指吸收了一部分声波能量，控制器侦测到接收信号在某一时刻的衰减，由此可以计算出触摸点的位置。

除了一般触摸屏都能响应的 X、Y 坐标外，表面声波触摸屏独一无二的突出特点是它能感知第三轴（Z 轴）的坐标，用户触摸屏幕的力量越大，接收信号波形上的衰减缺口也就越宽越深，可以由接收信号衰减处的衰减量计算出用户触摸压力的大小。其分辨率、精度和稳定性非常高。

表面声波触摸屏非常稳定，不受温度、湿度等环境因素的影响，寿命长（可达 5000 万次无故障），透光率和清晰度高，没有色彩失真和漂移，安装后无须再进行校准，有极好的防刮性，能承受各种粗暴的触摸，最适合公共场所使用。

表面声波触摸屏直接采用直角坐标系，数据转换无失真，精度极高，可达 4096×4096。

受其工作原理的限制，表面声波触摸屏的表面必须保持清洁，使用时会受尘埃和油污的影响，需要定期进行清洁维护工作。

5. 电容式触摸屏

电容式触摸屏是一块四层复合玻璃屏，用真空金属镀膜技术在玻璃屏的内表面和夹层各镀有一层 ITO，玻璃四周再镀上银质电极，最外层是只有 0.0015 mm 厚的玻璃保护层，夹层 ITO 涂层作为工作面，四个角引出四个电极，内层 ITO 为屏蔽层，以保证良好的工作环境。

在玻璃的四周加上电压，经过均匀分布的电极的传播，使玻璃表面形成一个均匀电场，当用户触摸电容屏时，由于人是一个大的带电体，用户手指头和工作面形成一个耦合电容，因为工作面上接有高频信号，手指头吸收走一个很小的电流。这个电流分别从触摸屏四个角上的电极流出，流经这四个电极的电流与手指到四角的距离成比例，控制器通过对这四个电流比例的精密计算，得出触摸点的位置。

这种触摸屏具有分辨率高、反应灵敏、触感好、防水、防尘、防晒等特点。

电容屏把人体当作电容器元件的一个电极使用。电容值虽然与极间距离成反比，却与相对面积成正比，并且还与介质的绝缘系数有关。因此，当较大面积的手掌或手持的导体靠近电容屏而不是触摸时，就能引起电容屏的误动作，在潮湿的天气，这种情况尤为严重。

如果用戴手套的手或手持不导电的物体触摸电容触摸屏，因为增加了绝缘的介质，可能没有反应。

环境温度和湿度的变化、开机后显示器温度的上升、操作人员体重的差异、用户触摸屏幕的同时另一只手或身体一侧靠近显示器、触摸屏附近较大物体的移动，都会使环境电场发生改变，引起电容式触摸屏的漂移，造成较大的检测误差，导致定位不准。

电容触摸屏的透光率和清晰度优于四线电阻屏，但是比表面声波屏和五线电阻屏差。

电容屏的四层复合触摸屏对各波长的光的透光率不均匀，存在色彩失真的问题，由于光线在各层间的反射，使图像字符模糊。

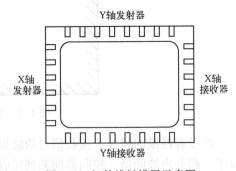

图 1-5 红外线触摸屏示意图

6. 红外线触摸屏

红外线触摸屏在显示器的前面安装一个外框，藏在外框中的电路板在屏幕四边排布红外线发射管和红外线接收管，形成横竖交叉的红外线矩阵（见图 1-5）。用户在触摸屏幕时，手指会挡住经过该位置的横竖两条红外线，因而可以判断出触摸点在屏幕的位置。

红外线触摸屏不受电流、电压和静电干扰，适宜恶劣的环境条件，但是分辨率较低，易受外界光线变化的影响。

1.3 西门子的人机界面

西门子的手册将人机界面设备简称为 HMI 设备，有时也将它们简称为面板（Panel）。型号中的 KP 表示按键面板，TP 表示触摸面板，KTP 是有少量按钮的触摸面板。

1. 西门子各系列人机界面的简要特点

西门子当前的人机界面产品有下述 5 种系列，它们均有以太网接口，有的还有串行通信接口和 USB 接口，可以连接各主要生产厂家的 PLC，支持多种语言。它们的可靠性高，正面的防护等级为 IP65。

1）精智面板可满足最高性能和功能的要求（见图1-6）。

2）精简面板具有基本的功能，适用于简单的应用场合，有较高的性价比。

3）移动面板便于携带，易于操作与监控，适用于有线或无线环境，集成了故障安全功能。

4）按键面板结构小巧，价格低廉，调试简单，采用总线通信，集成了故障安全功能。

5）精彩面板适用于 S7 – 200 和 S7-200 SMART，性价比高，将在第 10 章介绍。

图1-6　精智系列面板

2. 精智面板

高性能的精智系列面板采用高分辨率宽屏1600万色显示器，LED 背光，可以显示 PDF 文档和 Internet 页面。有显示器对角线分别为4 in、7 in、9 in、12 in 和 15 in 的按键型和触摸型面板，还有 19 in 和 22 in 的触摸型面板。显示屏的视角为170°，触摸型均支持垂直安装。精智面板最适合与 S7-1500 配合使用。

精智系列面板支持多种通信协议，4 in 的产品有一个 PROFINET 以太网接口，其余产品集成有两端口的交换机。15 in 及以上的产品还有一个千兆位 PROFINET 接口。A 型4 in 的产品有一个 USB 主机接口，其余产品有两个 USB 主机接口。所有型号都有一个只能用于调试和维护的迷你 B 型 USB 设备接口。各种型号均有一个 MPI/PROFIBUS-DP 接口。可以用以太网接口或迷你 B 型 USB 接口来下载 HMI 项目。

按键型设备采用手机的按键模式来输入文本和数字。所有可以自由组态的功能键均有 LED。所有按键都有清晰的按压点，以此确保操作安全。

精智系列面板有两个存储卡插槽。项目数据和设备参数用设备中的系统卡保存，可以用系统卡将项目传输到其他设备。可以显示 PDF、Excel、Word 文档和网页文件，有截图功能，可以归档过程数据和报表。

精智系列面板集成了电源管理功能和基于 PROFINET 的节能技术 PROFIenergy，显示屏的亮度可在 0~100% 范围调节，生产间歇期间可将显示屏关闭。发生电源故障时，可以100%地确保数据安全。

可以通过精智面板和系统诊断功能直接读取 S7-300/400/1200/1500 的诊断信息，通过网络摄像头和摄像头控件，对工厂状况进行监控。

7 in 及以上的精智面板均配备有坚固的铝制框架，所有的精智面板均可以用于易爆区域。户外型面板的环境温度范围为-30~60℃，最大 90%的环境湿度。

Comfort PRO 1200/1500/1900/2200 可以直接在机器上或恶劣环境条件下使用。配置了耐刮擦的透明玻璃前板，抗化学性良好，可以自动识别由手掌或脏污造成的误触摸和误操作。投射电容触摸技术可以实现单独手势和单手操作，即使戴纤薄的工作手套也不受影响。

Comfort INOX 系列面板用于有更高安全和卫生要求的领域，例如食品和饮料工业，制药行业和精细化学品行业。

3. 精简面板

精简系列面板具有基本的功能，适用于简单应用，有很高的性能价格比，大多数型号同时有触摸屏和功能可自由定义的按键，最适合与 S7-1200 配合使用。

第一代精简面板有 3.6 in、4.3 in、5.7 in、10.4 in 和 15.1 in 的 256 色显示器，小屏幕面板还有 4 级灰度的单色显示器。3.6 in、4.3 in 的只有 RJ45 以太网接口，其他型号有一个 RS-422/RS-485 接口和一个以太网接口。

第二代精简面板（见图 1-7）有 4.3 in、7 in、9 in 和 12 in 的高分辨率 64K 色宽屏显示器，支持垂直安装，用 TIA 博途组态。有一个 RS-422/RS-485 接口或一个 RJ45 以太网接口，还有一个 USB 2.0 接口。USB 接口可以连接键盘、鼠标或条形码扫描仪，可以用优盘实现数据记录。

4. 移动面板

移动面板可以在不同的地点灵活应用。第二代移动面板 KTP700 Mobile 与 KTP900 Mobile（见图 1-8）的宽屏显示器分别为 7 in 和 9 in，1600 万色，LED 背光。此外还有与 SI-MATIC 故障安全控制器一起使用的 KTP400F Mobile、KTP700F Mobile 与 KTP900F Mobile。防护等级 IP65，防尘防水。操作画面可以组态成固定站操作和移动操作。可组态移动应用的特定功能，例如针对位置决定操作功能的连接点侦测。

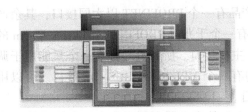　　　　

图 1-7　第二代精简系列面板　　　　图 1-8　第二代移动面板与高级连接盒

无线移动面板 Mobile Panel 277F IWLAN V2（见图 1-9）的显示器为 7.5 in、64K 色、18 个带 LED 的功能键，用无线以太网通信。有一个 USB 接口，一个 MMC/SD 卡插槽。

5. 按键面板

KP8、KP8F 和 KP32F 按键面板结构小巧（见图 1-10），安装方便，节省安装时间和成本，可以直接安装在开关柜中，也可以安装在支撑臂或支架系统中。按键面板直接连接电源和总线电缆，无需使用单独的接线端子。

图 1-9　无线移动面板　　　　图 1-10　按键面板

按键面板采用大号机械按钮和阳光下可以清晰显示的 5 色 LED 背光灯，可通过组态设置多种选项，集成了包含交换机的两个 PROFINET 端口，支持总线型和环形拓扑结构。面板的后背板集成有数字量 I/O，可连接按键开关和指示灯等。按键面板兼容所有标准的 PROFINET 主控 CPU（包括第三方产品），型号中带 F 的故障安全型面板还可以直接连接急停设备或安全型传感器。

按键面板用 STEP 7 V5.5、STEP 7 Basic V11 或更高版本组态。

6. 精彩系列面板

精彩系列面板 SMART LINE V3 是专门与 S7-200 和 S7-200 SMART 配套的触摸屏，Smart 700 IE V3 和 Smart 1000 IE V3 的显示器分别为 7in 和 10in，集成了以太网接口、RS-422/485 接口和 USB 2.0 接口，使用专用的组态软件 WinCC flexible SMART V3。Smart 700 IE V3 的价格便宜，具有很高的性能价格比。

7. 老系列人机界面

用于 S7-200 的文本显示器 TD 400C 和微型面板 OP 73micro、TP 177micro 已停产，可以用精简系列或精彩系列面板替代它们。

单击"添加新设备"对话框中的"HMI"按钮，可以添加文件夹"\HMI\SMATIC 面板"中的 70s 系列、170s 系列和 270s 系列面板，以及文件夹"\HMI\SMATIC 多功能面板"中的 170s 系列、270s 系列和 370s 系列面板。

8. HMI 的组态软件

博途（TIA Port）是西门子全新的全集成自动化软件。博途中的 STEP 7 用于 S7-1200/1500、S7-300/400 和 WinAC 的组态和编程。博途中的 WinCC 是用于西门子的 HMI、工业 PC 和标准 PC 的组态软件。

博途中的 WinCC 简单、高效，易于上手，功能强大。在创建工程时，通过单击鼠标便可以生成 HMI 项目的基本结构。基于表格的编辑器简化了对象（例如变量、文本和信息）的生成和编辑。通过图形化配置，简化了复杂的配置任务。它带有丰富的图库，提供大量的图形对象供用户使用，支持多语言组态和多语言运行。

博途中的 WinCC 可以为精彩面板之外的西门子 HMI 组态，包括精智面板、精简面板、移动式面板和西门子的部分老系列 HMI。

精彩面板用西门子的 HMI 组态软件 WinCC flexible SMART V3 组态。

1.4 习题

1. 什么是人机界面？它的英文缩写是什么？
2. 人机界面有什么功能？
3. 触摸屏有什么优点？
4. STN 和 TFT 液晶显示器各有什么特点？
5. 简述人机界面的工作原理。
6. 西门子当前的人机界面产品有哪些系列？各有什么特点？
7. 西门子人机界面产品型号中的 KP、TP 和 KTP 分别表示什么面板？
8. 哪些系列的面板用 TIA 博途中的 WinCC 组态？精彩系列面板用什么软件组态？

第2章 HMI组态与调试入门

2.1 软件的安装与使用入门

2.1.1 安装软件

1. TIA博途中的软件

TIA博途（TIA Portal）是西门子自动化的全新工程设计软件平台，它将所有自动化软件工具集成在统一的开发环境中，是世界上第一款将所有自动化任务整合在一个工程设计环境下的软件。

STEP 7 V10.5及更高的版本是博途中的PLC编程软件，S7-1200可以用STEP 7 Basic（基本版）编程。STEP 7 Professional（专业版）用于S7-1200/1500、S7-300/400和WinAC的组态和编程。S7-PLCSIM V13及更高版本用于S7-1200/1500的仿真，S7-PLCSIM V5.4 SP5及更高版本用于S7-300/400的仿真。

TIA博途中的SIMATIC STEP 7 Safety适用于标准和故障安全自动化的工程组态系统，支持所有的S7-1200F/1500F-CPU和老型号F-CPU。

TIA博途中的SINAMICS Startdrive是适用于所有西门子驱动装置和控制器的工程组态平台，集成了硬件组态、参数设置以及调试和诊断功能，可以无缝集成到SIMATIC自动化解决方案。

TIA博途结合面向运动控制的SCOUT软件，可以实现对SIMOTION运动控制器的组态和程序编辑。

2. 博途中的WinCC

博途中的WinCC是用于组态西门子面板、工业PC和标准PC的软件，有HMI的仿真功能。WinCC有下述4种版本。

1）WinCC Basic（基本版）用于组态精简系列面板，STEP 7集成了WinCC的基本版。

2）WinCC Comfort（精智版）用于组态所有的面板（包括精简面板、精智面板、移动面板和上一代的170/270/370系列面板）。

3）WinCC Advanced（高级版）用于组态所有的面板和PC单站系统，将PC作为功能强大的HMI设备使用。

4）WinCC Professional（专业版）用于组态所有的面板，以及基于PC的单站到多站（包括标准客户端或Web客户端）的SCADA（数据采集与监控）系统。

WinCC由工程系统和运行系统组成，工程系统（简称ES）是用于处理组态任务的软件。运行系统是用于过程可视化的软件。运行系统在过程模式下执行项目，实现与自动化系统之间的通信、图像在屏幕上的可视化、各种过程操作、过程值记录和事件报警。

WinCC的高级版和专业版如果用于PC监控系统，需要购买具有不同点数的外部变量的高级版和专业版的运行版（Runtime）。本书主要介绍用 WinCC 组态各种面板的方法。

3. 西门子 HMI 的其他组态软件

当前最高版本为 V7.4 的 WinCC（Windows Control Center）是西门子的过程监视系统，是用于上位计算机的组态软件。

WinCC flexible 2008 SP4 是西门子老版本的 HMI 组态软件。精彩系列面板 SMART LINE V3 主要与 S7-200 和 S7-200 SMART PLC 配套使用，其组态软件 WinCC flexible SMART V3 是 WinCC flexible 的精简版。

本书主要介绍博途中的 WinCC V13 SP1，在第 10 章介绍 WinCC flexible SMART V3。

4. 安装 TIA 博途 V13 SP1 的计算机的推荐配置

推荐的计算机硬件配置如下：3.3 GHz 或更高的处理器主频（最小 2.2 GHz），8 GB 或更大的内存（最小 4 GB），300 GB 或更大的硬盘，15.6 in 或更大的宽屏显示器，分辨率 1920×1080。

TIA 博途 V13 SP1 要求的计算机操作系统为非家用版的 32 位或 64 位的 Windows 7 SP1，或非家用版的 64 位的 Windows 8.1，以及某些 Windows 服务器，不支持 Windows XP。

TIA Portal V13 SP2 与 TIA Portal V13 SP1 中的软件的安装和使用的方法基本上相同。二者的主要区别在于 TIA Portal V13 SP2 中的软件可以在 Windows 10 操作系统中安装。

5. 安装 STEP 7

建议在安装博途软件之前关闭或卸载杀毒软件和 360 卫士之类的软件。安装 TIA 博途中的软件时，首先应安装 STEP 7 Professional，然后安装其他的软件。双击文件夹 "STEP 7 Professional V13 SP1" 中的 "Start. exe"，开始安装 STEP 7。

在 "安装语言" 对话框，采用默认的安装语言中文。在 "产品语言" 对话框，采用默认的英语和中文。单击各对话框的 "下一步(N)>" 按钮，进入下一个对话框。

在 "产品配置" 对话框，建议采用 "典型" 配置和 C 盘中默认的安装路径。单击 "浏览" 按钮，可以设置安装软件的目标文件夹。

在 "许可证条款" 对话框（见图 2-1），用鼠标单击窗口下面的两个小正方形复选框，使方框中出现 "√"（上述操作简称为 "勾选"），接受列出的许可证协议的条款。

在 "安全控制" 对话框，勾选复选框 "我接受此计算机上的安全和权限设置"。

"概览" 对话框列出了前面设置的产品配置、产品语言和安装路径。单击 "安装" 按钮，开始安装软件。

安装快结束时，单击 "许可证传送" 对话框中的 "跳过许可证传送" 按钮（见图 2-2），以后再传送许可证密钥。此后继续安装过程，最后单击 "安装已成功完成" 对话框中的 "重新启动" 按钮，立即重启计算机。

6. 安装其他软件

安装完 STEP 7 Professional V13 SP1 后，安装 S7-PLCSIM V13 SP1 和 WinCC Professional V13 SP1，安装的操作过程和安装 STEP 7 V13 Professional SP1 几乎完全一样。因为在安装 STEP 7 Professional V13 SP1 时，已自动安装了 WinCC Basic V13 SP1，安装 WinCC V13 Professional SP1 的 "概览" 对话框出现的是 "修改" 按钮，而不是 "安装" 按钮。单击 "修改" 按钮，开始安装 WinCC V13 Professional SP1。

安装完上述软件后，安装更新包 TIA V13 SP1 UPD9 和 PLCSIM V13 SP1 UPD1。

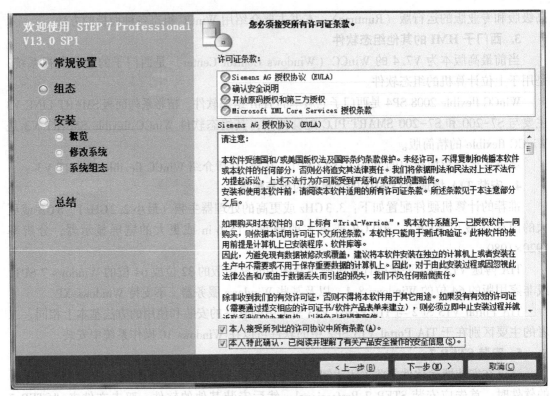

图 2-1 "许可证条款"对话框

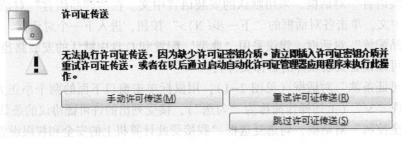

图 2-2 "许可证传送"对话框

如果没有软件的自动化许可证,第一次使用软件时,将会出现图 2-3 所示的对话框。选中其中的 STEP 7 Professional,单击"激活"按钮,激活试用许可证密钥。

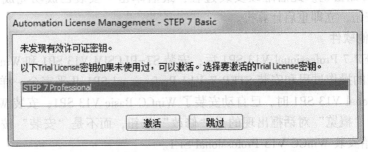

图 2-3 激活试用许可证密钥

7. 博途软件的升级

博途有软件自动更新的功能。安装了 STEP 7 V13 Professional SP1 和 WinCC V13 Professional SP1 以后，如果计算机通过互联网查询到有可用的更新软件，在计算机开机时，将会自动出现 "TIA Software Updater"（TIA 软件更新器）对话框（见图 2-4）。如果列出有可用的更新，选中其中的某个更新，单击 "下载" 按钮，将在后台下载它，可以断点续传。显示 "已下载" 后单击 "安装" 按钮，安装选中的更新软件。

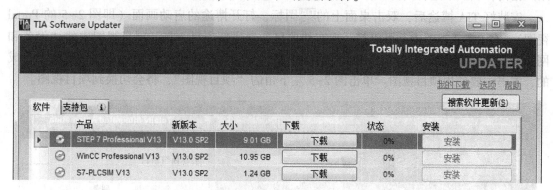

图 2-4 "TIA Software Updater" 对话框

在博途中用 "帮助" 菜单打开 "已安装的软件" 对话框，单击 "检查更新" 按钮，也可以打开 "TIA Software Updater" 对话框。

8. 安装软件可能遇到的问题和解决的方法

在 Windows 7 或 Windows 10 操作系统安装软件时，可能会出现显示 "必须重新启动计算机，然后才能运行安装程序。要立即重新启动计算机吗?" 的对话框，重新启动计算机后再安装软件，还是出现上述信息。解决的方法如下。

同时按计算机的 Windows 键 ⊞ 和〈R〉键，打开 "运行" 对话框，键入命令 Regedit，单击 "确定" 按钮，打开注册表编辑器。打开左边窗口的文件夹 "\HKEY_LOCAL_MACHINE\SYSTEM\CurrentControlSet\Control"，选中其中的 "Session Manager"，用计算机的删除键〈Delete〉删除右边窗口中的条目 "PendingFileRename Operations"。不用重新启动计算机，就可以安装软件了。可能每安装一个软件都需要做同样的操作。

9. 学习 WinCC 的建议

博途是一种大型软件，功能非常强大，使用也很方便，但是需要花较多的时间来学习，才能掌握它的使用方法。

学习大型软件的使用方法时一定要动手使用软件，如果只是限于阅读手册和书籍，不可能掌握软件的使用方法，只有边学边练习，才能在短时间内学好、用好软件。

PLC 的仿真软件 S7-PLCSIM 和 HMI 的运行系统可以分别对 PLC 和 HMI 仿真，它们还可以对 PLC 和 HMI 组成的控制系统仿真。本书随书光盘的 "Project" 文件夹提供了各章配套的例程，读者安装好上述软件后，在阅读本书的同时，建议打开随书光盘中与正在阅读的章节有关的例程，一边看书一边对例程进行仿真操作，这样做可以收到事半功倍的效果。在此基础上，读者可以根据本书附录中实验指导书有关实验的要求创建项目，对项目进行组态和仿真调试，这样可以进一步提高使用博途组态 HMI 的能力。

2.1.2　TIA 博途使用入门

1. Portal 视图与项目视图

TIA Portal 提供两种不同的工具视图，即基于项目的项目视图和基于任务的 Portal（门户）视图。在 Portal 视图中，可以概览自动化项目的所有任务。初学者可以借助面向任务的用户指南，以及最适合其自动化任务的编辑器来进行工程组态。

安装好 TIA 博途后，双击桌面上的 TIA 图标，打开博途的启动画面（即图 2-5 的 Portal 视图）。在 Portal 视图中，可以打开现有的项目，创建新项目，打开项目视图中的"设备和网络"视图、程序编辑器和 HMI 的画面编辑器等。因为具体的操作都是在项目视图中完成的，本书主要使用项目视图。单击图 2-5 左下角的"项目视图"，将会切换到项目视图。

图 2-5　Portal 视图

菜单和工具栏是大型软件应用的基础，初学时可以新建一个项目，或打开一个已有的项目，对菜单和工具栏进行各种操作，通过操作了解菜单中的各种命令和工具栏上各个按钮的使用方法。

菜单中浅灰色的命令和工具栏上浅灰色的按钮表示在当前条件下，不能使用该命令和该按钮。例如在执行了"编辑"菜单中的"复制"命令后，"粘贴"命令才会由浅灰色变为黑色，表示可以执行该命令。下面介绍项目视图各组成部分的功能。

2. 项目树

图 2-6 中左上角的窗口是项目树，可以用项目树访问所有的设备和项目数据，添加新的设备，编辑已有的设备，打开处理项目数据的编辑器。

项目中的各组成部分在项目树中以树型结构显示，分为 4 个层次：项目、设备、文件夹和对象。项目树的使用方式与 Windows 的资源管理器相似。作为每个编辑器的子元件，用文件夹以结构化的方式保存对象。

单击项目树右上角的 ◀ 按钮，项目树和下面的详细视图消失，同时在最左边的垂直条的上端出现 ▶ 按钮，单击它将打开项目树和详细视图。可以用类似的方法隐藏和显示右边的工具箱和下面的巡视窗口。

将鼠标的光标放到相邻的两个窗口的垂直分界线上，出现带双向箭头的 ╬ 光标时，按住鼠标左键移动鼠标，可以移动分界线，以调节分界线两边的窗口大小。可以用同样的方法调节水平分界线。

单击项目树标题栏上的"自动折叠"按钮 ▥，该按钮变为 ▯（永久展开）。此时单击项目树外面的任何区域，项目树自动折叠（消失）。单击最左边的垂直条上端的 ▶ 按钮，项目树随即打开。单击 ▯ 按钮，该按钮变为 ▥，自动折叠功能被取消。

可以用类似的操作，启动或关闭任务卡和巡视窗口的自动折叠功能。

3. 详细视图

项目树窗口的下面是详细视图，详细视图显示项目树被选中的对象下一级的内容。图 2-6 中的详细视图显示的是项目树的"HMI_1［KTP 400 Basic PN］"文件夹中的内容。可以将详细视图中的某些对象拖拽到工作区中。

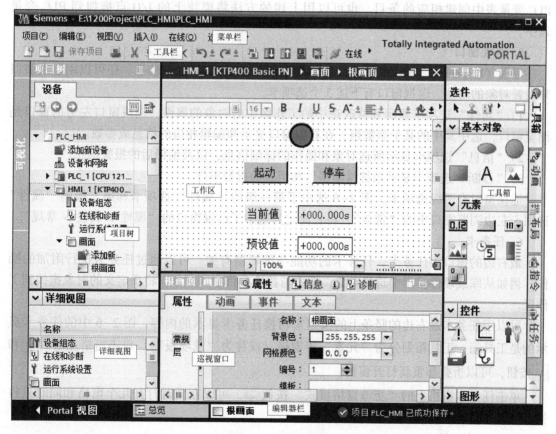

图 2-6 项目视图

单击详细视图左上角的 ☑ 按钮或"详细视图"标题，详细视图被关闭，只剩下紧靠"Portal 视图"的标题，标题左边的按钮变为 ▶ 。单击该按钮或标题，重新显示详细视图。

可以用类似的方法显示和隐藏工具箱中的"元素"和"控件"等窗格。

单击巡视窗口右上角的▼按钮或▲按钮，可以隐藏和显示巡视窗口。

4. 工作区

用户在工作区编辑项目对象，没有打开编辑器时，工作区是空的。可以同时打开几个编辑器，一般只在工作区同时显示一个当前打开的编辑器。在最下面的编辑器栏显示被打开的编辑器，单击它们可以切换工作区显示的编辑器。

单击工具栏上的▯、▭按钮，可以垂直或水平拆分工作区，同时显示两个编辑器。

单击工作区右上角的"最大化"按钮▯，将会关闭其他所有的窗口，工作区被最大化。单击工作区右上角的"浮动"按钮▯，工作区浮动。用鼠标左键按住浮动的工作区的标题栏并移动鼠标，可将工作区拖到画面中希望的位置。松开左键，工作区被放在当前所在的位置，这个操作称为"拖拽"。可以将浮动的窗口拖拽到任意位置。

工作区被最大化或浮动后，单击工作区右上角的"嵌入"按钮▯，工作区将恢复原状。

在工作区同时打开程序编辑器和设备视图，将设备视图放大到 200%或以上，可以将模块上的 I/O 点拖拽到程序编辑器中指令的地址域，这样不仅能快速设置指令的地址，还能在 PLC 变量表中创建相应的条目。也可以用上述的方法将模块上的 I/O 点拖拽到 PLC 变量表中。

5. 巡视窗口

巡视（Inspector）窗口用来显示选中的工作区中的对象附加的信息，还可以用巡视窗口来设置对象的属性。巡视窗口有下述 3 个选项卡。

1）"属性"选项卡显示和修改选中的工作区中的对象的属性。巡视窗口左边的窗口是浏览窗口，选中其中的某个参数组，在右边窗口显示和编辑相应的信息或参数。

2）"信息"选项卡显示所选对象和操作的详细信息，以及编译后的报警信息。

3）"诊断"选项卡显示系统诊断事件和组态的报警事件。

巡视窗口有两级选项卡，图 2-6 选中了第一级的"属性"选项卡和第二级的"属性"选项卡左边浏览窗口中的"常规"，将它简记为选中了巡视窗口的"属性 > 属性 > 常规"。

6. 任务卡

最右边的窗口为任务卡，任务卡的功能与编辑器有关。可以通过任务卡执行附加的操作，例如从库或硬件目录中选择对象，搜索与替换项目中的对象，将预定义的对象拖拽到工作区。

可以用任务卡最右边的竖条上的按钮来切换任务卡显示的内容。图 2-6 中的任务卡显示的是工具箱，工具箱划分为"元素"等窗格（或称为"选项板"），单击窗格左边的▼和▶按钮，可以折叠和重新打开窗格。

单击任务卡窗格上的"更改窗格模式"按钮▯，可以在同时打开几个窗格和同时只打开一个窗格之间切换。

7. 任务卡中的库

单击任务卡右边的"库"按钮，打开库视图，其中的"全局库"窗格可以用于所有的项目。不同型号的人机界面可以打开和使用的库是不相同的。

项目库只能用于创建它的项目，可以在其中存储想要在项目中多次使用的对象。项目库随当前项目一起打开、保存和关闭，可以将项目库中的元件复制到全局库。

只需对库中存储的对象组态一次，以后便可以多次重复使用。可以通过使用对象模板来添加画面对象，从而提高编程效率。

2.1.3 工具箱与帮助功能的使用

1. 工具箱中的基本对象

任务卡的"工具箱"中可以使用的对象与 HMI 设备的型号有关。工具箱包含过程画面中需要经常使用的各种类型的对象，例如图形对象和操作员控件。

用右键单击工具箱中的区域，可以用出现的"大图标"复选框设置采用大图标或小图标。在大图标模式可以用"显示描述"复选框设置是否在各对象下面显示对象的名称。

根据当前激活的编辑器，"工具箱"包含不同的窗格。打开"画面"编辑器时，工具箱提供的窗格有基本对象、元素、控件和图形。不同型号的人机界面可以使用的对象也不同。

"基本对象"窗格有下列对象：

1）线：可以设置线的宽度和颜色，起点或终点是否有箭头。可以选择实线或虚线，端点可以设置为圆弧形。

2）折线：折线由相互连接的线段组成，折线与线的很多属性的设置方法基本上相同。刚生成的折线只有一个转角点，右键单击折线，可以用快捷菜单中的命令添加一个转角点或删除一个选中的转角点。图 2-7 中的转角点用蓝色的实心小正方形标记，可以用鼠标左键"拖动"各转角点的位置。

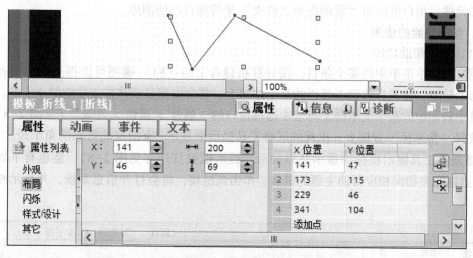

图 2-7　折线的组态

选中折线下面的巡视窗口的"属性 > 属性 > 布局"，右边窗口中表格的各行是各转角点的坐标。可以用表格右边的 按钮添加一个转角点，或者用 按钮删除选中的行对应的转角点。

折线是开放的对象，即使起点和终点具有相同的坐标，也不能填充它们包含的区域。

3）多边形：多边形是一种封闭图形。与折线一样，可以设置多边形边框的属性，添加或删除转角点。可以设置多边形内部区域的颜色或令它无色。

4）椭圆和圆：可以调节它们的大小和设置椭圆两个轴的尺寸，以及设置内部区域的颜色。

5）矩形：可以设置矩形的高度、宽度和内部区域的颜色。可以圆整矩形的转角。

6）文本域：可以在文本域中输入一行或多行文本，定义字体和字的颜色。可以设置文本域的背景色和样式。

7）图形视图：图形视图用于在画面中显示用外部图形编程工具创建的图形。可以显示下列格式的图形："∗.emf""∗.wmf""∗.png""∗.ico""∗.bmp""∗.jpg""∗.jpeg""∗.gif"和"∗.tif"。在"图形视图"中，还可以将其他图形编程软件编辑的图形集成为OLE（对象链接与嵌入）对象。可以直接在VISIO、Photoshop等软件中创建这些对象，或者将这些软件创建的文件插入图形视图，可以用创建它的软件来编辑它们。

2. 工具箱中的其他对象

1）元素：精智面板的"元素"窗格中有I/O域、按钮、符号I/O域、图形I/O域、日期/时间域、棒图、开关、符号库、滑块、量表和时钟。

2）控件：提供增强的功能，精智面板的"控件"窗格有报警视图、趋势视图、用户视图、HTML浏览器、状态/强制、Sm@rtClient视图、配方视图、f(x)趋势视图、系统诊断视图、媒体播放器、摄像头视图和PDF视图。

不同的HMI设备的工具箱中有不同的对象，例如精简面板的"基本对象"窗格中没有折线和多边形，"元素"组中没有符号库、滑块、量表和时钟。

3）图形："图形"窗格的"WinCC图形文件夹"提供了很多图库，用户可以调用其中的图形元件。用户可以用"我的图形文件夹"来管理自己的图库。

3. 帮助功能的使用

（1）在线帮助功能

用鼠标选中菜单中的某个条目，按计算机键盘上的〈F1〉键便可以得到与它们有关的在线帮助信息。将光标放到工具栏的某个按钮上，将会出现显示该按钮功能的小方框。

选中画面中的某个文本框，再选中巡视窗口的"属性 > 属性 > 外观"（见图2-8），将光标放到"角半径"方框上，出现的层叠工具提示框显示"▶指定此对象的角半径。"单击"▶"或层叠工具提示框持续显示几秒钟后，提示框被打开（见图2-8）。蓝色有下划线的"设计边框"是指向相应帮助主题的链接。单击该链接，将会打开信息系统，并显示相应的主题。

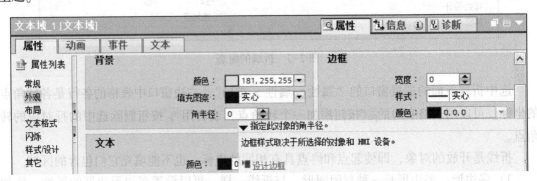

图2-8　层叠工具提示框

（2）信息系统

帮助被称为信息系统，可以通过以下方式打开信息系统（见图2-9）。

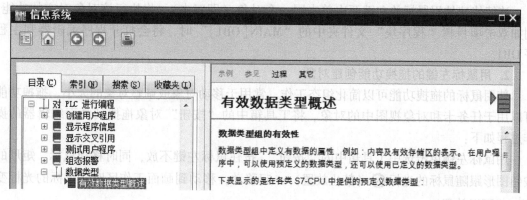

图2-9　信息系统

1）执行菜单命令"帮助"→"显示帮助"。

2）选中某个对象（例如程序中的某条指令）后，按〈F1〉键。

3）单击层叠工具提示框中层叠项的链接，可以直接转到信息系统中的对应位置。

单击信息系统工具栏上的"显示/隐藏目录"按钮 ▤ ，可以显示或隐藏左边的导航区域。

左边的"目录"选项卡列出了帮助文件的目录，可以借助目录浏览器寻找需要的帮助主题。"索引"选项卡提供了按字母顺序排列的主题关键词，双击某一关键词，右边窗口将显示有关的帮助信息。在"搜索"选项卡键入要查找的关键词，单击"列出主题"按钮，将列出所有查找到的与它有关的主题。双击某一主题，右边窗口将显示有关的帮助信息。

单击"收藏夹"选项卡的"添加"按钮，可以将右边窗口打开的当前主题保存到收藏夹。

2.1.4　鼠标的使用方法

WinCC具有"所见即所得"的功能，使用者可以在屏幕上看到画面设计的结果，屏幕上显示的画面与实际的人机界面显示的画面一样。鼠标是使用组态软件时最重要的工具，画面的组态主要是用鼠标来完成的。使用者用鼠标生成画面设计工作区中的元件，可以用鼠标将元件拖拽到画面上的任意位置，或者改变元件的外形和大小。

鼠标一般有两个按键，绝大多数情况下只使用其中的一个按键，默认的是左键方式。

1. 单击与双击鼠标左键

单击鼠标左键是使用得最多的鼠标操作（见表2-1），简称为"单击"。单击常用来激活（选中）某一对象、执行菜单命令或拖拽等操作。

表2-1　鼠标常见的操作

功　　能	作　　用
单击鼠标左键	激活任意对象，或者执行菜单命令和拖拽等操作
双击鼠标左键	在项目树或对象视图中启动编辑器，或者打开文件夹
单击鼠标右键	打开右键快捷菜单
〈SHIFT〉+单击	同时逐个选中若干个单个对象

例如单击画面中的按钮后，在按钮的四角和矩形各边的中点出现8个小的空心正方形（见图2-10），表示该元件被选中，可以作进一步的操作，例如删除、复制和剪切。

连续快速地用鼠标的左键两次单击同一个对象（即双击），将执行该对象对应的功能，例如双击项目树"程序块"文件夹中的"MAIN [OB1]"时，将会打开程序编辑器和主程序OB1。

2. 用鼠标左键的拖拽功能创建对象

使用鼠标的拖拽功能可以简化组态工作，常用于移动对象或调整对象的大小。拖拽功能可以用于任务卡和对象视图中的对象。将工具箱中的"按钮"对象拖拽到画面编辑器的操作过程如下：

用鼠标左键单击选中工具箱中的"按钮"，按住鼠标左键不放，同时移动鼠标，矩形的按钮图形跟随鼠标的光标 ⊘（禁止放置）一起移动，移动到画面工作区时，鼠标的光标变为 🖳（可以放置）。

在画面中的适当位置放开鼠标的左键，该按钮对象便被放置到画面中当时所在的位置。放置的对象的四周有8个小矩形，表示该对象处于被选中的状态。

3. 用鼠标的拖拽功能改变对象的位置

用鼠标左键单击图2-10a左边的"起动"按钮，并按住鼠标左键不放，按钮四周出现8个小正方形，同时鼠标的光标变为图中按钮方框上的十字箭头图形（见表2-2）。按住左键并移动鼠标，将选中的对象拖到希望并允许放置的位置（图2-10a右边的浅色按钮所在的位置）。同时出现的x/y是按钮新的位置的坐标值，w/h是按钮的宽度和高度值。松开左键，对象被放在当前的位置。

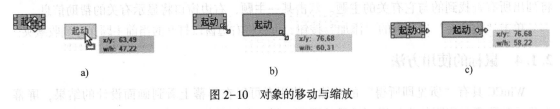

a)　　　　　　　　　　　　b)　　　　　　　　　　　　c)

图2-10　对象的移动与缩放

表2-2　鼠标的光标功能

鼠标指针	名　称	功能说明
↖	箭头指针	在移动鼠标时显示鼠标目前所在位置
↔ ↕ ↗ ↘	调整对象的大小	在调整窗口或元件的大小时显示
✛	移动对象的指针	在移动对象时显示
I	I形指针	单击与文字有关的对象时，箭头指针变为"I"形，此时可以输入数字或文字

4. 用鼠标拖拽功能改变对象的大小

用鼠标左键单击图2-10b左边的"起动"按钮，按钮四周出现8个小正方形，用鼠标左键选中某个角的小正方形，鼠标的箭头变为45°的双向箭头，按住左键并移动鼠标，可以同时改变按钮的长度和宽度。将选中的对象拖到希望的大小。松开左键，按钮被扩大或缩小为图2-10b中间所示的大小。

用鼠标左键选中按钮四条边中点的某个小正方形，鼠标的光标变为水平或垂直的双向箭头（见图 2-10c 的左图），按住左键并移动鼠标，将选中的按钮沿水平方向或垂直方向拖到希望的大小，松开左键，按钮被扩大或缩小为图 2-10c 中间所示的大小。

5. 用鼠标拖拽功能改变浮动窗口的位置和大小

单击图 2-6 工作区右上角的"浮动"按钮 ⬚，工作区窗口浮动。此时用鼠标左键单击并按住窗口最上面的标题栏，可以将窗口拖拽到需要的位置。

将光标放在浮动的窗口的某个角上，光标变为 45°的双向箭头，此时用拖拽功能可以同时改变窗口的宽度和高度。将光标放在浮动的窗口的某条边上，光标变为水平或垂直的双向箭头。按住左键并移动鼠标，可调节窗口的宽度或高度。单击工作区右上角的"嵌入"按钮 ⬚，工作区将恢复原状。

6. 单击鼠标右键

在 WinCC 中，用鼠标右键单击任意对象，可以打开与对象有关的右键快捷菜单，使操作更为简单方便。右键快捷菜单列出了与单击的对象有关的最常用的命令。

2.1.5 以太网基础知识

1. 工业以太网

工业以太网（Industrial Ethernet，IE）是遵循国际标准 IEEE 802.3 的开放式、多供应商、高性能的区域和单元网络。工业以太网已经广泛地应用于控制网络的最高层，并且越来越多地在控制网络的中间层和底层（现场设备层）使用。

西门子的工控产品已经全面地"以太网化"，S7-300/400 的各级 CPU 和新一代变频器 SINAMICS 的 G120 系列、S120 系列都有集成了 PROFINET 以太网接口的产品。新一代小型 PLC S7-1200、S7-200 SMART、大中型 PLC S7-1500、新一代人机界面的精智系列、精简系列、精彩系列面板和移动面板都有集成的以太网接口。分布式 I/O ET 200 SP、ET 200S、ET 200MP、ET 200M、ET 200Pro、ET 200eco PN 和 ET 200AL 都有 PROFINET 通信模块或集成的以太网通信接口。

工业以太网采用 TCP/IP 协议，可以将自动化系统连接到企业内部互联网（Intranet）、外部互联网（Extranet）和因特网（Internet），实现远程数据交换。可以实现管理网络与控制网络的数据共享。通过交换技术可以提供实际上没有限制的通信性能。

西门子的工业以太网最多可以有 32 个网段、1024 个节点。铜缆最远约为 1.5 km，光纤最远为 150 km。可以将 S7 PLC、HMI 和 PC 链接到工业以太网，自动检测全双工或半双工通信，自适应 10M/100M bit/s 通信速率。通过交换机可以实现多台以太网设备之间的通信，实现数据的快速交互。

2. MAC 地址

MAC（Media Access Control，媒体访问控制）地址是以太网端口设备的物理地址。通常由设备生产厂家将 MAC 地址写入 EEPROM 或闪存芯片。在网络底层的物理传输过程中，通过 MAC 地址来识别发送和接收数据的主机。MAC 地址是 48 位二进制数，分为 6 个字节（6B），一般用十六进制数表示，例如 00-05-BA-CE-07-0C。其中的前 3 个字节（6 位十六进制数）是网络硬件制造商的编号，它由 IEEE（国际电气与电子工程师协会）分配，后 3 个字节代表该制造商生产的某个网络产品（例如网卡）的序列号。MAC 地址就像我们的身份证号码，具有全球唯一性。

每个 CPU 在出厂时都已装载了一个永久的唯一的 MAC 地址，MAC 地址印在 CPU 上。不能更改 CPU 的 MAC 地址。

3. IP 地址

为了使信息能在以太网上准确快捷地传送到目的地，连接到以太网的每台计算机必须拥有一个唯一的 IP 地址。IP 地址由 32 位二进制数（4B）组成，是 Internet Protocol（网际协议）地址，在控制系统中，一般使用固定的 IP 地址。

IP 地址通常用十进制数表示，用小数点分隔，例如 192.168.0.117。

4. 子网掩码

子网是连接在网络上的设备的逻辑组合。同一个子网中的节点彼此之间的物理位置通常相对较近。子网掩码（Subnet mask）是一个 32 位二进制数，用于将 IP 地址划分为子网地址和子网内节点的地址。二进制的子网掩码的高位应该是连续的 1，低位应该是连续的 0。以常用的子网掩码 255.255.255.0 为例，其高 24 位二进制数（前 3 个字节）为 1，表示 IP 地址中的子网地址（类似于长途电话的地区号）为 24 位；低 8 位二进制数（最后一个字节）为 0，表示子网内节点的地址（类似于长途电话的电话号）为 8 位。具有多个 PROFINET 接口的设备（例如 CPU 1515-2 PN），各接口的 IP 地址应位于不同的子网中。

S7-300/400/1200/1500 CPU 默认的 IP 地址为 192.168.0.1，默认的子网掩码为 255.255.255.0。与编程计算机通信的单个 CPU 可以采用默认的 IP 地址和子网掩码。

5. 路由器

IP 路由器用于连接子网，如果 IP 报文发送给别的子网，首先将它发送给路由器。在组态时子网内所有的节点都应输入路由器的地址。路由器通过 IP 地址发送和接收数据包。路由器的子网地址与子网内的节点的子网地址相同，其区别仅在于子网内的节点地址不同。

在串行通信中，传输速率（又称波特率）的单位为 bit/s，即每秒传送的二进制位数。西门子的工业以太网默认的传输速率为 10 M/100 M bit/s。

2.2 一个简单的例子

2.2.1 创建项目与组态连接

1. 创建或打开项目

项目是组态用户界面的基础，在项目中创建画面、变量和报警等对象。画面用来描述被监控的系统，变量用来在人机界面设备和被监控设备（PLC）之间传送数据。

下面介绍在项目视图中创建项目的方法。执行菜单命令"项目"→"新建"，在出现的"创建新项目"对话框中（见图 2-11），将项目的名称修改为"PLC_HMI"（见随书光盘中的同名例程）。单击"路径"输入框右边的 ... 按钮，可以修改保存项目的路径。单击"创建"按钮，开始生成项目。

单击工具栏上的"打开项目"按钮 ，双击打开的"打开项目"对话框中列出的最近使用的某个项目，可以打开该项目。或者单击"浏览"按钮，在打开的对话框中打开某个项目的文件夹，双击其中标有 的文件，打开该项目。

图 2-11   创建新项目

2. 添加 PLC

S7-1200 和 S7-1500 分别是西门子新一代的小型和大中型 PLC,本书中它们用博途的 STEP 7 V13 SP1 编程,用 S7-PLCSIM V13 SP1 仿真。S7-1200 和 S7-1500 的编程和应用见参考文献 [2] 和 [3]。

单击项目树中的"添加新设备",出现"添加新设备"对话框(见图 2-12)。单击其中的"控制器"按钮,双击要添加的 CPU 1214C 的订货号,生成一个默认的名称为 PLC_1 的 PLC 站点,在项目树中可以看到它,工作区出现 PLC_1 的设备视图。其 PN 接口的 IP 地址为默认的 192.168.0.1,子网掩码为默认的 255.255.255.0。

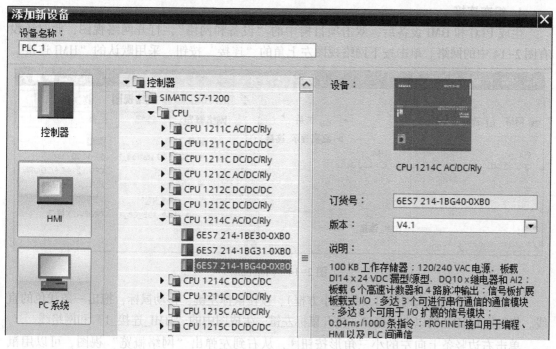

图 2-12   添加 PLC

3. 添加 HMI 设备

再次单击项目树中的"添加新设备",打开"添加新设备"对话框(见图 2-13),单击"HMI"按钮,去掉左下角的复选框"启动设备向导"中自动生成的勾,不使用"启动设备向导"。打开设备列表中的文件夹"\HMI\SIMATIC 精简系列面板\4"显示屏\KTP400

Basic",双击其中订货号为 6AV2 123-2DB03-0AX0 的 4in 的第二代精简系列面板 KTP400 Basic PN,版本为 13.0.0.0,生成默认名称为"HMI_1"的面板。工作区出现了 HMI 的画面"画面_1"。HMI 默认的 IP 地址为 192.168.0.2,子网掩码为 255.255.255.0。

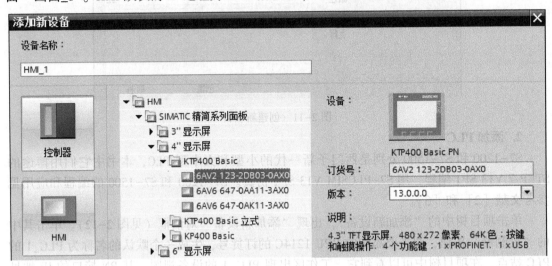

图 2-13 添加 HMI 设备

4. 组态连接

生成 PLC 和 HMI 设备后,双击项目树中的"设备和网络",打开网络视图,此时还没有图 2-14 中的网络。单击按下网络视图左上角的"连接"按钮,采用默认的"HMI 连接"。

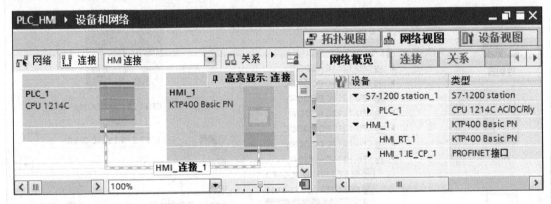

图 2-14 网络视图

单击 PLC 中的以太网接口(绿色小方框),按住鼠标左键,移动鼠标,拖出一条浅色的直线。将它拖到 HMI 的以太网接口,松开鼠标左键,生成图中的"HMI_连接_1"和网络线。

单击右边竖条上向左的小三角形按钮◀,从右到左弹出"网络概览"视图,可以用鼠标移动小三角形按钮所在的网络视图和网络概览视图的分界线。单击该分界线上向右的小三角形按钮▶,网络概览视图将会向右关闭。单击向左的小三角形按钮◀,将向左扩展,覆盖整个网络视图。

双击项目视图的\HMI_1 文件夹中的"连接",打开连接编辑器(见图 2-15)。选中第一行自动生成的"HMI_连接_1",连接表下面是连接的详细资料。

26

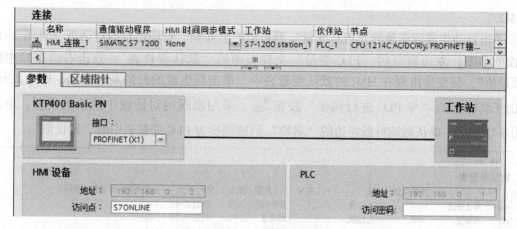

图 2-15 连接编辑器

5. 更改设备的型号

如果需要更改设备的型号或版本，用右键单击设备视图或网络视图中的 CPU 或 HMI，执行快捷菜单中的"更改设备/版本"命令。双击出现的"更改设备"对话框的"新设备"列表中用来替换的设备的订货号，设备型号被更改。"更改设备"对话框自动关闭。

2.2.2　变量与画面的生成与组态

1. HMI 变量的分类

HMI（人机界面）的变量分为外部变量和内部变量，每个变量都有一个符号名和数据类型。外部变量是 HMI 与 PLC 进行数据交换的桥梁，是 PLC 中定义的存储单元的映像，其值随 PLC 程序的执行而改变。HMI 设备和 PLC 都可以访问外部变量。

HMI 的内部变量存贮在 HMI 设备的存储器中，与 PLC 没有连接关系，只有 HMI 设备能访问内部变量。内部变量用于 HMI 设备内部的计算或执行其他任务。内部变量用名称来区分，没有绝对地址。

图 2-16 是项目树的文件夹"\PLC_1\PLC 变量"中的"默认变量表"中的部分变量。

		名称 ▼	数据类型	地址	保持	在 HMI 可见	可从 HMI 访问
1		预设值	Time	%MD8		☑	☑
2		起动按钮	Bool	%M2.0		☑	☑
3		电动机	Bool	%Q0.0		☑	☑
4		当前值	Time	%MD4		☑	☑
5		停止按钮	Bool	%M2.1		☑	☑

图 2-16　PLC 默认的变量表

2. HMI 变量的生成与属性设置

双击项目树的文件夹"\HMI_1\HMI 变量"中的"默认变量表"，打开变量编辑器（见图 2-17）。单击变量表的"连接"列单元中隐藏的 ... 按钮，可以选择"HMI_连接_1"（HMI 设备与 PLC 的连接）或"内部变量"，本例中的变量均为来自 PLC 的外部变量。

双击变量表中最下面一行的"添加"，将会自动生成一个新的变量，其参数与上一行变量的参数基本上相同，其名称和地址与上面一行按顺序排列。图 2-17 中原来最后一行的变量名称为"起动按钮"，地址为 M2.0，新生成的变量的名称为"起动按钮_1"，地址为 M2.1。

单击自动生成的变量的"PLC 变量"列右边的...按钮，选中出现的对话框（见图 2-17 下面的小图）左边窗口的"PLC 变量"文件夹中的"默认变量表"，双击右边窗口中的"预设值"，该变量出现在 HMI 的默认变量表中。单击新生成的行的某个单元，选中该行，单击工具栏上的"与 PLC 进行同步"按钮 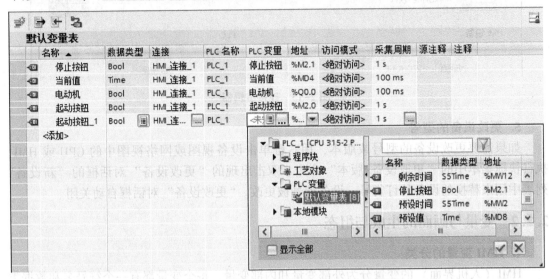，采用出现的对话框中默认的设置，单击"同步"按钮，确认后该行最左边的"名称"列被同步为 PLC 变量表中的"预设值"。

图 2-17　生成 HMI 默认变量表中的变量

默认的采集周期为 1 s，为了减少画面中的对象的动态变化延迟时间，用下拉式列表将变量"电动机"和"当前值"的采集周期设置为 100 ms。

单击图 2-17 的"PLC 变量"列出现的 ▤ 按钮，将会出现图 2-18 中 PLC_1 的默认变量表中的变量列表，双击其中的某个变量，该变量将出现在 HMI 的变量表中。

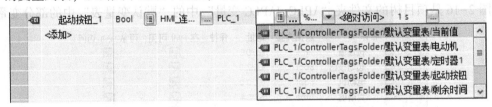

图 2-18　生成 HMI 默认变量表中的变量

在组态画面中的元件（例如按钮）时，如果使用了 PLC 的变量表中的某个变量（例如"停止按钮"），该变量将会自动地添加到 HMI 的变量表中。

3. 画面的基本概念

人机界面用画面中可视化的画面元件来反映实际的工业生产过程，也可以用它们来修改工业现场的过程设定值。

画面由静态元件和动态元件组成。静态元件（例如文本或图形对象）用于静态显示，在运行时它们的状态不会变化，不需要 PLC 的变量与之连接，它们不能由 PLC 更新。

动态元件的状态受变量的控制，需要设置与它连接的 PLC 变量，用图形、字符、数字趋势图和棒图等画面元件来显示 PLC 或 HMI 设备存储器中的变量的当前状态或当前值。PLC 和 HMI 设备通过变量和动态元件交换过程值和操作员的输入数据。

4. 打开画面

生成 HMI 设备后，在"画面"文件夹中自动生成一个名为"画面_1"的画面。用鼠标右键单击项目树中的该画面，执行出现的快捷菜单中的"重命名"命令，将该画面的名称修改为"根画面"。双击它打开画面编辑器。

打开画面后，可以用图 2-6 工作区下面的"100%"右边的▼按钮打开的显示比例（25%~400%）下拉式列表，来改变画面的显示比例。也可以用该按钮右边的滑块快速设置画面的显示比例。单击画面工具栏最右边的"放大所选区域"按钮，按住鼠标左键，在画面中绘制一个虚线方框。放开鼠标左键，方框所围的区域被缩放到恰好能放入工作区的大小。

单击选中工作区中的画面后，再选中巡视窗口的"属性 > 属性 > 常规"（见图 2-19），可以在巡视窗口右边的窗口设置画面的名称、编号等参数。单击"背景色"选择框的▼按钮，用出现的颜色列表设置画面的背景色为白色。

图 2-19 组态画面的常规属性

2.2.3 组态指示灯与按钮

1. 生成和组态指示灯

指示灯用来显示 Bool 变量"电动机"的状态（见图 2-6）。将工具箱的"基本对象"窗格中的"圆"拖拽到画面中希望的位置。用前面介绍的鼠标的使用方法，调节圆的位置和大小。选中生成的圆，它的四周出现 8 个小正方形。选中画面下面的巡视窗口的"属性 > 属性 > 外观"（见图 2-20 上面的图），设置圆的边框为默认的黑色，样式为实心，宽度为 3 个像素点（与指示灯的大小有关），背景色为深绿色，填充图案为实心。

一般在画面中直接用鼠标设置画面元件的位置和大小。选中巡视窗口的"属性 > 属性 > 布局"（见图 2-20 下面的图），可以微调圆的坐标位置和半径。

打开巡视窗口的"属性 > 动画 > 显示"文件夹，双击其中的"添加新动画"，再双击出现的"添加动画"对话框中的"外观"，选中图 2-21 左边窗口中出现的"外观"，在右边窗口组态外观的动画功能。

设置圆连接的 PLC 的变量为位变量"电动机"（Q0.0），其"范围"值为 0 和 1 时，圆的背景色分别为深绿色和浅绿色，对应于指示灯的熄灭和点亮。

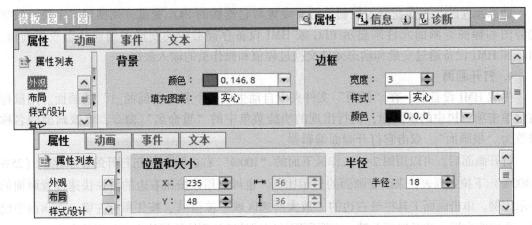

图 2-20　组态指示灯的外观和布局属性

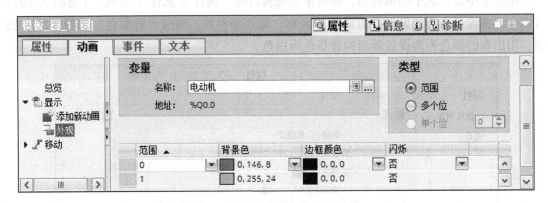

图 2-21　组态指示灯的动画功能

2. 生成按钮与组态按钮的属性

画面中的按钮的功能比接在 PLC 输入端的物理按钮的功能强大得多，用来将各种操作命令发送给 PLC，通过 PLC 的用户程序来控制生产过程。

将工具箱的"元素"窗格中的"按钮"拖拽到画面中，伴随它一起移动的小方框中的 x/y 是按钮的左上角在画面的 x、y 轴的坐标值，w/h 是按钮的宽、高尺寸，均以像素点为单位。放开鼠标左键，按钮被放置在画面中。用鼠标调节按钮的位置和大小。

单击选中放置的按钮，选中巡视窗口的"属性 > 属性 > 常规"，图 2-22 的"标签"域有两个选项，它们组成了一个单选框，同时只能选中其中的一个选项。单击单选框中的小圆圈或它右侧的文字，小圆圈中出现一个圆点，表示该选项被选中。单击单选框的另一个选项，原来选中的选项左侧小圆圈中的圆点自动消失。用单选框选中"模式"域和"标签"域的"文本"，输入按钮未按下时显示的文本为"起动"。

单击图 2-22 的"按钮'按下'时显示的文本"左侧的小方框，该方框变为☑，其中出现的"√"表示选中（即勾选）了该选项，或称该选项被激活。再次单击它，其中的"√"消失，表示未选中该选项（激活被取消）。因为可以同时选中多个这样的选项，所以将这样的小方框称为复选框或多选框。如果选中该复选框，可以分别设置未按下时和按下时显示的文本。未选中该复选框时，按下和未按下时按钮上显示的文本相同，一般采用默认的设置，不勾选该复选框。

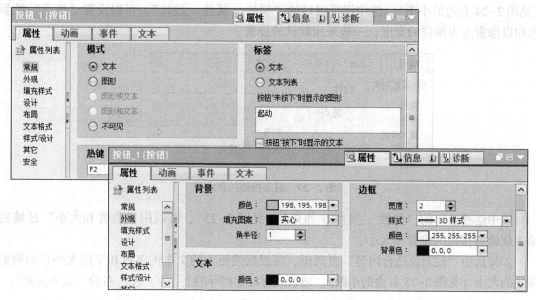

图 2-22　组态按钮的常规属性和外观属性

KTP400 有 4 个功能键 F1~F4，单击图 2-22 上图 "热键" 区域中的 ▼ 按钮，再单击打开的小对话框中的 ▼ 按钮，用打开的列表选中功能键 F2，单击 ✔ 按钮确认。运行时标有 F2 的功能键具有和 "起动" 按钮相同的功能。

选中巡视窗口的 "属性 > 属性 > 外观"（见图 2-22 的下图），单击 "背景" 和 "文本" 区域的 "颜色" 选择列表的 ▼ 按钮，将按钮的背景色改为浅灰色，文本改为黑色。

"边框" 区域中的 "样式" 可以选择 "实心""双线" 和 "3D 样式"，边框的宽度以像素点为单位。设置为 "双线" 时，"背景色" 为边框的两根线之间的区域的颜色。

单击巡视窗口的 "属性 > 属性 > 填充样式"，图 2-23 选中了 "背景设置" 区域中的 "垂直梯度"，在 "梯度" 区域勾选复选框 "梯度 1" 和 "梯度 2"，可以设置梯度（即过渡色）、上/下两个区域的颜色和宽度。梯度显示的效果见图 2-23 右边的小图。此时在图 2-22 中可以看到填充图案变为 "垂直梯度"。

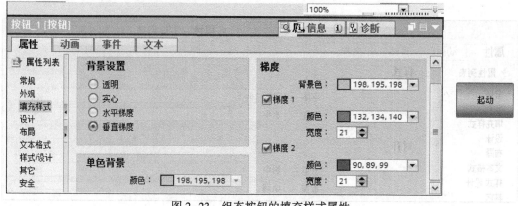

图 2-23　组态按钮的填充样式属性

在运行时如果单击起动按钮,它成为"焦点",它内部靠近边框的四周出现一个方框(见图 2-24 右边的小图)。选中巡视窗口的"属性 > 属性 > 设计",可以设置"焦点"的颜色和以像素点为单位的宽度,一般采用默认的设置。

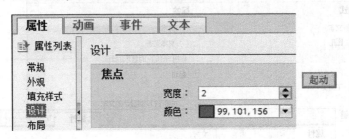

图 2-24 组态按钮的焦点

选中巡视窗口的"属性 > 属性 > 布局"(见图 2-25),可以用"位置和大小"区域的输入框微调按钮的位置和大小。

如果选中"使对象适合内容"复选框,将根据按钮上的文本的字数和字体大小自动调整按钮的大小(见图 2-25 右边的小图)。建议此时设置相等的上、下、左、右的"文本边距"。

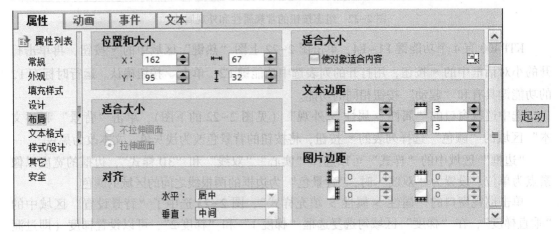

图 2-25 组态按钮的布局属性

选中巡视窗口的"属性 > 属性 > 文本格式"(见图 2-26),单击"字体"选择框右边

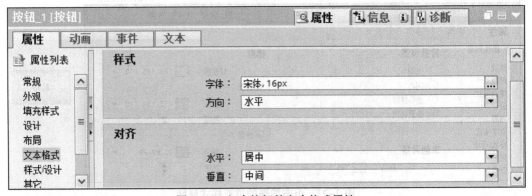

图 2-26 组态按钮的文本格式属性

的按钮，打开"字体"对话框，可以定义以像素点（px）为单位的文字的大小。字体为宋体，不能更改。字形可以设置为正常、粗体、斜体和粗斜体，还可以设置下划线、删除线、按垂直方向读取等附加效果。一般按图 2-26 设置对齐方式。

选中巡视窗口的"属性 > 属性 > 其他"，可以修改按钮的名称，设置对象所在的"层"，一般使用默认的第 0 层。

3. 设置按钮的事件功能

选中巡视窗口的"属性 > 事件 > 释放"（见图 2-27），单击视图右边窗口的表格最上面一行，再单击它的右侧出现的按钮（在单击之前它是隐藏的），在出现的"系统函数"列表中选择"编辑位"文件夹中的函数"复位位"。

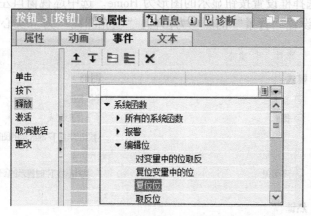

图 2-27　组态按钮释放时执行的函数

直接单击表中第 2 行右侧隐藏的按钮，选中 PLC 的默认变量表，双击该表中的变量"起动按钮"（见图 2-28）。在 HMI 运行时按下该按钮，将变量"起动按钮"复位为 0 状态。

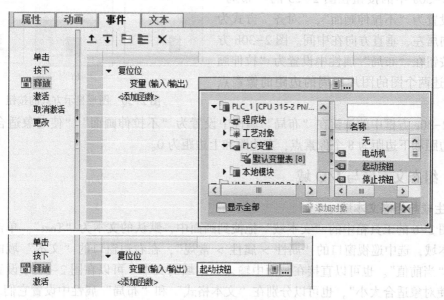

图 2-28　组态按钮释放时操作的变量

图 2-28 下面的小图是组态好后该按钮释放时调用的系统函数和操作的变量。

选中巡视窗口的"属性 > 事件 > 按下",用同样的方法设置在 HMI 运行时按下该按钮,执行系统函数"置位位",将 PLC 的变量"起动按钮"置位为 1 状态。该按钮具有点动按钮的功能,按下按钮时变量"起动按钮"被置位,放开按钮时它被复位。

选中组态好的按钮,执行复制和粘贴操作。放置好新生成的按钮后选中它,设置其文本为"停止",按下该按钮时将变量"停止按钮"置位,释放该按钮时将它复位。

4. 图形格式的按钮的组态

除了前面介绍的用文本来标识按钮,也可以用图形来标识按钮。生成一个新的按钮,选中按钮的巡视窗口的"属性 > 属性 > 常规"(见图 2-29),将按钮的模式设置为"图形",用"图形"域中的选择框设置按钮显示的图形为 Home。选中巡视窗口左边浏览窗口的"外观"(见图 2-22),设置"背景"的颜色为白色,"填充图案"为"实心"。

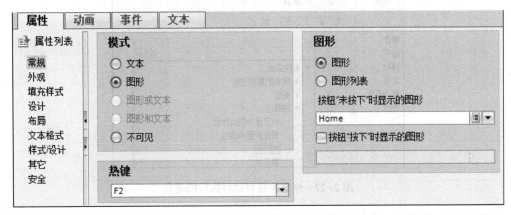

图 2-29　组态按钮的常规属性

图 2-30a 中的按钮在图 2-25 的"布局"属性中设置为"不拉伸画面","对齐"方式为水平方向居左、垂直方向在中间。图 2-30b 方框中的按钮在"布局"属性中设置为"拉伸画面"。上述两个图的图片四周的边距的像素点均为 0。

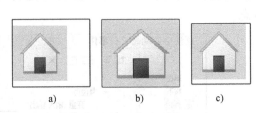

图 2-30　图形显示方式的按钮

图 2-30c 方框中的按钮在"布局"属性中设置为"不拉伸画面""使对象适合内容",图片右边距和下边距为 8 个像素点,左边距和上边距为 0。

2.2.4　组态文本域与 I/O 域

1. 生成与组态文本域

将图 2-6 的工具箱中的"文本域"拖拽到画面中,默认的文本为"Text"。单击选中生成的文本域,选中巡视窗口的"属性 > 属性 > 常规",在右边窗口的"文本"域的文本框中键入"当前值"。也可以直接在画面中输入文本域的文本。可以在图 2-31 中设置字体大小和"使对象适合大小",也可以分别在"文本格式"和"布局"属性中设置它们。

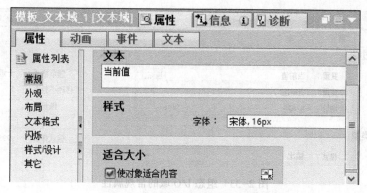

图 2-31　组态文本域的常规属性

"外观"属性与图 2-22 下面的图差不多，设置其背景色为浅蓝色，填充图案为实心，文本颜色为黑色。边框的宽度为 0（没有边框），此时边框的样式没有实质的意义。

在图 2-32 中设置"布局"属性，四周的边距均为 3 个像素点，选中复选框"使对象适合内容"。"文本格式"属性与图 2-26 相同，设置字形为"正常"，字体的大小为 16 个像素点。

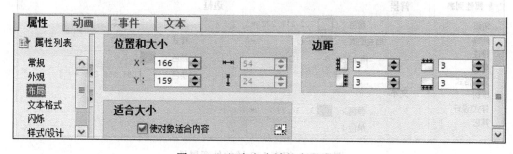

图 2-32　组态文本域的布局属性

选中巡视窗口的"属性 > 属性 > 闪烁"，采用默认的设置，没有闪烁功能。

选中画面中的文本域，执行复制和粘贴操作。放置好新生成的文本域后选中它，设置其文本为"预设值"，背景色为白色，其他属性不变。

2. 生成与组态 I/O 域

有 3 种模式的 I/O 域：

1）输出域：用于显示 PLC 的变量的数值。

2）输入域：用于操作员键入数字或字母，并用指定的 PLC 的变量保存它的值。

3）输入/输出域：同时具有输入域和输出域的功能，操作员用它来修改 PLC 中变量的数值，并将修改后 PLC 中的数值显示出来。

将图 2-6 的工具箱中的 I/O 域拖拽到画面中文本域"当前值"的右边，选中生成的 I/O 域。选中巡视窗口的"属性 > 属性 > 常规"（见图 2-33），用"模式"选择框设置 I/O 域为输出域，连接的过程变量为"当前值"。该变量的数据类型为 Time，是以 ms 为单位的双整数时间值。在"格式"域，采用默认的显示格式"十进制"，设置"格式样式"为有符号数 s9999999（需要手工添一个 9），小数点后的位数为 3。小数点也占一位，因此实际的显示格式为+000.000。

图 2-33　组态 I/O 域的常规属性

与按钮相比，I/O 域的"外观"视图的"文本"区域增加了"单位"输入框（见图 2-34），在其中输入 s（秒），画面中 I/O 域的显示格式为"+000.000s"（见图 2-6），当前值的时间单位为 s，背景色为浅灰色。

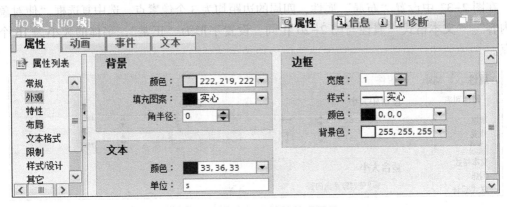

图 2-34　组态 I/O 域的外观属性

"布局"属性中的"边距"和"适合大小"域与图 2-32 文本域的相同。"文本格式"视图与图 2-26 相同，设置字体的大小为 16 个像素点。

选中巡视窗口的"属性 > 属性 > 限制"（见图 2-35），设置连接的变量的值超出上限和低于下限时在运行系统中对象的颜色分别为红色和黄色。

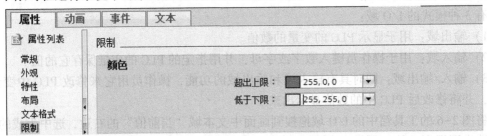

图 2-35　组态 I/O 域的限制属性

选中画面中的 I/O 域，执行复制和粘贴操作。放置好新生成的 I/O 域后选中它，单击巡视窗口的"属性 > 属性 > 常规"，设置其模式为"输入/输出"，连接的过程变量为"预设值"，变量的数据类型为 Time，显示格式和布局属性的设置与前一个 I/O 域的基本上相同

（见图 2-6），背景色为白色。

2.3 HMI 的仿真运行

2.3.1 HMI 仿真调试的方法

WinCC 的运行系统（Runtime）用来在计算机上运行用 WinCC 的工程系统组态的项目，并查看进程。运行系统还可以用来在计算机上测试和模拟 HMI 的功能。

如果在标准 PC（个人计算机）或 Panel PC（面板式 PC）上安装了运行系统的高级版和面板，需要授权才能无限制地使用。如果没有授权，运行系统高级版和面板将以演示模式运行。如果在 PC 上运行，许可证包含在运行系统高级版和面板软件包内。如果在 Panel PC 上运行，运行系统高级版和面板的许可证随设备一起提供。

在编程计算机上安装了"仿真/运行系统"组件后，在没有 HMI 设备的情况下，可以用 WinCC 的运行系统来模拟 HMI 设备，用它来测试项目，调试已组态的 HMI 设备的功能。模拟调试也是学习 HMI 设备的组态方法和提高动手能力的重要途径。

有下列几种仿真调试的方法。

1. 使用变量仿真器仿真

如果手中既没有 HMI 设备，也没有 PLC，可以用变量仿真器来检查人机界面的部分功能。这种测试称为离线测试，可以模拟画面的切换和数据的输入过程，还可以用仿真器来改变输出域显示的变量的数值或指示灯显示的位变量的状态，或者用仿真器读取来自输入域的变量的数值和按钮控制的位变量的状态。因为没有运行 PLC 的用户程序，这种仿真方法只能模拟实际系统的部分功能。

2. 使用 S7-PLCSIM 和 WinCC 运行系统的集成仿真

如果将 PLC 和 HMI 集成在博途的同一个项目中，可以用 WinCC 的运行系统对 HMI 设备仿真，用 PLC 的仿真软件 S7-PLCSIM 对 S7-300/400/1200/1500 PLC 仿真。同时还可以对被仿真的 HMI 和 PLC 之间的通信和数据交换仿真。这种仿真不需要 HMI 设备和 PLC 的硬件，只用计算机也能很好地模拟 PLC 和 HMI 设备组成的实际控制系统的功能。

3. 连接硬件 PLC 的仿真

如果没有 HMI 设备，但是有硬件 PLC，可以在建立起计算机和 S7 PLC 通信连接的情况下，用计算机模拟 HMI 设备的功能。这种测试称为在线测试，可以减少调试时刷新 HMI 设备的闪存的次数，节约调试时间。这种仿真的效果与实际系统基本上相同。

4. 使用脚本调试器的仿真

可以用脚本调试器测试运行系统中的脚本，以查找用户定义的 VB 函数的编程错误。

2.3.2 使用变量仿真器的仿真

1. 启动仿真器

在模拟项目之前，首先应创建、保存和编译项目。单击选中项目树中的 HMI_1，执行菜单命令"在线"→"仿真"→"使用变量仿真器"，启动变量仿真器（见图 2-36）。如果启动仿真器之前没有预先编译项目，则自动启动编译。编译出现错误时，用巡视窗口中的红色文字显示。应改正错误，编译成功后，才能进行仿真。

图 2-36 变量仿真器

编译成功后，将会出现仿真器和显示根画面的仿真面板（见图 2-37）。

2. 生成需要监控的变量

单击仿真器空白行的"变量"列右边隐藏的按钮，双击出现的 HMI 默认变量表中某个要监控的变量，该变量出现在仿真器中。

3. 仿真器中变量的参数

变量的名称和"数据类型"是变量本身固有的，其他参数是仿真器自动生成的。白色背景的参数可以修改，例如"格式""写周期"（最小值为 1s）、"模拟"和"设置数值"。对于位变量，"模拟"模式可选"显示"和"随机"，其他数据类型的变量还可以选"sine"（正弦）、"增量""减量"和"移位"。灰色背景的参数不能修改，例如图 2-36 中的"最小值"和"最大值"。"模拟"列设置为正弦、增量和减量时，用"周期"列设置以 s（秒）为单位的变量的变化周期。可以将"当前值"列视为 PLC 中的数据。

4. 用仿真器检查按钮的功能

单击变量"起动按钮"和"停止按钮"的"开始"列的复选框（用鼠标勾选它们），激活对它们的监视功能。用鼠标单击图 2-37 画面中的起动按钮和停止按钮，可以看到按下按钮时仿真器中对应的变量的当前值为 1（1 状态），放开按钮时当前值为 0。

如果没有选中"开始"列的复选框，用鼠标单击图 2-37 中的起动按钮和停止按钮时，这两个变量的当前值不会变化。

5. 用仿真器检查指示灯的功能

用图 2-36 的仿真器中的变量"电动机"的"设置数值"列分别设置该变量的值为 1 和 0，按计算机的〈Enter〉键确认后，可以看到画面中的指示灯点亮和熄灭。

6. 用仿真器检查输出域的功能

在仿真器的变量"当前值"的"设置数值"列输入常数 21500（单位为 ms），按计算机的〈Enter〉键确认后，仿真器中该变量的"当前值"列显示 21500，画面中的输出域显示+21.500s（见图 2-37）。

7. 用仿真器检查输入/输出域的功能

单击画面中的输入/输出域，画面中出现一个数字键盘（见图 2-38）。其中的〈Esc〉是取消键，单击它后数字键盘消失，退出输入过程，输入的数字无效。←是退格键，与计算机键盘上的〈Backspace〉键的功能相同，单击该键，将删除光标左侧的数字。← 和 →分别是光标左移键和光标右移键。〈Home〉键和〈End〉键分别使光标移动到输入的数字的最前面和最后面，〈Del〉是删除键。

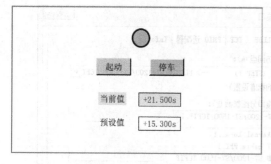

图 2-37　仿真面板

图 2-38　HMI 的数字键盘

↵是确认（回车）键，单击它使输入的数字有效（被确认），将在输入/输出域中显示，同时关闭键盘。

为了在仿真器中监控仿真面板设置的变量"预设值"的值，勾选它的"开始"列的复选框（见图 2-36）。单击画面中的输入/输出域，用弹出的小键盘输入数据 15.3，画面中的预设值 I/O 域显示"+15.300s"，在仿真器的变量"预设值"的"当前值"列出现 15300（ms）。

2.3.3　S7-1200/1500 与 HMI 的集成仿真

1. 集成仿真的优点

西门子的 HMI 主要与 S7-300/400/1200/1500 配合使用，由于它们的价格较高，初学者编写出 PLC 的程序和组态好 HMI 的项目后，一般都没有条件用硬件来做实验。前面介绍的使用变量仿真器的仿真方法虽然不需要 PLC 和 HMI 的硬件，就可以对 HMI 的部分功能仿真，但是可以仿真的功能极为有限。因为没有运行 PLC 的用户程序，仿真系统的性能与实际系统的性能相比有很大的差异。

如果将 S7-300/400/1200/1500 和 HMI 集成在博途的同一个项目中，可以用 S7-PLCSIM 来对 S7-300/400/1200 /1500 的程序运行仿真，用 WinCC 的运行系统对 HMI 设备仿真。因为 HMI 和 PLC 集成在同一个项目中，同时还可以对虚拟的 HMI 设备和虚拟的 PLC 之间的通信和数据交换仿真。这种仿真不需要 HMI 设备和 PLC 的硬件，只用计算机也能很好地模拟真实的 PLC 和 HMI 设备组成的实际控制系统的功能。仿真系统与实际系统的性能相当接近。

S7-1200 对仿真的硬件、软件的要求如下：固件版本为 V4.0 或更高版本的 S7-1200，S7-PLCSIM 的版本为 V13 SP1 及以上。

2. 集成仿真的准备工作

本节介绍 CPU 1214C 与精简面板的集成仿真。在做集成仿真之前，需要在博途的项目中生成 PLC 和 HMI 的站点，在网络视图中组态好它们之间的 HMI 连接。编写好 PLC 的程序，组态好 HMI 的画面。也可以直接使用随书光盘中的例程"PLC_HMI"来仿真。

单击 Windows 7 的控制面板最上面的"控制面板"右边的▾按钮（见图 2-39），选中出现的列表中的"所有控制面板项"，显示所有的控制面板项。双击其中的"设置 PG/PC 接口"，打开"设置 PG/PC 接口"对话框。单击选中"为使用的接口分配参数"列表框中的"PLCSIM S7-1200/S7-1500. TCPIP. 1"，设置应用程序访问点为"S7ONLINE（STEP 7）--> PLCSIM S7-1200 /S7-1500. TCPIP. 1"。最后单击"确定"按钮确认。

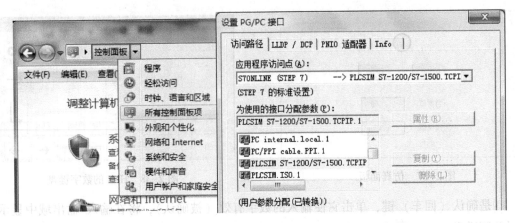

图 2-39　计算机的控制面板与"设置 PG/PC 接口"对话框

3. S7-1200 的程序简介

图 2-40 是项目"PLC_HMI"的 PLC_1 的主程序 OB1，接通延时定时器 TON 实际上是函数块（STEP 7 V5.5 称为功能块），TON 方框上面的 T1 是该函数块的背景数据块的符号名。PLC 进入 RUN 模式时，TON 的 IN 输入端为 1 状态，定时器的当前值从 0 开始不断增大。其当前值等于预设值时，其 Q 输出"T1".Q（T1 中的静态变量）变为 1 状态。"T1".Q 的常闭触点断开，定时器被复位。复位后"T1".Q 变为 0 状态，其常闭触点接通，定时器又开始定时。定时器和"T1".Q 的常闭触点组成了一个锯齿波发生器，其当前值在 0 到其预设时间值 PT 之间反复变化。

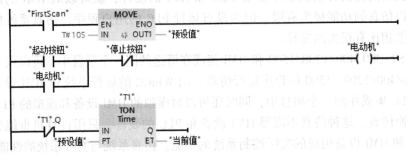

图 2-40　OB1 中的程序

组态 CPU 属性时，设置 MB1 为系统存储器字节，首次扫描时 FirstScan（M1.0）的常开触点接通，MOVE 指令将变量"预设值"（MD8）设置为 10 s。变量"预设值"和"当前值"的数据类型为 Time，在 HMI 的 I/O 域中被视为以 ms 为单位的双整数。

在 HMI 的默认变量表中设置变量"电动机"和"当前值"的采集周期为 100 ms。其他变量的采集周期为默认的 1 s。

4. 启动仿真和下载程序

选中项目树中的 PLC_1，单击工具栏上的"开始仿真"按钮，S7-PLCSIM 被启动，出现 S7-PLCSIM 的精简视图。

在博途中打开 S7-PLCSIM 时，如果没有设置"启动时加载最近运行的项目"，将会在默认的文件夹中自动生成一个项目。

打开仿真软件后，如果出现"扩展的下载到设备"对话框，按图2-41设置好"PG/PC接口的类型""PG/PC接口"和"接口/子网的连接"，用CPU的PN接口下载程序。单击"开始搜索"按钮，"目标子网中的兼容设备"列表中显示出搜索到的仿真CPU的以太网接口的IP地址。

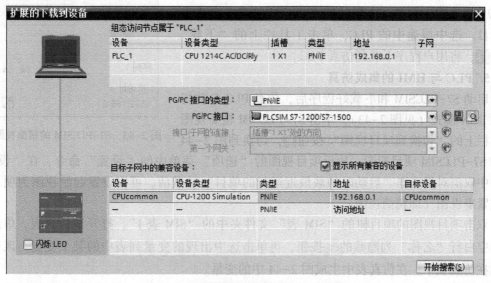

图2-41 "扩展的下载到设备"对话框

单击"下载"按钮，出现"下载预览"对话框（见图2-42的上图），编译组态成功后，选中"全部覆盖"复选框，单击"下载"按钮，将程序下载到PLC。

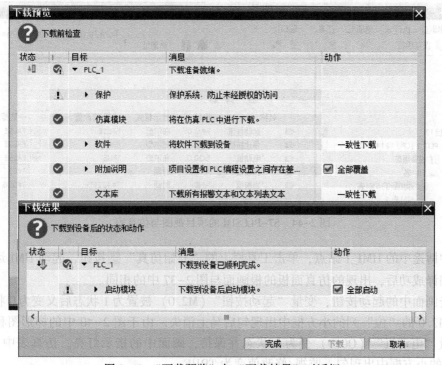

图2-42 "下载预览"与"下载结果"对话框

下载结束后，出现"下载结果"对话框（见图2-42的下图）。选中其中的"全部启动"复选框，单击"完成"按钮，仿真PLC被切换到RUN模式（见图2-43）。

也可以单击计算机桌面上的S7-PLCSIM图标，打开S7-PLCSIM，生成一个新的仿真项目或打开一个现有的项目。选中博途中的PLC，单击工具栏上的"下载"按钮，将用户程序下载到仿真PLC。

图2-43 S7-PLCSIM的精简视图

5. PLC与HMI的集成仿真

启动S7-PLCSIM和下载好程序后，仿真PLC自动切换到RUN模式（见图2-43）。单击S7-PLCSIM精简视图工具栏上的"切换到项目视图"按钮，切换到图2-44中的S7-PLCSIM项目视图。执行项目视图的"选项"菜单中的"设置"命令，在"设置"视图中取消对复选框"启动时加载最近运行的项目"的激活。可以设置起始视图为项目视图或紧凑视图（即精简视图）。

双击项目视图的项目树的"SIM表"文件夹中的"SIM表1"，打开该仿真表。单击表格的空白行"名称"列隐藏的按钮，再单击选中出现的变量列表中的某个变量，该变量出现在仿真表中。在仿真表中生成图2-44中的变量。

因为图2-40中PLC程序的运行，定时器的当前值从0s开始不断增大，当前值等于预设值时又从0s开始增大。图2-44中的变量"当前值"（MD8）的值与画面中当前值对应的输出域的显示值同步变化。

图2-44 S7-PLCSIM的项目视图与仿真表

选中博途中的HMI_1站点，单击工具栏上的"开始仿真"按钮，起动HMI运行系统仿真。编译成功后，出现的仿真面板的根画面与图2-37中的相同。

单击画面中的起动按钮，变量"起动按钮"（M2.0）被置为1状态后又变为0状态，仿真表中M2.0的"位"列的小方框中出现勾后马上消失。由于图2-40中的梯形图程序的作用，变量"电动机"（Q0.0）变为1状态并保持，画面中的指示灯亮。仿真表中Q0.0的"位"列的小方框中出现勾，监视/修改值变为TRUE。

单击画面中的"停止"按钮，变量"停止按钮"（M2.1）变为 1 状态后又变为 0 状态，指示灯熄灭，Q0.0 的"位"列的小方框中的勾消失，监视/修改值变为 FALSE。

默认情况下，只允许更改过程映像输入（I）的值，Q 区或 M 区变量的"监视/修改值"列和"一致修改"列的背景为灰色，只能监视不能修改 Q、M 区变量的值。单击按下 SIM 表工具栏的"启动/禁用非输入修改"按钮 ⇨，便可以修改非输入变量。用变量"预设值"的"一致修改"列将它的值修改为 T#5s，该变量的"一致修改"列右边的 ∮ 列被自动打勾。单击工具栏上的"修改所有选定值"按钮 ∮ 或按计算机的回车键，T#5s 被写入仿真 PLC。可以看到画面中的"预设值"I/O 域中的值变为+5.000 s。也可以用画面中"预设值"右侧的输入/输出域来修改定时器的预设值，仿真表中 MD8 的值随之而变。

6. S7-1500 与 HMI 的集成仿真

随书光盘中的项目"1500_精简面板"的 PLC_1 为 CPU 1511-1 PN，HMI_1 为精简面板 KTP400 Basic PN。它们的 IP 地址分别为 192.168.0.1 和 192.168.0.2，子网掩码均为 255.255.255.0。S7-1500 和 S7-1200 的指令是兼容的，该项目 PLC 的默认变量表和 OB1 中的程序与项目"PLC_HMI"中的完全相同（见图 2-16 和图 2-40）。

S7-1500 和 S7-1200 与 HMI 的集成仿真的操作方法和过程完全相同。

2.3.4 S7-300/400 与 HMI 的集成仿真

1. 项目简介

项目"315_精简面板"（见随书光盘中的同名例程）的 PLC_1 为 CPU 315-2PN/DP，HMI_1 为 4in 的第二代精简系列面板 KTP400 Basic PN，它们的 PN 接口采用默认的 IP 地址和子网掩码。在网络视图中建立它们的以太网接口之间的 HMI 连接。

图 2-45 是项目树的文件夹"\PLC_1\PLC 变量"中的"默认变量表"的变量。

			名称	数据类型	地址 ▲	保持	在 HMI 可见	可从 HMI 访问	注释
	▼ PLC_1 [CPU 315-2 PN...								
	▌ 设备组态	1	⬛ 电动机	Bool	%Q0.0		☑	☑	
	▯ 在线和诊断	2	⬛ 起动按钮	Bool	%M2.0		☑	☑	
	▶ ▤ 程序块	3	⬛ 停止按钮	Bool	%M2.1		☑	☑	
	▶ ▤ 工艺对象	4	⬛ 当前值	Time	%MD4		☑	☑	
	▶ ▥ 外部源文件	5	⬛ 预设值	Time	%MD8		☑	☑	
	▼ ▥ PLC 变量	6	⬛ 剩余时间	S5Time	%MW12		☑	☑	
	▤ 显示所有变量	7	⬛ 预设时间	S5Time	%MW14		☑	☑	
	▤ 添加新变量表	8	⬛ 定时器1	Timer	%T0		☑	☑	
	▤ 默认变量表 [8]	9	<添加>		▦		☑	☑	

图 2-45　PLC 的默认变量表

2. S7-300 的程序

图 2-47 是 PLC 的 OB1 中的程序。"起动按钮"（M2.0）和"停止按钮"（M2.1）信号来自 HMI 画面中的按钮，用画面中的指示灯显示变量"电动机"（Q0.0）的状态。接通延时定时器 1（T0）和它的常闭触点组成了一个锯齿波发生器，其剩余时间值不断地从其预设时间值递减到 0，反复变化。变量"预设值"（MD8）和"当前值"（MD4）的数据类型为 Time，在 I/O 域中被视为单位为 ms 的双整数。图 2-47 左边的 T_CONV 指令将定时器 1 输出的 S5Time 格式的剩余时间值，转换为数据类型为 Time 的以 ms 为单位的"当前值"，用

HMI 画面中的输出域显示。右边的 T_CONV 指令将来自 HMI 的输入/输出域的数据类型为 Time 的"预设值",转换为 S5Time 格式的预设时间值,供定时器 1 使用。

图 2-46 是项目树的文件夹"\HMI_1\HMI 变量"中的"默认变量表"的变量。

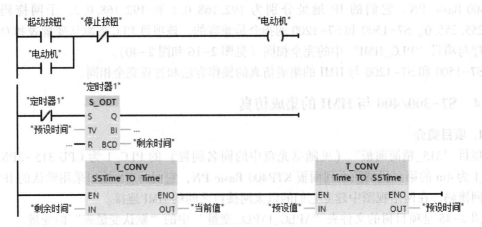

	名称	数据类型	连接	PLC 名称	PLC 变量	地...	访问模式	采集周期	源注释	注释
	起动按钮	Bool	HMI_连接_1	PLC_1	起动按钮	%M2.0	Absolute	1 s		
	停止按钮	Bool	HMI_连接_1	PLC_1	停止按钮	%M2.1	Absolute	1 s		
	当前值	Time	HMI_连接_1	PLC_1	当前值	%MD4	Absolute	100 ms		
	预设值	Time	HMI_连接_1	PLC_1	预设值	%MD8	Absolute	1 s		
	电动机	Bool	HMI_连接_1	PLC_1	电动机	%Q0.0	Absolute	100 ms		

图 2-46 HMI 的默认变量表

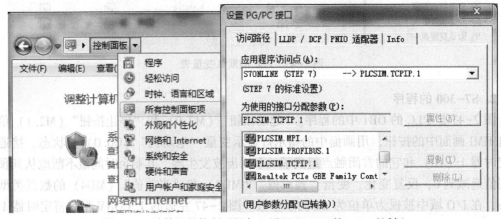

图 2-47 OB1 中的程序

在初始化程序 OB100 中,用 MOVE 指令将变量"预设值"设置为 Time 格式的 T#10S。

3. 设置 PG/PC 接口

单击 Windows 7 的控制面板最上面的"控制面板"右边的▾按钮(见图 2-48),选中出现的列表中的"所有控制面板项",显示所有的控制面板项。双击其中的"设置 PG/PC 接

图 2-48 计算机的控制面板与"设置 PG/PC 接口"对话框

口"，打开"设置 PG/PC 接口"对话框。单击选中"为使用的接口分配参数"列表框中的
"PLCSIM.TCPIP.1"，设置应用程序访问点为"S7ONLINE（STEP 7）-->PLCSIM.TCPIP.1"。
最后单击"确定"按钮确认。

4. 启动 S7-PLCSIM

博途 V13 中的 S7-300/400 用 S7-PLCSIM V5.4+SP6 仿真。选中项目树中的 PLC_1 站点，
单击工具栏的"开始仿真"按钮，启动 S7-PLCSIM（见图 2-49）。窗口中出现自动生成的
CPU 视图对象。与此同时，自动建立了 STEP 7 与 S7-PLCSIM 模拟的仿真 CPU 的连接。

S7-PLCSIM 用视图对象（即图 2-49 中的小窗口）来监视和修改仿真 PLC 的地址的值，
用它来产生 PLC 的输入信号，通过它来观察 PLC 的输出信号和内部元件的变化情况，检查
下载的用户程序是否能正确执行。

单击 S7-PLCSIM 工具栏上的 （输入）、 （输出）、 （位存储器）等按钮，将会
生成相应的视图对象。首先生成两个 MB0 的视图对象，然后将它们的地址改为 MB2 和 MD4
（定时器的当前值）。单击 MD4 视图对象中的按钮，可以选择按十进制、整数、十六进
制、实数和 BCD 等格式输入和显示数据。

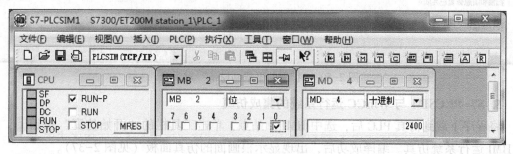

图 2-49   S7-PLCSIM

如果是该项目第一次打开 S7-PLCSIM，将会出现"扩展的下载到设备"对话框（见
图 2-50）。最上面的"组态访问节点属于'PLC_1'"表格列出了 CPU 315-2PN/DP 已组态
的通信接口，DP/MPI 接口被组态为 PROFIBUS-DP 接口。

可以用"PG/PC 接口的类型"选择框设置用 CPU 的以太网、PROFIBUS 或 MPI 接口下
载程序。按图 2-50 设置好"PG/PC 接口的类型""PG/PC 接口"和"接口/子网的连接"，
使用 CPU 的 PN 接口下载程序。单击"开始搜索"按钮，"目标子网中的兼容设备"列表中
显示出搜索到的仿真 PLC 的以太网接口的 IP 地址。

单击"下载"按钮，出现"下载预览"对话框，编译组态成功后，单击"下载"按
钮，将程序下载到仿真 PLC。

再次下载时，不会出现"扩展的下载到设备"对话框，单击出现的"下载预览"对话
框中的"下载"按钮，将程序下载到仿真 PLC。

单击 CPU 视图对象中的 RUN 或 RUN-P 小方框，使它出现"√"，CPU 视图对象中的
RUN 指示灯变为绿色，闪动几次后保持绿色不变，CPU 进入 RUN 模式。

单击工具栏上的"始终前置"按钮，S7-PLCSIM 将会始终在计算机屏幕的最上面显
示，不会被激活的其他窗口覆盖。

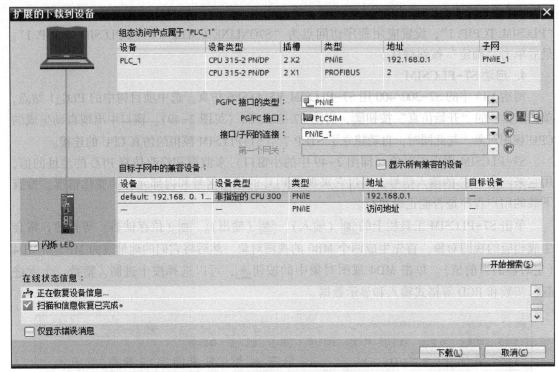

图 2-50 "扩展的下载到设备"对话框

5. S7-PLCSIM 与 WinCC 运行系统的集成仿真

将程序下载到仿真 PLC 后,选中 HMI_1 站点,单击工具栏的"开始仿真"按钮![icon],启动 HMI 运行系统仿真。编译成功后,出现显示根画面的仿真面板(见图 2-37)。

单击画面中的"起动"按钮,图 2-49 的 S7-PLCSIM 中的 MB2 视图对象的第 0 位出现"√"后马上消失,表示 M2.0(变量"起动按钮")被置为 1 状态后又变为 0 状态。由于图 2-47 中的梯形图程序的作用,Q0.0(变量"电动机")变为 1 状态并保持,画面中的指示灯亮。单击画面中的"停止"按钮,M2.1(变量"停止按钮")变为 1 状态后马上变为 0 状态,指示灯熄灭。

因为在组态标有"起动"的按钮时,设置它的热键为功能键 F2,运行时单击该功能键,它的作用与标有"起动"的按钮相同。

因为图 2-47 中 PLC 程序的运行,画面中定时器 1 的当前值从预设值 10 s 开始不断减小,减至 0 s 时又从 10 s 开始减小。

单击画面中"预设值"右侧的输入/输出域,用画面中出现的数字键盘(见图 2-38)输入新的预设值 20 或 20.0。按确认键![icon]后关闭键盘,输入/输出域中的值变为+20.000 s,定时器 1 的当前值将在新的预设值 20 s 和 0 s 之间反复变化。通过 S7-PLCSIM 中的 MD4 也可以看到变量"当前值"的变化情况。

2.3.5 连接硬件 PLC 的 HMI 仿真

设计好人机界面的画面后,如果没有 HMI 设备,但是有 PLC,连接好计算机和 CPU 的通信接口,运行 CPU 中的用户程序,可以用 WinCC 的运行系统对 HMI 设备的功能进行仿真。这种仿真的效果与实际的 PLC-HMI 系统基本上相同。

这种仿真可以减少调试时刷新 HMI 设备的闪存的次数，节约调试时间，它也是学习 HMI 的组态和调试的一种很好的方法。

1. 设置 PG/PC 接口

项目是"1200_KTP600"，PLC_1 为 CPU 1214C，因为作者做实验的 CPU 1214C 的版本较老，与它配套的 HMI_1 为第一代精简系列面板 KTP600 Basic color PN。

在 Windows 7 的控制面板中，显示所有的控制面板项（见图 2-48）。双击其中的"设置 PG/PC 接口"，打开"设置 PG/PC 接口"对话框（见图 2-51）。单击选中"为使用的接口分配参数"列表中实际使用的计算机网卡和协议（例如 Realtek PCIe GBE Family Controller.TCPIP.1）。设置应用程序访问点为"S7ONLINE（STEP7）-->Realtek PCIe GBE Family Controller.TCPIP.1"，单击"确定"按钮，退出"设置 PG/PC 接口"对话框后，设置生效。

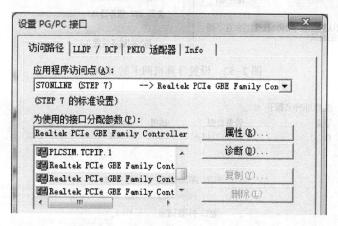

图 2-51 "设置 PG/PC 接口"对话框

2. 设置计算机网卡的 IP 地址

如果计算机的操作系统是 Windows 7，用以太网电缆连接计算机和 CPU，打开"控制面板"，单击"查看网络状态和任务"。再单击"本地连接"，打开"本地连接状态"对话框。单击其中的"属性"按钮，在"本地连接属性"对话框中（见图 2-52 的左图），双击"此连接使用下列项目"列表框中的"Internet 协议版本 4（TCP/IPv4）"，打开"Internet 协议版本 4（TCP/IPv4）属性"对话框（见图 2-52 的右图）。

用单选框选中"使用下面的 IP 地址"，键入 PLC 以太网接口默认的子网地址 192.168.0（应与 CPU 的子网地址相同），IP 地址的第 4 个字节是子网内设备的地址，可以取 0~255 中的某个值，但是不能与子网中其他设备的 IP 地址重叠。单击"子网掩码"输入框，自动出现默认的子网掩码 255.255.255.0。一般不用设置网关的 IP 地址。

设置结束后，单击各级对话框中的"确定"按钮，最后关闭控制面板。

做好上述的准备工作后，用以太网电缆连接 PLC 和计算机的 RJ45 接口，接通 PLC 的电源。选中博途中的 PLC_1 站点，单击工具栏上的"下载"按钮⬇️，第一次下载时出现"扩展的下载到设备"对话框（见图 2-53）。设置好"PG/PC 接口的类型""PG/PC 接口"和"接口/子网的连接"后，选中复选框"显示所有兼容的设备"，单击"开始搜索"按钮，搜索到 CPU 1214C 的 IP 地址。

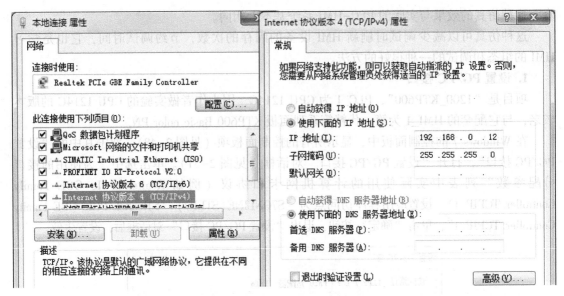

图 2-52 设置计算机网卡的 IP 地址

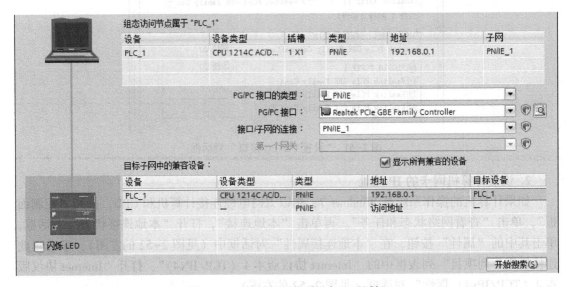

图 2-53 "扩展的下载到设备"对话框

3. 下载用户程序

单击"下载"按钮,出现"下载预览"对话框(见图 2-54 的上图),编译组态成功后,单击"下载"按钮,将程序下载到 PLC。下载结束后出现"下载结果"对话框(见图 2-54 的下图)。选中其中的"全部启动"复选框,单击"完成"按钮,PLC 被切换到RUN 模式。

4. 硬件 S7-1200 与 HMI 的仿真

选中项目树中的 HMI_1 站点,单击工具栏上的"开始仿真"按钮 **■** ,启动 HMI 的运行系统,打开仿真面板(见图 2-37)。

可以用画面中的"起动"和"停止"按钮,通过 PLC 的程序控制 PLC 的变量"电动

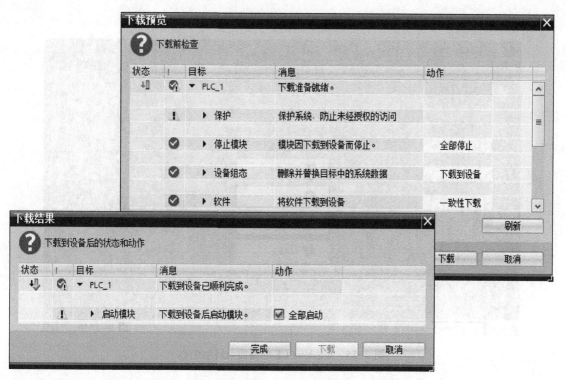

图 2-54 "下载预览"与"下载结果"对话框

机",用画面中的指示灯显示该变量的状态。

因为图 2-40 中 PLC 程序的运行,画面中定时器的当前值从 0 s 开始不断增大,当前值等于预设值时又从 0 s 开始增大。可以用画面中的输入/输出域修改 PLC 的变量"预设值",修改后定时器的当前值将在 0 s 和新的预设值之间反复变化。

2.4 HMI 与 PLC 通信的组态与运行

本节以精智面板 TP700 和 S7-1200 的通信为例(见随书光盘中的例程"1200_精智面板"),介绍硬件 HMI 和 PLC 通信的组态与运行的操作方法。

1. 下载的准备工作

为了实现计算机与 HMI 的通信,应做好下面的准备工作。

1)用计算机的控制面板中的"设置 PG/PC 接口"对话框(见图 2-51),选中"为使用的接口分配参数"列表中实际使用的计算机网卡和使用 TCPIP 协议。

2)设置计算机网卡的 IP 地址为 192.168.0. x(见图 2-52),第 4 个字节的值 x 不能与 CPU 和 HMI 的相同。设置子网掩码为 255.255.255.0。

2. 用 HMI 的控制面板设置通信参数

TP700 通电,结束启动过程后,屏幕显示 Windows CE 的桌面(见图 2-55),屏幕中间是 Start Center(启动中心)。"Transfer"(传送)按钮用于将 HMI 设备切换到传送模式。"Start"(启动)按钮用于打开保存在 HMI 设备中的项目,并显示启动画面。"Taskbar"(工具栏）按钮将激活 Windows CE "开始"菜单已打开的任务栏。

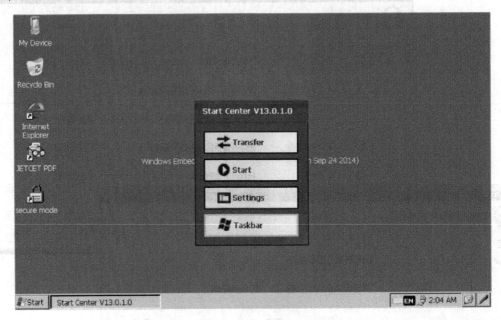

图 2-55　Windows CE 的桌面与启动中心

按下"Settings"（设置）按钮，打开用于组态的控制面板（见图 2-56）。双击控制面板中的"Transfer"（传输）图标，打开"Transfer Settings"（传输设置）对话框。在它的"General"选项卡中，用单选框选中"Automatic"，采用自动传输模式。

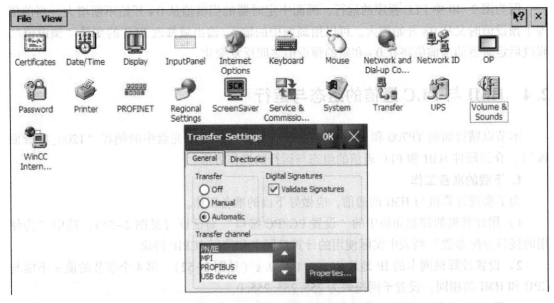

图 2-56　控制面板与传输设置对话框

在项目传输给 HMI 之后，用单选框将传输设置为 Off，可以禁用所有的数据通道，以防止 HMI 设备的项目数据被意外覆盖。

50

选中"Transfer channel"（传输通道）列表中的 PN/IE（以太网）。单击"Properties"按钮，或双击控制面板中的"Network and Dial-up Connections"，都会打开设置以太网接口 PN_X1 参数的"'PN_X1' Settings"对话框。

双击"'PN_X1' Settings"对话框中的 PN_X1（以太网接口）图标（见图 2-57 左上角的图形），打开"'PN_X1' Settings"对话框。用单选框选中"Specify an IP address"，由用户设置 IP 地址。用屏幕键盘输入 IP 地址（IP address）和子网掩码（Subnet mask），"Default gateway"是默认的网关。设置好后按"OK"键退出。

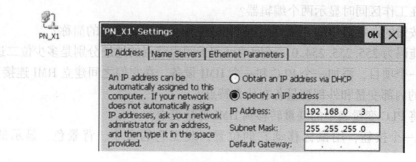

图 2-57 设置 IP 地址和子网掩码

3. 将程序和组态信息下载到 PLC

按图 2-52 设置好计算机网卡的 IP 地址。设置 PG/PC 接口时，应选择实际使用的网卡和 TCP/IP 协议。打开随书光盘中的项目"1200_精智面板"，用以太网电缆、交换机或路由器连接好计算机、PLC、HMI 和远程 I/O 的以太网接口。选中项目树中的 PLC_1，单击工具栏上的下载按钮，出现"扩展的下载到设备"对话框（见图 2-53），将程序和组态信息下载到 PLC。下载结束后 PLC 切换到 RUN 模式。

4. 将组态信息下载到 HMI

用以太网电缆连接好计算机与 HMI 的 RJ45 通信接口后，接通 HMI 的电源，单击出现的启动中心的"Transfer"按钮（见图 2-55），打开传输对话框（见图 2-58），HMI 处于等待接收上位计算机（host）信息的状态。

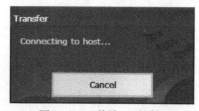

图 2-58 "传输"对话框

选中项目树中的 HMI_1，单击工具栏上的下载按钮，出现"扩展的下载到设备"对话框，设置好 PG/PC 接口的参数后，单击"开始搜索"按钮。搜索到 HMI 设备的 IP 地址后，单击"下载"按钮，首先自动地对要下载的信息进行编译，编译成功后，显示"下载预览"对话框。选中"全部覆盖"复选框，单击"下载"按钮，开始下载。出现"下载结果"对话框时，单击其中的"完成"按钮，结束下载过程。

下载结束后，HMI 自动打开初始画面。如果选中了图 2-56 的"Transfer Settings"对话框中的"Automatic"，在项目运行期间下载时，将会关闭正在运行的项目，自动切换到"Transfer"运行模式，开始传输新项目。传输结束后将会启动新项目，显示初始画面。

5. 验证 PLC 和 HMI 的功能

将用户程序和组态信息分别下载到 CPU 和 HMI 后，用以太网电缆连接 CPU 和 HMI 的以太网接口。两台设备通电后，经过一定的时间，面板显示根画面。检验控制系统功能的方法与集成仿真基本上相同，在此不再赘述。

2.5 习题

1. 博途中的 WinCC 有哪四种版本？分别有什么功能？

2. 精彩系列面板 SMART LINE V3 用什么软件组态？WinCC V7.4 是什么软件？

3. 怎样打开和关闭项目树？怎样调节项目树的宽度？

4. 怎样在工作区同时显示两个编辑器？

5. 选中按钮的巡视窗口的"属性 > 事件 > 按下"是什么操作的简称？

6. 子网掩码为 255.255.254.0，子网地址和子网内节点的地址分别是多少位二进制数？

7. 新建一个项目，添加一个 PLC 和一个 HMI 设备，在它们之间建立 HMI 连接。

8. HMI 的内部变量和外部变量各有什么特点？

9. 怎样将 PLC 变量表中的变量转移到 HMI 变量表中？

10. 生成一个按钮，用鼠标移动它的位置，改变它的大小、背景色、显示的字符和边框。

11. 生成一个红色的指示灯，用一个变量来控制它的熄灭和点亮。

12. 生成文本为"温度"的文本域，在它右边生成一个显示 3 位整数和一位小数的温度值的输出域。

13. HMI 有哪几种仿真调试方法？各有什么特点？

14. 简述 S7-1200 与 HMI 的集成仿真的方法。

15. 简述硬件 PLC 与 HMI 的运行系统仿真的方法。

16. 简述硬件 PLC 与硬件 HMI 通信需要做的工作。

第3章　项目组态的方法与技巧

第2章通过几个简单的例子，介绍了 HMI 项目的组态和调试的基本方法，本章将深入介绍项目组态和调试的方法。

3.1　创建与组态画面

3.1.1　使用 HMI 设备向导创建画面

在创建项目之前，应根据系统的要求，规划需要创建哪些画面，每个画面的主要功能，以及各画面之间的关系。这一步是画面设计的基础。

1. 用 HMI 设备向导组态画面结构

可以用"HMI 设备向导"对话框来组态 HMI 的画面结构。在博途中生成名为"HMI 设备向导应用"的项目（见随书光盘中的同名例程）。首先在项目视图中添加新设备 CPU 315 -2PN/DP。然后添加精智面板 TP700 Comfort，勾选"添加新设备"对话框中的复选框"启动设备向导"，单击"确定"按钮，打开"HMI 设备向导"对话框（见图3-1）。单击"浏览"选择框的 ▼ 按钮，双击出现的 PLC 列表中的 CPU 315-2PN/DP，PLC 和 HMI 之间出现绿色的连线，表示组态好了它们之间的以太网通信连接。

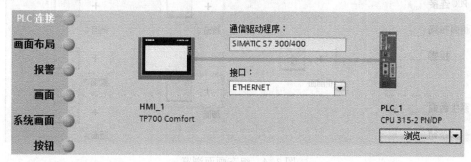

图 3-1　组态 PLC 连接

单击"下一步"按钮，打开"画面布局"对话框（见图3-2），将画面的背景色修改为白色。"页眉"被自动选中，"预览"区画面上端的页眉里有自动生成的日期时间域、西门子的 Logo（标志）和用于切换画面的符号 I/O 域。可以用单选框将符号 I/O 域改为画面标题。

单击"下一步"按钮，打开"报警"对话框（见图3-3）。图中勾选了两个复选框，生成了名为"未决报警"和"未决的系统事件"的两个报警窗口。

单击"下一步"按钮，打开"画面浏览"对话框，此时只有根画面。单击两次根画面中的加号按钮，生成画面0和画面1（见图3-4）。单击画面0中的加号按钮，生成画面2。单击两次画面1中的加号按钮，生成画面3和画面4。

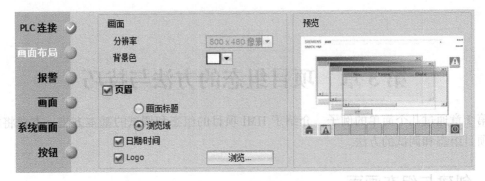

图 3-2 组态画面布局

图 3-3 组态报警

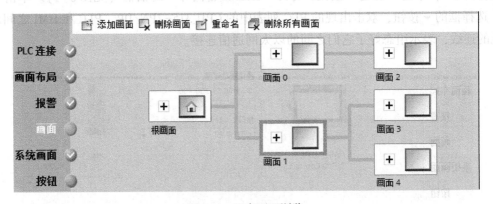

图 3-4 组态画面浏览

可以在选中某个画面后，用对话框的工具栏上的"删除画面"按钮删除它，或者用"重命名"按钮修改它的名称。如果删除画面0，画面2也被删除。

单击"下一步"按钮，打开"系统画面"对话框（见图3-5）。勾选"系统画面"中的复选框，然后勾选要生成的具体的系统画面中的复选框。右下角的系统画面的名称为"不同的作业"，它右边的复选框用于设置是否在画面中生成切换操作模式等操作的按钮。

单击"下一步"按钮，打开"按钮"对话框（见图3-6）。可以设置按钮在画面中放置的区域，还可以用"拖拽"的方法增、减画面中的按钮。例如将"系统按钮"域的"起始画面"按钮🏠、"登录"按钮👤和"退出"按钮⏻拖拽到画面下边沿的空白按钮区中。

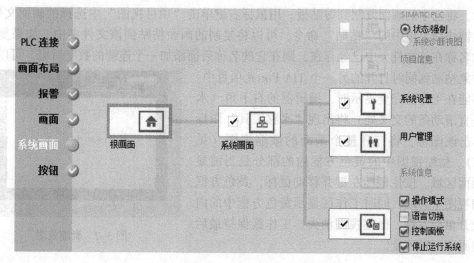

图 3-5　组态系统画面

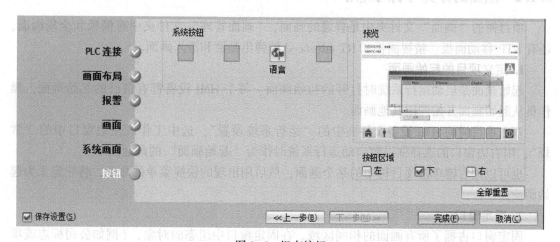

图 3-6　组态按钮

HMI 设备向导左下角的 "保存设置" 复选框被自动选中。上述操作完成后单击 "完成" 按钮, 组态被保存, 向导被关闭。

在 HMI_1 的 "画面" 文件夹中, 可以看到在向导中自动生成的根画面、画面 0~画面 4, 以及图 3-5 中用复选框勾选的 4 个系统画面。根据组态的画面之间的关系, 将会在各画面中自动生成画面切换按钮。

下一次用 HMI 设备向导生成画面时, 将会自动采用本次的所有组态参数。

2. 生成 HMI 设备后创建画面

双击项目视图中的 "添加新画面", 在工作区将会出现一幅新的画面, 画面被自动指定一个默认的名称, 例如 "画面_1", 同时在项目视图的 "画面" 文件夹中将会出现新画面。

用鼠标右键单击项目视图中的 "画面", 执行弹出的快捷菜单中的 "添加组" 命令, 在系统视图中生成一个名为 "组_1" 的文件夹。可以将现有的画面拖拽到该文件夹中。

用鼠标右键单击项目视图中的某个画面, 在出现的快捷菜单中执行 "重命名" "复制" "粘贴" 和 "删除" 等命令, 可以完成相应的操作。例如执行右键快捷菜单中的 "复制"

命令后，将选中的画面复制到剪贴板。用鼠标右键单击"项目视图"中选择的画面文件夹，执行右键快捷菜单中的"粘贴"命令，可以将复制的画面粘贴到该文件夹中。如果复制的画面的名称在该文件夹中已经存在，则在它的名称后面添加一个连续的数字后缀。可以将复制的对象粘贴到同时打开的另一个 TIA Portal 项目中。

画面不能在工作区完全显示时，编辑器的右下角（水平、垂直滚动条的交叉处）将出现"平移工具"图标。单击该图标，将打开整个画面的微缩视图（见图 3-7）。微缩视图中的黄色方框内的部分是当前显示的画面区域。按住鼠标左键并移动鼠标，黄色方框在微缩视图中移动，同时工作区显示黄色方框中的内容。放开鼠标左键，微缩视图消失。工作区保持最后显示的画面区域不变。

图 3-7　微缩视图

3.1.2　画面的分类与层的应用

项目树的"画面"文件夹中是普通的画面，"画面管理"文件夹中有模板和全局画面，还有 KTP 移动面板、精智面板和 RT advanced 的弹出画面和滑入画面。

1. 定义项目的起始画面

起始画面是启动运行系统时打开的初始画面。每个 HMI 设备都有自己的起始画面，操作员从起始画面开始调用其他画面。

双击项目树的 HMI 设备文件夹中的"运行系统设置"，选中工作区左边窗口中的"常规"，用右边窗口的选择框设置启动运行系统时作为"起始画面"的画面。

也可以用右键单击项目树中的某个画面，然后用出现的快捷菜单的命令，将它定义为起始画面。

2. 固定窗口

固定窗口占据了所有画面的相同区域。在固定窗口中组态的对象，（例如公司标志或项目的名称），将出现在"画面"文件夹的所有画面中。图 3-8 上面用"HMI 设备向导"自动生成的页眉区就是固定窗口。基本面板没有固定窗口功能。

手动生成固定窗口时，将鼠标的光标放到画面的上边沿，光标出现垂直方向的双向箭头时，按住鼠标左键，画面中光标处出现一根水平线。将它往下拖动，水平线上面为固定窗口。画面中已组态的对象将向下移动固定窗口的高度。将需要共享的对象放置在固定窗口中，所有别的画面都将出现相同的对象。可以在任何一个画面中对固定窗口的对象进行修改，运行时不会显示分隔固定窗口的水平线。

在运行时切换画面不用重建固定窗口，因此提高了切换画面时的刷新速度。

3. 画面的切换

用"HMI 设备向导"对话框生成各画面的同时，根据画面之间的关系，在各画面中自动生成了画面切换按钮。

选中项目树中的 HMI_1 站点，单击工具栏上的"开始仿真"按钮，起动 HMI 运行系统仿真，出现仿真面板的根画面（见图 3-8）。单击自动生成的"画面 0""画面 1"和"系统画面"按钮，可以切换到对应的画面。也可以单击页眉中的符号 I/O 域，打开可切换的画面列表，选中某个希望切换到的画面。切换到画面1以后，单击"画面3"或"画面4"按钮，可以切换到对应的画面。在画面1单击"向后"按钮，返回根画面。

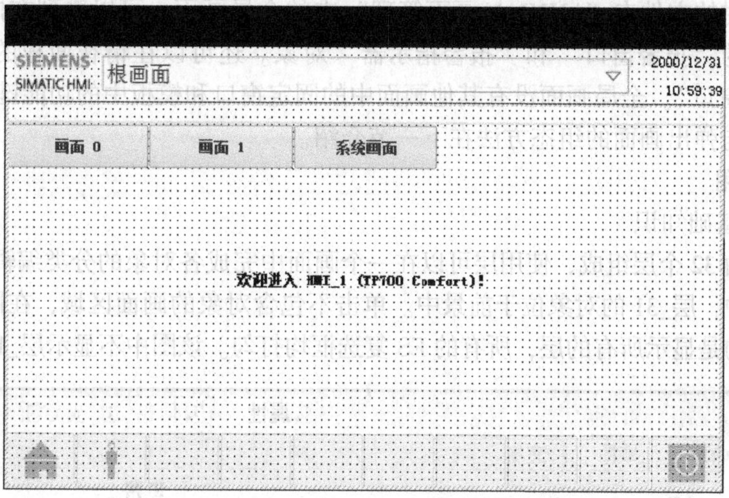

图3-8　根画面和固定窗口

除了"HMI 设备向导"自动生成的画面切换按钮，还可以很方便地生成任意两个画面之间的切换按钮。打开画面0以后，将项目树的"画面"文件夹中的"画面3"拖拽到工作区的画面0，画面0中自动生成了标有"画面3"的按钮。选中该按钮，单击巡视窗口的"属性 > 事件 > 单击"，可以看到在出现"单击"事件时，将调用自动生成的系统函数"激活屏幕"，画面名称为"画面3"，对象编号为"0"。对象编号是画面切换后在指定画面中获得焦点的画面对象的编号。编号为0时，如果调用该系统函数时焦点位于固定窗口，则固定窗口保留焦点；如果调用该系统函数时焦点位于根画面，则指定画面中的第一个操作员控件元素获得焦点。

从根画面切换到系统画面后，可以用系统画面中的按钮选择切换到图3-5中的哪一个系统画面。单击画面左下角的 按钮，可以从当前画面返回根画面。

4. 模板

在模板中组态的功能键和对象将在所有画面中起作用。对模板中的对象或功能键分配的更改，将应用于基于此模板的所有画面中的对象。可以创建多个模板，一个画面只能基于一个模板。双击打开项目树的文件夹"\HMI_1\画面管理\模板"中名为Template_1的自动生成的模板，可以看到画面上面的固定窗口和画面下面在图3-6中生成的功能键。

模板中的功能键在其他画面中用灰色显示，不能修改它们，只能在模板中修改功能键。

将项目树中的"画面0"拖拽到模板下面左起第3个空白功能键，该功能键显示"画面0"。操作员在基于该模板的所有画面单击此功能键，都会切换到画面0。

如果不想在画面2显示画面模板中的功能键，打开画面2，选中巡视窗口的"属性 > 属性 > 常规"，用"模板"选择框将默认的"Template_1"改为"无"，画面2中的功能键消失。

5. 全局画面

一般在"全局画面"中组态"报警窗口"和"报警指示器"，在 HMI 运行时如果出现系统事件和报警消息，不管当前显示的是哪个画面，都将自动打开全局画面，在前台显示"报警窗口"和"报警指示器"。

打开项目树的文件夹"\HMI_1\画面管理"中的全局画面，可以看到在向导的"报警"对话框中生成的"报警窗口"和"报警指示器"对象。还可以在精智面板的全局画面中组态"系统诊断窗口"。全局画面没有其他画面中的固定窗口和模板中的功能键。

滑入画面与弹出画面的组态方法在下一节介绍。

6. 层的应用

（1）层的基础知识

一个画面由 32 个层组成，使用层可以在一个画面中完成各对象的分类编辑。层_0 的对象位于画面背景中，层_31 的对象位于前景中。单击不包含对象的画面区域，在图 3-9 的"层"属性中，默认的是显示所有的层，所有的 ES 复选框均打勾。该图中不显示层_1 和层_17。

图 3-9　画面的层的组态

32 个层中只有一个层当前处于活动状态。开始设计时，层_0 为活动层。添加到画面的新对象被分配给活动层。

单击 TIA 博途最右边竖条上的"布局"按钮，打开"布局"任务卡的"层"窗格，图 3-10 中层_2 为活动层，不显示层_1 和层_17。右键单击"层"窗格中的某个层，可以用快捷菜单中的命令将它设置为活动层。

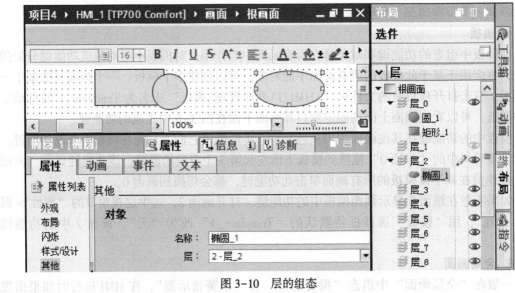

图 3-10　层的组态

58

同一层的各对象也按层次排列。图3-10中最先生成矩形，它位于层_0的最下面。生成圆以后，矩形在圆的下面。用右键单击圆，可以用快捷菜单中的"顺序 > 后移"命令将它移到矩形的下面。

（2）在多个层中移动对象

选中画面中的椭圆，再选中巡视窗口的"属性 > 属性 > 其他"，用"层"选择框将它分配给层_2（见图3-10）。选中椭圆后，也可以用画面工具栏上的 ↑ ↓ 按钮来改变它所在的层。

（3）组态时显示和隐藏层

可以在组态时隐藏某些对象（例如报警窗口）。打开画面时，将显示所有的32层。活动层用任务卡中的 ✎ 表示，图3-10中的第2层为活动层，不能隐藏当前的活动层。单击去掉图3-9中层_0的ES复选框中的勾，或者单击图3-10的任务卡的"布局 > 层"窗格中层_0右边的 👁，它变为浅色的 👁，表示层_0被隐藏，画面中层_0的矩形和圆消失。右键单击任务卡中的层_0，可以用快捷菜单命令将它设置为活动层。

3.1.3 组态滑入画面和弹出画面

1. 滑入画面

使用"滑入画面"（Slide-in screen），可以在当前打开的画面和滑入画面之间快速导航。滑入画面包含存储在当前打开的画面外部的附加组态内容，例如虚拟键盘或系统对话框。使用画面边缘的可组态的手柄可以快速访问被激活的滑入画面。滑入画面的大小与使用的HMI设备有关。

每台设备最多可组态4个滑入画面，它们分别在运行系统当前打开的画面的顶部、底部、左侧和右侧显示。

滑入画面和弹出画面仅适用于移动面板、精智面板和RT advanced。在滑入画面和弹出画面中可以组态工具箱中的基本对象、元素、控件和面板。滑入画面和弹出画面中的对象以及这些画面本身都不支持使用VB脚本的访问，不支持软键和热键。不能在滑入画面中组态释放按钮与锁定的操作员控件。

2. 组态滑入画面

将项目"HMI设备向导应用"另存为项目"滑入画面与弹出画面"（见随书光盘中的同名例程）。双击项目树的"\HMI_1\画面管理\滑入画面"文件夹中的"从底部滑入画面"，选中巡视窗口的"属性 > 属性 > 常规"（见图3-11），修改该滑入画面的背景色，用复选框启用它。选中巡视窗口的"属性 > 属性 > 句柄"（见图3-12），用单选框设置为"自动隐藏句柄"，可以设置句柄的颜色。"句柄"（Handle）又称为"手柄"。

用同样的方法启用左侧和右侧滑入画面，修改它们的画面颜色，设置左侧滑入画面为"从不显示句柄"，右侧滑入画面为"始终显示句柄"。

在根画面生成一个按钮，按钮上的文本为"显示滑入画面"。选中巡视窗口的"属性 > 属性 > 外观"，设置它的背景色为浅灰色，字符为黑色。

选中巡视窗口的"属性 > 事件 > 单击"，设置单击时调用系统函数"显示滑入画面"，画面名称为"从左侧滑入画面"，"模式"为"切换"。

选中项目树中的HMI_1站点，单击工具栏上的"开始仿真"按钮 🖳，起动HMI运行系统仿真，出现图3-13中仿真面板的根画面。

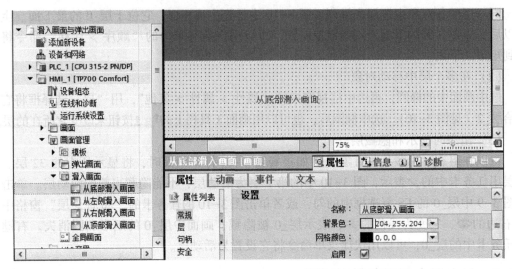

图 3-11　组态滑入画面的常规属性

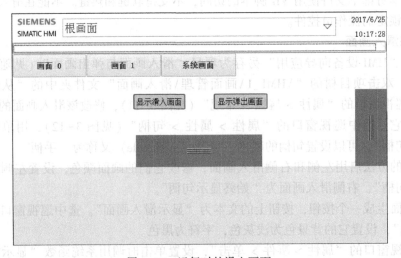

图 3-12　组态滑入画面的句柄

图 3-13　运行时的滑入画面

单击画面底部中间隐藏的滑入画面的手柄,再单击显示出来的手柄,出现从底部滑入的画面。再次单击手柄,滑入画面消失。打开滑入画面后,单击根画面中的其他地方,也可以使打开的滑入画面消失。

单击画面右侧始终显示的滑入画面的手柄，出现从右侧滑入的画面。再次单击手柄，滑入画面消失。单击"显示滑入画面"按钮，出现从不显示手柄的左侧滑入画面。再次单击它，左侧滑入画面消失。

3. 弹出画面

使用弹出画面（Pop-up screen）可以组态画面的附加内容，例如对象设置。画面中每次只能显示一个弹出画面。不能在弹出画面中组态报警窗口、系统诊断窗口和报警指示器。调用系统函数"显示弹出画面"时，指定的弹出画面就会出现在当前画面的上面。

4. 组态弹出画面

双击项目树的"\HMI_1\画面管理\弹出画面"文件夹中的"添加新的弹出画面"，生成弹出画面。选中巡视窗口的"属性 > 属性 > 常规"（见图3-14），采用默认的名称"弹出画面_1"，可以修改它的背景色。在弹出画面中生成文本域"弹出画面"。

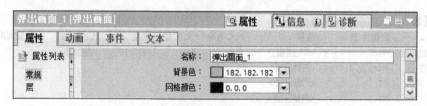

图3-14　组态弹出画面的常规属性

在根画面中组态一个按钮，设置其显示的文本为"显示弹出画面"。选中巡视窗口的"属性 > 事件 > 单击"，单击时调用系统函数"显示弹出画面"（见图3-15），可以设置弹出画面左上角的坐标。

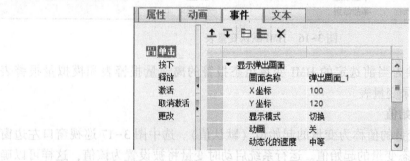

图3-15　组态按钮的事件功能

选中项目树中的HMI_1站点，单击工具栏上的"开始仿真"按钮，起动HMI的运行系统仿真，出现图3-13中的仿真面板的根画面。单击画面中的"显示弹出画面"按钮，画面中出现弹出画面。再次单击该按钮（仿真时需要单击两次），弹出画面消失。

3.2　HMI 的变量组态

1. 内部变量与外部变量

HMI的变量分为外部变量和内部变量，外部变量是PLC存储器中的过程值的映像，其值随PLC程序的执行而改变，可以在HMI设备和PLC中访问外部变量，HMI可以读/写

PLC 存储器中的过程值。

每个变量都有一个符号名和数据类型。图 3-16 中的"连接"列用来指定外部变量所在的 PLC，"HMI_连接_1"是连接编辑器中设置的 HMI 设备与 PLC 之间的默认的连接标示符（见图 2-15）。外部变量的数据类型及其在 PLC 存储器中的地址范围与 PLC 的型号有关。

内部变量存储在 HMI 设备的存储器中，它只能在 WinCC 内部传送值，与 PLC 没有连接关系，只有 HMI 设备能访问内部变量。内部变量用名称来区分，没有绝对地址。

一台 HMI 设备可以有多个变量表，可以通过双击"HMI 变量"文件夹中的"显示所有变量"显示各变量表中所有的变量。项目中的每个 HMI 设备都有一个默认变量表，不能删除或移动该表。默认变量表包含 HMI 变量，是否包含系统变量则取决于 HMI 设备。

双击项目树"HMI 变量"文件夹中的"默认变量表"，打开变量编辑器（见图 3-16）。可以在变量表中或者在选中的变量的巡视窗口中设置变量的各种属性。外部变量的"访问模式"有符号访问和绝对访问两种模式。

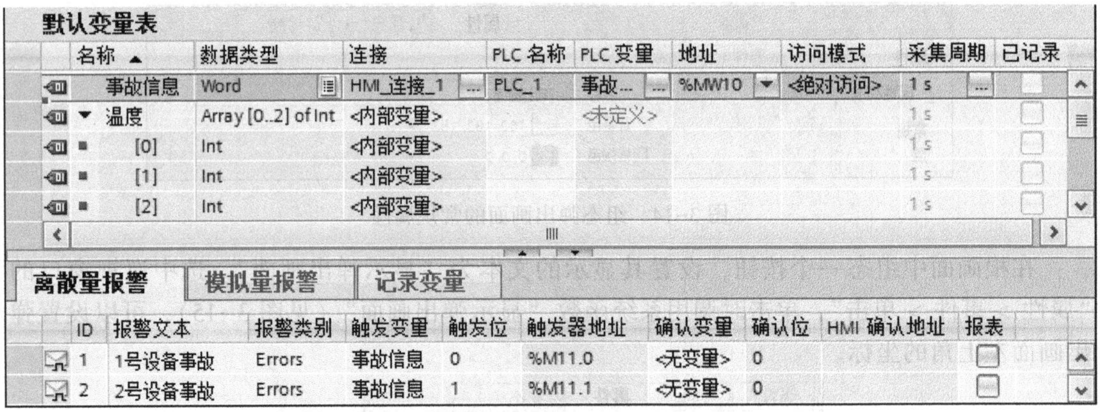

图 3-16　HMI 默认变量表

HMI 变量表还提供为当前选定的 HMI 变量组态报警的离散量报警表和模拟量报警表（见图 3-16），以及记录变量表。

2. HMI 变量的起始值

项目开始运行时变量的值称为变量的起始值（默认值）。选中图 3-17 巡视窗口左边窗口中的"值"，可以组态变量的起始值。运行系统启动时变量将被设置为该值，这样可以确保项目在每次启动时均以定义的状态开始。

3. HMI 变量的采集模式

选中变量后选中巡视窗口中的"属性 > 属性 > 设置"（见图 3-17 中的上图），可以设置变量的采集模式，有 3 种采集模式可供选择。

1）如果选择采集模式为"循环操作"，按设置的采集周期，运行系统只更新当前画面中显示的和被记录的变量。

2）如果选择采集模式为"循环连续"，即使变量不在当前打开的画面中，运行系统也会连续更新该变量。建议只是将"循环连续"用于那些确实必须连续更新的变量，因为频繁读取的操作将会增加通信的负担。

3）如果选择采集模式为"必要时"，不循环更新变量。例如，只是通过脚本或使用系统函数"LogTag"请求时才更新变量。

图3-17 组态变量的设置属性和范围属性

4. HMI 变量的采集周期

在过程画面中显示或需要记录的过程变量值将定期进行更新，采集周期用来确定变量的刷新频率（见图3-17）。设置采集周期时应考虑过程值的变化速率，例如烤炉的温度变化比电气传动装置的速度变化慢得多。如果采集周期设置得太小，将不必要地增加通信的负担。

用户可以设置 HMI 变量的采集周期，默认值为 1 s，最小值为 100 ms。

5. HMI 变量的限制值

可以通过组态变量的最大值和最小值来指定变量值的范围。如果操作员输入的变量值在设置的范围外，则不会接受输入值。

选中巡视窗口中的"属性 > 属性 > 范围"（见图3-17的下图），单击右边窗口中的 [Ø▾]，选中出现的列表中的"常量"，在"最大值"和"最小值"域中输入数字。如果选中列表中的"HMI_Tag"（HMI 变量），应指定 HMI 变量列表中的某个变量来提供最大值或最小值。

如果想要在超出限值时输出模拟量报警，可以在"HMI 变量"编辑器中组态模拟量报警（见图3-16），也可以在 HMI 报警编辑器的"模拟量报警"选项卡中组态模拟量报警。

6. 数组变量

数组变量由具有相同数据类型的占据连续地址区域的多个数组元素组成。在 HMI 的默认变量表中生成名为"温度"的内部数组变量（见图3-16），其数据类型为 Array [0..2] of Int，其中的下标起始值和结束值分别为 0 和 2。该数组一共有 3 个数据类型为 Int（整数）的元素，分别为"温度[0]""温度[1]"和"温度[2]"。只能定义一维数组，其下标起始值必须为 0。可以在组态时单独使用每个数组元素，用整数类型的索引变量来控制访问哪个数组元素。

7. 变量的线性标定

外部变量（PLC 中的过程值）和 HMI 设备中的数值可以线性地相互转换，这种功能被称为"线性标定"，它仅适用于来自 PLC 的外部变量。

对变量进行线性标定时，应在 HMI 设备和 PLC 上各指定一个数值范围（见图3-18）。例如 S7-300 的模拟量输入模块将 0~10 MPa 的压力值转换为 0~27648 的数值，为了在 HMI 设备上显示出压力值，可以用 PLC 的程序来进行转换，也可以用线性标定功能来实现。为此勾选图3-18中的"线形标定"复选框，将 PLC 和 HMI 的数值范围分别设置为 0~27648 和 0~10000（kPa）。在组态显示压力的 I/O 域时，设置输出域的小数部分为 3 位，将显示以 MPa 为单位的压力值。

图 3-18　组态变量的线性标定属性

8. HMI 变量的间接寻址

间接寻址又称为指针化，若干个变量组成一个变量列表，表中的每个变量都有一个索引号。在运行时用索引变量的值来选择变量列表中的变量，系统首先读取索引变量的数值，然后访问变量列表对应位置的变量。图 4-58 给出了一个使用间接寻址的例子。

3.3　库的使用

1. 库的基本概念

库是画面对象模板的集合，库对象无需组态就可以重复使用，可以提高设计效率。从简单图形到复杂模块，库用于保存所有类型的对象。

用户可以将自定义的对象和面板存储在用户库中。在"库"任务卡（见图 3-19）和库的元素视图（见图 3-20）中管理库。库分为项目库和全局库。此外，"工具箱"的"图形"窗格（见图 2-6）中还有图形库。

图 3-19　库

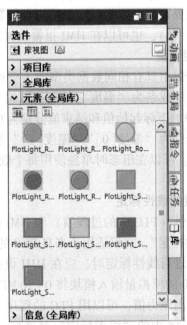

图 3-20　库的元素视图

2. 项目库

每个项目都有一个项目库，项目库的对象与项目数据一起存储，只能用于创建该库的项目。项目复制到别的计算机时，项目库也被同时复制。

画面、变量、图形对象和报警等所有 WinCC 对象都可以存储在库中。可以通过拖拽将相应的对象从工作区、项目树或详细视图移动到库中。

3. 全局库

全局库独立于项目数据，可以用于所有项目。可以将全局库中的对象复制到正在组态的画面中。如果在一个项目中更改了某个库对象，在所有打开了该库的项目中，该库都会随之更改。

WinCC 软件包中包含了大量的库。"Buttons and Switches" 库提供了大量的按钮、开关和指示灯。

4. 显示库对象

选中图 3-19 全局库中的 "PilotLights"（指示灯），单击项目库或全局库工具栏上的 "打开或关闭元素视图" 按钮▣，打开 "元素" 窗格。两次单击 "元素"，显示出选中的库的元素。可以用元素窗格工具栏上的 "详细" 按钮▣、"列表" 按钮▦和 "总览" 按钮▤切换显示模式，图 3-20 为总览模式。

5. 使用全局库中的对象

打开项目 "315_精简面板"，打开 HMI 的根画面，删除图 2-6 中用圆的动画功能实现的指示灯。

打开 "Buttons and Switches" 文件夹中的 "PilotLights" 库（见图 3-19 或图 3-20），将其中的 PlotLight_Round_G（绿色指示灯）拖拽到根画面中。因为该指示灯为正方形，四角的颜色为灰色，将画面背景色改为相同的灰色（见图 3-21）。适当调节按钮的背景色。

图 3-21　仿真面板

选中生成的指示灯（图形 I/O 域）以后，单击巡视窗口中的 "属性 > 属性 > 常规"（见图 3-22），设置连接的变量为 PLC 中的变量 "电动机"（Q0.0）。其他参数采用默认的设置，模式为 "双状态"。

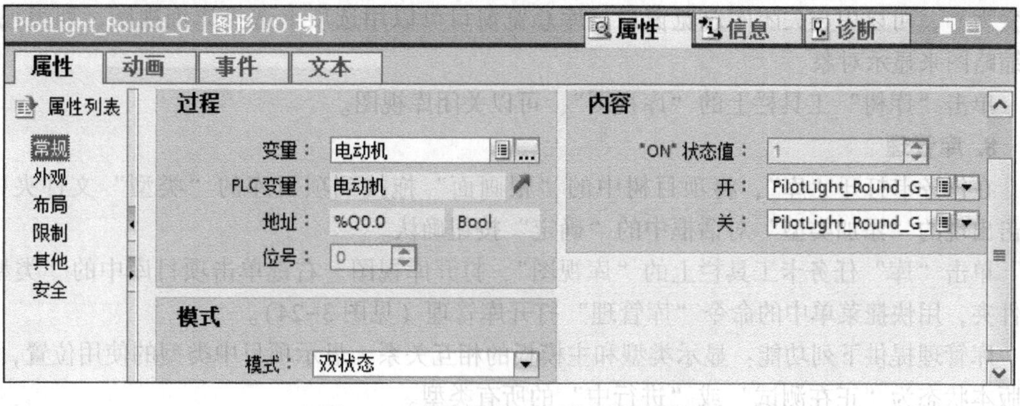

图 3-22　组态图形 I/O 域的常规属性

用 2.3.4 节介绍的 S7-300/400 与 HMI 的集成仿真的方法进行仿真，用 "起动" 按钮和

"停止"按钮为PLC提供输入信号,通过PLC的程序,可以控制Q0.0。后者的状态用画面中的指示灯显示。

6. 添加库对象

可以将组态好的对象保存到用户创建的库中。库可以包含所有的WinCC对象,例如完整的HMI设备、画面、包括变量和函数的显示和控制对象、图形、变量、报警、文本和图形对象、面板和用户数据类型。

例如可以将组态好的按钮和指示灯拖拽到用户库的"主模板"文件夹中。可以用鼠标同时选中多个画面对象,然后将它们拖拽到库中。

可以用"编辑"菜单中的"组合"→"组合"命令,将选中的画面中的若干个对象组合为一个整体,然后保存在库中。

可以将打开的全局库中的对象直接拖拽到项目库的"主模板"文件夹中。

7. 库视图

单击图3-20"库"任务卡工具栏上的"库视图",打开库视图(见图3-23)。

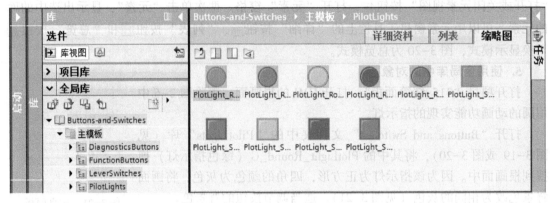

图3-23 库视图

库视图的左边是"库树"窗口,右边是"库总览"窗口。选中库树的"全局库"中的"PilotLights"库,单击"库树"工具栏右边的 ⊡ 按钮,可以打开库总览窗口。打开后该按钮变为 ⊡ ,可以用它关闭库总览窗口。库总览窗口可以用选项卡选择详细视图、列表视图和缩略图来显示对象。

单击"库树"工具栏上的"库视图",可以关闭库视图。

8. 库管理

在任务卡打开"库",将项目树中的"根画面"拖拽到项目库的"类型"文件夹中。单击出现的"添加类型"对话框中的"确定"按钮确认。

单击"库"任务卡工具栏上的"库视图",打开库视图。右键单击项目库中的"类型"文件夹,用快捷菜单中的命令"库管理"打开库管理(见图3-24)。

库管理提供下列功能:显示类型和主模板的相互关系,显示项目中类型的使用位置,显示版本状态为"正在测试"或"进行中"的所有类型。

单击"库树"工具栏上的"库视图",可以关闭库视图。

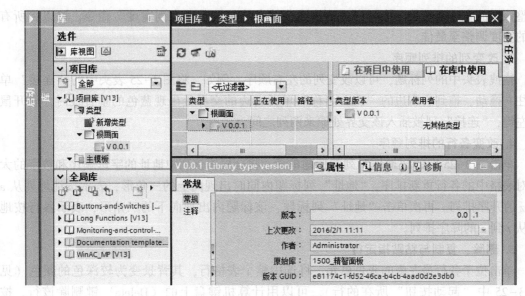

图 3-24　库管理

3.4　组态的技巧

3.4.1　表格编辑器的使用技巧

1. 改变列的显示内容

用鼠标右键单击图 3-25 中表格的表头（表格最上面浅灰色的行），执行出现的快捷菜单中的"显示/隐藏"命令，去掉"连接"复选框中的勾，表格中的"连接"列消失。重复上述的操作，勾选"连接"复选框，"连接"列重新出现。

表格能使用哪些列，与 HMI 设备的型号有关。某些禁止修改的列（例如图 3-25 中的"名称"列）用浅灰色表示。保存项目时，组态的要显示的列将被保存。

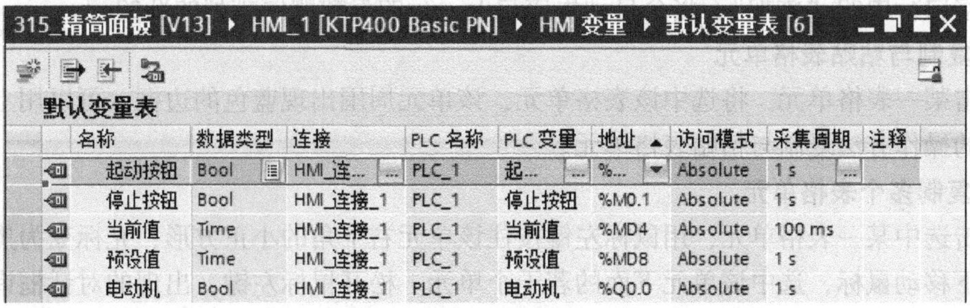

图 3-25　HMI 的默认变量表

2. 改变列的宽度

将鼠标的光标放在表头中两列之间的交界处，光标变为 ✛ （指向左右两边的两个箭头）时，按住鼠标左键移动鼠标，拖动列的垂直边界线，可以改变列的宽度。

用鼠标右键单击表头中的某一列，执行出现的快捷菜单中的"调整宽度"命令，可以调整该列的宽度至最佳。执行出现的快捷菜单中的"调整所有列宽度"命令，可以将所有列的宽度调整至最佳。

3. 改变列的排列顺序

拖拽表头中的列标题，可以改变列的左右顺序。例如，将图3-25表头中的"连接"单元往右拖动，拖到它右边的"PLC名称"单元右边的交界处出现蓝色的垂直线时，放开鼠标左键，"连接"列被插入该交界处原来两列之间。

4. 改变各行的排列顺序

单击图3-25中的"地址"列的标题单元，将会根据该列中地址的字母顺序和数字的大小对表格中的各行重新排序，"地址"列标题内同时出现向上的三角形，表示按地址列从a到z的升序排列。再次单击"地址"列标题，该标题内出现向下的三角形，表示各行按地址从z到a的降序排列。

5. 删除、复制与粘贴指定行

单击位于各行最左侧的灰色单元，将选中整个表格行，其背景变为较深色的颜色（见图3-25中"起动按钮"所在的行）。可以用计算机键盘上的〈Delete〉键删除该行。按〈Ctrl+C〉键或单击工具栏上的复制按钮，可以将该行复制到剪贴板。按〈Ctrl+V〉键或单击工具栏上的粘贴按钮，可以将该行粘贴到当前选中的行的上一行或最下面一行。

6. 复制多个表格行

首先用前述的复制、删除和粘贴操作，将需要多行复制的表格行放置在表格的底部。单击该行最左侧的灰色单元，该行被选中。将光标放到该行列左下角的深色小正方形上，光标变为黑色的十字。按住鼠标左键，向下移动鼠标。松开鼠标左键，拖动时经过的行自动创建变量。创建的行与原来的行的设置基本相同。对于变量表，变量的名称和地址自动增量排列，例如原来的行的变量为"电动机"（见图3-25），地址为Q0.0，创建的第一个变量的名称为"电动机_1"，地址为Q0.1……

选中HMI变量表的某一行后，用鼠标右键单击该行，执行快捷菜单中的"插入对象"命令，将在该行的上面插入一个变量的名称和地址自动增量排列的新的行。单击某些表格最下面的空白行中的"添加"，将会自动生成与上一行的参数顺序排列的新的行。

7. 复制与粘贴表格单元

单击某一表格单元，将选中该表格单元，该单元周围出现蓝色的边框，可以用上述的对表格行的操作方法复制与粘贴表格单元。

8. 复制多个表格单元

单击选中某一表格单元，用鼠标左键按住该单元右下角的小正方形，光标变为黑色的十字。向下移动鼠标，选中该单元下面的若干个单元。松开鼠标左键，出现的对话框询问是覆盖还是插入，单击"确定"按钮后执行选择的操作。

3.4.2 鼠标的使用技巧

1. 用详细视图和鼠标的拖拽功能创建对象

打开项目"315_精简面板"，打开HMI的根画面，选中项目树"HMI变量"文件夹中的"默认变量表"，用详细视图显示其中的变量。单击选中详细视图中的"当前值"，将它拖到画面工作区中，鼠标的光标由 ⃠（禁止放置）变为 ⬚（允许放置），表示可以在光标所在的位置放置拖动的对象。放开鼠标左键，将在该画面中生成一个与变量"当前值"连接的 I/O 域。

2. 用鼠标拖拽功能实现画面对象与变量的连接

单击选中详细视图中的"预设值"，将它拖到画面中刚生成的 I/O 域中，鼠标的光标由 ⃠（禁止放置）变为 ⬚（允许放置），表示可以在光标所在的位置放置拖动的对象。放开鼠标左键，在 I/O 域的巡视窗口中可以看到，与该 I/O 域连接的变量变成了"预设值"。

3. 生成多个相同的对象

单击选中画面中的某个对象（例如 I/O 域），按住〈Ctrl〉键，将鼠标的光标放到对象下边沿中间的浅蓝色小方块上（见图 3-26a），光标变为一个黑色的小圆点和一个黑色的向下的三角形。按住鼠标左键向下拖动，将会生成几个上下排列的相同的对象。

单击选中画面中的一个 I/O 域，按住〈Ctrl〉键，将光标放到对象右边沿中间的浅蓝色小方块上（见图 3-26b），按住鼠标左键向右拖动，将会生成几个水平排列的相同的对象。

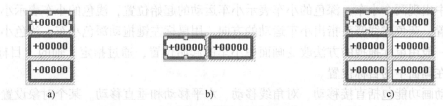

图 3-26 复制画面中的对象

单击选中画面中的一个 I/O 域，按住〈Ctrl〉键，将光标放到对象右下角的浅蓝色小方块上（见图 3-26c），按住鼠标左键向右下方拖动，在拖动的方向上将会生成排列成矩阵的相同的对象。

3.4.3 动画功能的实现

TIA Portal 有非常强大的动画功能，几乎可以对每一个画面对象设置各种动画功能。下面介绍动画功能的实现方法。

在博途中新建一个名为"动画"的项目（见随书光盘中的同名例程），添加的 HMI 设备为 4in 的第二代精简系列面板 KTP400 Basic PN。用工具箱的"简单对象"窗格中的矩形和两个圆形画出一个小车的示意图（见图 3-27），选中它们后，用菜单命令"编辑"→"组合"→"组合"将它们组合成一个整体。

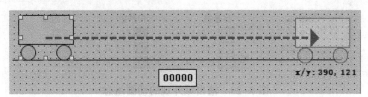

图 3-27 小车的动画组态

选中组合的图形，打开巡视窗口的"属性 > 动画 > 移动"文件夹（见图 3-28），单击其中的"添加新动画"，双击出现的"添加动画"对话框中的"水平移动"。选中左边窗口生成的"水平移动"，设置控制移动的变量为内部变量"X位置"，其数据类型为UInt（无符号整数）。

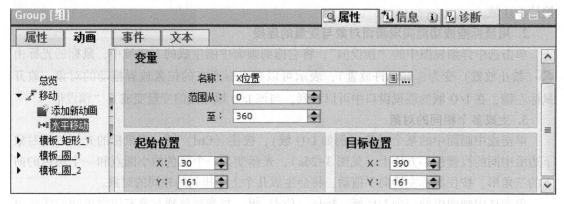

图3-28 小车的动画属性组态

画面中出现两个小车，深色的小车表示小车运动的起始位置，浅色的小车表示小车运动的结束位置，蓝色虚线箭头指出小车运动的方向。用鼠标左键拖动深色小车，浅色小车跟随它移动。一般用鼠标拖拽的方法改变画面中小车的起始位置，通过指定x轴的"目标位置"设置小车在画面中的目标位置。

移动动画功能包括直接移动、对角线移动、水平移动和垂直移动。某个对象设置了一种移动动画功能后，就不能再设置其他的移动功能。

在小车的下面生成一个带边框的输出域，用来显示变量"X位置"的值。选中该I/O域，打开巡视窗口的"属性 > 动画 > 显示"文件夹（见图3-29），双击其中的"添加新动画"，再双击出现的"添加动画"对话框中的"外观"。选中左边窗口生成的"外观"，设置控制外观的变量为内部变量"X位置"，"类型"为"范围"，在该变量值的3段范围中，设置I/O域分别使用不同的背景色和前景色（即字符的颜色），中间一段开启了闪烁功能。

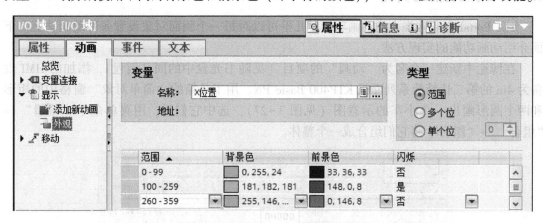

图3-29 输出域外观的动画组态

在画面中生成一个白色的矩形，设置它的直接移动功能。直接移动是指对象沿着X和Y坐标轴移动特定数目的像素，起始位置坐标由对象在画面中的位置确定，偏移量用两个内部变量"X位置"和"Y位置"控制（见图3-30）。

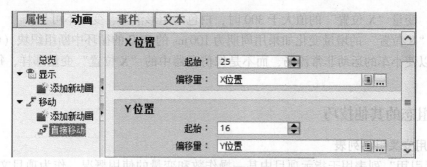

图 3-30   直接移动的动画属性组态

选中画面中的矩形，设置它的"可见性"动画功能（见图 3-31）。矩形在变量"X 位置"的值为 0~300 时可见，超出这个范围时，矩形消失。

图 3-31   可见性组态

单击选中项目树中的 HMI，执行菜单命令"在线"→"仿真"→"使用变量仿真器"，启动变量仿真器。编译成功后，出现显示根画面的仿真面板和仿真器（见图 3-32）。

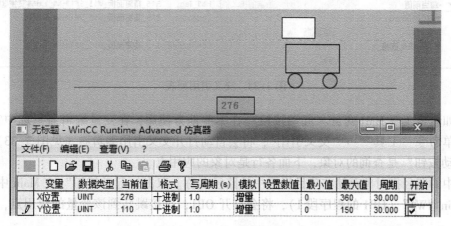

图 3-32   动画功能仿真

在仿真器中创建变量"X 位置"和"Y 位置"，其模拟方式均为增量，最大值和最小值见图 3-32，变量的写周期为默认的最小值 1 s，增量变化的周期为 30 s。图 3-32 的上图是小车运动时的画面，小车从左往右运动时，小车下面的输出域的前景色和背景色按图 3-29 的设置变化。变量"X 位置"的值大于 300 时，白色的矩形消失，变为不可见。

变量"X 位置"的增量变化如果用周期为 100 ms 的 PLC 的循环中断组织块（OB35）来实现，可以使小车的运动非常流畅，而不是像仿真器中的"X 位置"变量那样，每 1 s 跳变一次。

3.4.4 组态的其他技巧

1. 使用交叉引用列表

"交叉引用"列表用于指示项目中某一操作数和变量的使用概况，作为项目文档的一部分，交叉引用全面概述了已用的所有操作数、存储区、块、变量和画面。例如某个 PLC 变量在哪些块的哪些程序段被使用，被哪些 HMI 的画面的什么元件使用，某个块被其他哪些块调用，以及下一级和上一级结构的交叉引用信息。可以直接跳转到那些使用点。

可以在交叉引用列表中显示和定位的对象与产品的型号有关。

交叉引用列表的"使用者"选项卡显示被引用的对象的使用位置。打开"使用"选项卡，可以查看对象的地址、类型和路径。

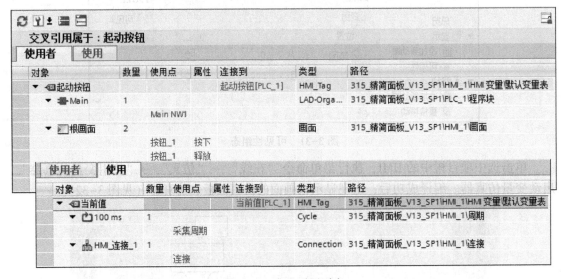

图 3-33　交叉引用列表

例如希望了解 HMI 变量"起动按钮"在哪些地方使用，在变量编辑器里选中它以后，执行菜单命令"工具"→"交叉引用"，将会自动打开交叉引用编辑器（见图 3-33），其中的"起动按钮"是查询的对象，下面各行是对象的应用点。

表中的路径指对象存储在项目视图中的路径名称。双击"起动按钮"在 Main 中的使用点"Main NW1"（OB1 的程序段 1），将会打开 OB1，直接跳转到该变量的使用点，显示程序段 1。

可以用工具栏里的"折叠"按钮▇隐藏对象的使用点列表，用"展开"▇按钮恢复对象的使用点列表。

选中变量表中的"起动按钮"，巡视窗口用"信息 > 交叉引用"选项卡显示所选对象的交叉引用信息（见图 3-34）。

72

对象	数量	使用点	属性	连接到	类型	路径
▼ ⊟起动按钮				起动按钮[PLC_1]	HMI_Tag	315_精简面板_V13_SP1\HMI_1\HMI 变量\默认变量表
▼ ⊞Main	1				LAD-Organization Block	315_精简面板_V13_SP1\PLC_1\程序块
		Main NW1				
▼ ▷根画面	2				画面	315_精简面板_V13_SP1\HMI_1\画面
		按钮_1	按下			
		按钮_1	释放			

图 3-34　巡视窗口中的交叉引用

2. 查找和替换功能

TIA Portal 允许查找和替换字符串和对象。执行菜单命令"编辑"→"查找和替换",或者单击最右边的"任务"按钮,在任务卡中打开"任务"的"查找和替换"窗格(见图 3-35)。

在工作区打开变量表,在"查找和替换"窗格的"查找:"选择框输入要搜索的"起动按钮",单击"查找"按钮,就可以在变量表中搜索输入的字符串。可以用"查找和替换"窗格中的复选框和单选框设置附加选项、搜索区域和搜索方向。

在"替换为:"选择框输入要替换的字符串,单击"替换"按钮,就可以在变量表中搜索和替换字符串。

3. 画面对象格式的编辑

打开某个画面,可以用"编辑"菜单中的命令,对选中的一个或数个画面对象作对齐、布置(等距)、大小(等宽、等高)、旋转、翻转、顺序(上下排序)、组合、层、Tab 顺序等操作。也可以用画面编辑器工具栏上对应的按钮,来做上述的操作。

4. 成批修改属性

可以同时修改同一画面被选中的画面对象的某些共同的属性。

用鼠标选中画面中要修改属性的多个 I/O 域、文本域和按钮,单击其中的一个对象,该对象四周出现 8 个小的正方形。选中该对象的巡视窗口的"属性 > 属性 > 文本格式",修改字体输入框中的像素点(px)的个数,按回车键后,可以看到上述被同时选中的对象的文字大小发生相同的变化。也可以用同样的方法同时修改它们的文本的对齐方式。选中巡视窗口的"属性 > 属性 > 外观",可以同时改变选中的对象的背景色或前景色。

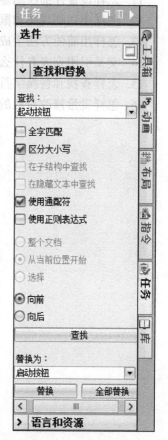

图 3-35　查找和替换

3.5　习题

1. 起始画面有什么作用?怎样定义起始画面?

2. 固定窗口有什么作用？怎样组态固定窗口？

3. 画面模板有什么作用？一般在画面模板中放置哪些画面对象？

4. 在指定的画面中怎样隐藏画面模板中的内容？

5. 全局画面有什么作用？一般在全局画面中放置哪些画面对象？

6. 怎样组态滑出画面？

7. HMI 的外部变量和内部变量各有什么特点？

8. 变量的线性标定有什么作用？

9. 变量的"循环连续"采集模式有什么特点？使用时应注意什么问题？

10. 怎样使用全局库中的对象？

11. 怎样设置详细视图显示的内容？

12. 怎样用详细视图和鼠标拖拽功能实现对象与变量的连接？

13. 怎样用简便方法生成画面切换按钮？

14. 交叉引用列表有什么作用？怎样使用交叉引用列表？

15. 怎样查找和替换字符串和对象？

16. 怎样批量修改对象的属性？

第4章 画面对象组态

4.1 按钮组态

按钮最主要的功能是在单击它时执行事先组态好的系统函数，使用按钮可以完成各种丰富多彩的任务。

选中按钮的巡视窗口的"属性 > 属性 > 常规"，可以设置按钮的模式为"文本""图形"或"不可见"等（见图4-1）。2.2.3节已经介绍了"文本"模式的按钮用于Bool变量（开关量）的组态方法，下面将介绍按钮用于其他用途的组态方法。

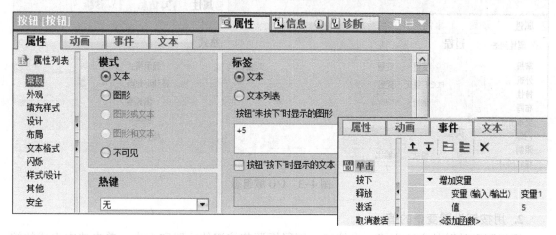

图4-1 按钮组态

本章的例子一般需要做集成的仿真实验（见2.3.3和2.3.4节），用S7-PLCSIM和WinCC的运行系统来模拟PLC和人机界面的功能。在项目视图中创建一个名为"按钮组态"的项目（见随书光盘中的同名例程）。PLC_1为CPU 315-2PN/DP，其PN接口的IP地址为默认的192.168.0.1。HMI_1为4in的精简系列面板KTP400 Basic color PN，其订货号为6AV6 647-0AK11-3AX0，PN接口的IP地址为默认的192.168.0.2。它们的子网掩码为默认的255.255.255.0。在网络视图中生成基于以太网的HMI连接。

4.1.1 用按钮修改变量的值

1. 用按钮增减变量的值

双击项目树中的"根画面"，打开画面编辑器，画面的背景色为浅灰色。将工具箱中的"按钮"拖拽到画面工作区，用鼠标调节按钮的位置和大小。

单击选中放置的按钮，选中巡视窗口的"属性 > 属性 > 常规"，设置按钮的模式为"文本"（见图4-1）。在文本框输入按钮未按下时显示的文本为"+5"（见图4-2）。采用默认的设置，未勾选"按钮'按下'时的文本"复选框，按钮被按下时与未按下时显示的文本相同。

选中巡视窗口的"属性 > 属性 > 外观"，设置按钮的背景色为浅灰色，字符为黑色。

选中巡视窗口的"属性 > 事件 > 单击"（见图4-1右下角的图），单击右边窗口的表格最上面一行，再单击它的右侧出现的 ▼ 按钮（在单击之前它是隐藏的），在出现的"系统函数"列表中选择"计算脚本"文件夹中的函数"增加变量"。被增加的 Int 型变量为 PLC 变量"变量1"，增加值为5。

用复制和粘贴的方法生成另外一个按钮，设置其文本为"-5"（见图4-2），在出现"单击"事件时，执行系统函数"减少变量"，被减少的变量为"变量1"，减少值为5。

图4-2 设置变量值的按钮

在按钮的上方生成一个输出模式的 I/O 域，连接的变量为"变量1"（见图4-3），显示格式为十进制3位整数。

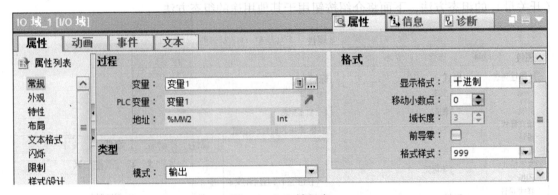

图4-3 I/O 域组态

2. 用按钮设置变量的值

用复制和粘贴的方法生成一个按钮，用鼠标调节按钮的位置和大小。单击选中生成的按钮，选中巡视窗口的"属性 > 属性 > 常规"，设置按钮的模式为"文本"，按钮上的文本为"数值1"（见图4-2）。

选中巡视窗口的"属性 > 事件 > 单击"（见图4-4），组态在按下该按钮时执行系统函数列表的"计算脚本"文件夹中的函数"设置变量"，将变量值20赋值给 Int 型 PLC 变量"变量2"。用同样的方法组态另外一个按钮，按钮上的文本为"数值2"（见图4-2），在出现"单击"事件时，执行系统函数"设置变量"，将变量值50赋值给 PLC 变量"变量2"。

在按钮的上方生成一个显示3位整数的输出模式的 I/O 域，连接的 PLC 变量为"变量2"。

3. 仿真实验

单击工具栏的"开始仿真"按钮 ▣，启动 S7-PLCSIM，出现"扩展的下载到设备"对话框（见图2-50）。设置"PG/PC 接口"为"PLCSIM"，"接口/子网的连接"为 PN/IE_1，使用 CPU 的 PN 接口下载程序。单击"开始搜索"按钮，"目标子网中的兼容设备"列表中显示出搜索到的仿真 CPU 的以太网接口的 IP 地址。编译组态成功后，单击"下载"按钮，出现"下载预览"对话框。单击"下载"按钮，将程序下载到 PLC。单击 S7-PLCSIM

的 CPU 视图对象中的 RUN-P 小方框，CPU 进入 RUN 模式。

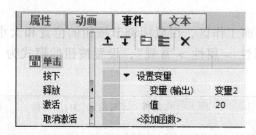

图 4-4　组态按钮的事件功能

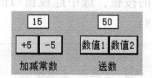

图 4-5　按钮仿真

选中项目树中的 HMI_1，单击工具栏的"开始仿真"按钮，启动仿真。编译成功后，出现仿真面板，图 4-5 是处于运行状态的根画面。

在集成仿真时，每单击一次文本为"+5"的按钮，它上面的 I/O 域显示的值加 5。每单击一次文本为"-5"的按钮，I/O 域显示的值被减 5。在"变量 1"的巡视窗口中设置它的上、下限制值分别为 25 和-15，在仿真时可以看到限制值的作用。

单击文本为"数值 1"的按钮，它上面的输出域显示的值变为 20。单击文本为"数值 2"的按钮，输出域显示的值变为 50。

4.1.2　不可见按钮与图形模式按钮的组态

1. 不可见的按钮组态

有时可能需要不可见的按钮，不可见按钮可以与别的画面对象重叠，例如与输出域重叠。将工具箱中的两个"按钮"对象拖拽到画面工作区，按钮下面的文本域为"送字符"（见图 4-6）。选中按钮的巡视窗口的"属性 > 属性 > 常规"，（见图 4-1），设置按钮的模式为"不可见"，组态时该按钮以空心的方框显示，运行时看不到它。

选中巡视窗口的"属性 > 事件 > 单击"（见图 4-7），单击右边窗口的表格最上面一行，再单击它的右侧出现的 ▼ 按钮，在出现的"系统函数"列表中选中"计算脚本"文件夹中的函数"设置变量"。被设置的是 WString 型的 HMI 内部变量"变量 3"，设置的变量值为字符串"人机界面"，每个汉字占两个字节。

图 4-6　按钮画面

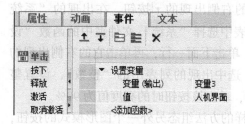

图 4-7　按钮的事件功能组态

用同样的方法组态另外一个"不可见"模式的按钮，在出现"单击"事件时，执行系统函数"设置变量"，将 HMI 内部变量"变量 3"赋值为字符串"触摸屏"。

在按钮的上方生成一个能显示 8 个字符或 4 个汉字的输出模式的 I/O 域，连接的内部变量为"变量 3"。选中输出域后，选中巡视窗口的"属性 > 属性 > 文本格式"，设置"字体"为宋体，13 个像素点。

2. 图形模式的按钮组态

将工具箱的"按钮"对象拖拽到画面工作区，用鼠标调节按钮的位置和大小。单击选中放置的按钮，选中巡视窗口的"属性 > 属性 > 常规"，设置按钮的模式为"图形"（见图 4-8）。

图 4-8　按钮的常规属性组态

用单选框选中"图形"域中的"图形"，单击"按钮'未按下'时显示的图形"选择框右侧的 ▼ 按钮，选中出现的图形对象列表中的"Up_Arrow"（向上箭头），列表的右侧是选中图形的预览。单击 ✓ 按钮，返回按钮的巡视窗口。在该按钮上出现一个向上的三角形箭头的图形（见图 4-6）。因为未激活"按钮'按下'时显示的图形"复选框，按钮按下与未按下的图形相同。

选中巡视窗口的"属性 > 事件 > 单击"（见图 4-9），单击视图右边窗口的表格最上面一行，再单击它的右侧出现的 ▼ 按钮，在出现的"系统函数"列表中选择"系统"文件夹中的函数"设置亮度"。单击下面一行，再单击它的右侧出现的 Int ▼ 按钮，选中出现的列表中的"整数"，设置整数值为 90，单击该按钮时的亮度值为 90%。

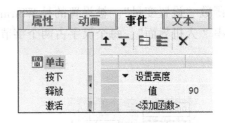

图 4-9　按钮的事件功能组态

用同样的方法组态另外一个图形模式的按钮，其图形为图形对象列表中的"Down_Arrow"（向下箭头），出现"单击"事件时，执行系统函数"设置亮度"，亮度值为 60%。

3. 仿真实验

选中项目树中的"PLC_1"，单击工具栏的"开始仿真"按钮 🖳，启动 S7-PLCSIM，将程序下载到仿真 PLC，将 CPU 切换到 RUN-P 模式。选中项目树中的 HMI_1，单击工具栏的

"开始仿真"按钮，启动仿真。

单击左侧的不可见按钮，按钮上面的 I/O 域显示"人机界面"（见图 4-10）。单击右侧的不可见按钮，按钮上面的 I/O 域显示"触摸屏"。单击不可见按钮后，它的外形用虚线显示。

单击显示向上箭头的按钮，屏幕亮度为预设的 90%。单击显示向下箭头的按钮，亮度为 60%。如果在计算机上仿真，不会改变计算机屏幕的亮度。

图 4-10　按钮仿真

4.1.3　使用文本列表和图形列表的按钮组态

1. 使用文本列表的按钮组态

在 PLC 的默认变量表中创建 Bool 变量"位变量 1"（Q0.0）和"位变量 2"（Q0.1）。

单击项目树的"\HMI_1"文件夹中的"文本和图形列表"，创建一个名为"按钮文本"的文本列表（见图 4-11），它的两个条目的文本分别为"起动"和"停机"。

用复制和粘贴的方法生成一个按钮，用鼠标调节按钮的位置和大小。单击选中文本域"使用文本列表"上面的按钮（见图 4-12），选中巡视窗口的"属性 > 属性 > 常规"，设置按钮的模式为"文本"（见图 4-13）。用单选框选中右边窗口的"标签"域的"文本列表"，单击"文本列表"选择框右侧的 ... 按钮，双击选中出现的文本列表"按钮文本"，返回巡视窗口。

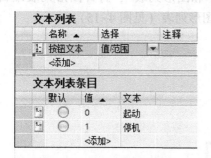

图 4-11　文本列表编辑器

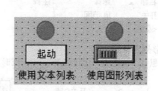

图 4-12　按钮组态

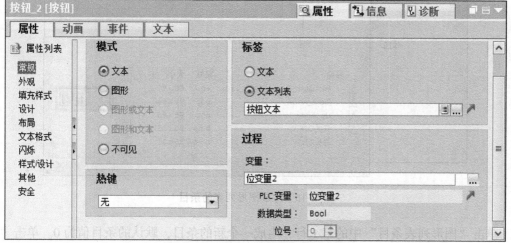

图 4-13　使用文本列表的按钮组态

在右边窗口的"过程"域设置连接的变量为"位变量2"（Q0.1），该按钮的文本用位变量2来控制。位变量2的值为0和1时，按钮上的文本分别为文本列表"按钮文本"中的"起动"和"停机"。

选中巡视窗口的"属性 > 事件 > 单击"（见图4-14），单击视图右边窗口的表格最上面一行，再单击它的右侧出现的▼按钮，在出现的"系统函数"列表中选择"编辑位"文件夹中的函数"取反位"，将PLC变量"位变量2"取反（0变为1或1变为0）。

图4-14　按钮的事件功能组态

打开"库"任务卡的全局库的"\ Buttons and Switches\主模板\ PlotLights"文件夹（见图3-19），将其中的PlotLight_Round_G（绿色圆形指示灯）拖拽到根画面中。选中生成的指示灯，适当调节它的大小和位置。

单击巡视窗口中的"属性 > 属性 > 常规"，设置指示灯连接的变量为PLC中的变量"位变量2"。模式为"双状态"，其他参数采用默认的设置。

2. 组态图形列表

在绘图软件中生成和编辑两个图形，用于显示推拉式开关的两种状态，将它们保存为两个图形文件，文件名分别为"开关ON"和"开关OFF"。

双击项目树的"HMI_1"文件夹中的"文本和图形列表"，打开图形列表编辑器，在"图形列表"选项卡中创建一个名为"开关"的图形列表（见图4-15）。

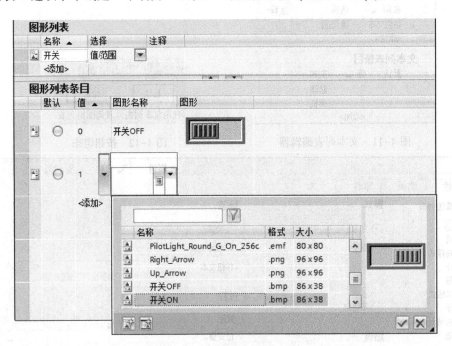

图4-15　生成图形列表的条目

单击"图形列表条目"中的第1行，生成一个新的条目，默认的条目值为0。单击"图形名称"列右侧隐藏的▼按钮,打开图形对象列表对话框(见图4-15下面的小图),单击左下角的"从文件创建新图形"按钮🖼,在出现的"打开"对话框中,双击预先保存的图形文件"开关OFF",在图形对象列表中增加了名为"开关OFF"的图形对象,同时返回图形列表编辑器。这样在图形列表"开关"的第1行中生成了值为0的条目"开关OFF",条目的"图形"列是该条目的图形预览。用同样的方法,生成第2行的条目"开关ON"。

3. 组态使用图形列表的按钮

将工具箱中的"按钮"对象拖拽到画面工作区,用鼠标调节按钮的位置和大小。

单击选中放置的按钮,选中巡视窗口的"属性>属性>常规",设置按钮的模式为"图形"(见图4-16)。用单选框选中"图形"域中的"图形列表",单击"图形列表"框右侧的▦按钮,双击选中出现的图形对象列表中的"开关",返回按钮的巡视窗口。

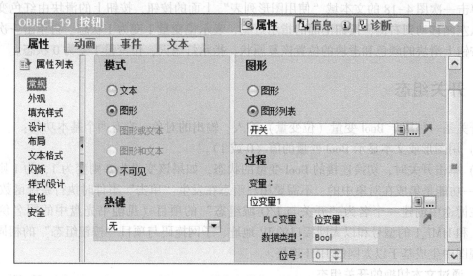

图4-16 按钮的常规属性组态

在"过程"域设置连接的PLC变量为"位变量1"(Q0.0),该按钮的外形由位变量1来控制。位变量1的值为0和为1时,按钮的外形分别为图形列表"开关"中的条目"开关OFF"和"开关ON"的图形。

选中巡视窗口的"属性>事件>按下"(见图4-17),单击右边窗口的表格最上面一行,再单击它的右侧出现的▼按钮,在出现的系统函数列表中,选择"编辑位"文件夹中的函数"取反位",将PLC变量"位变量1"取反(0变为1或1变为0)。

在图4-16中设置的控制按钮上的图形的

图4-17 按钮的事件功能组态

变量和按下按钮(发生单击事件)时被取反的变量均为位变量1。在"位变量1"状态变化的同时,按钮的外形相应改变,因此这种按钮是有"返回信息"的元件,实际上具有下一节将要介绍的开关的外部特性。

用本节介绍的方法,将全局库中的PlotLight_Round_G拖放到开关上面,生成一个绿色

的指示灯（见图 4-18）。选中生成的指示灯，单击巡视窗口中的
"属性 > 属性 > 常规"，设置连接的变量为 PLC 变量"位变量
1"（M0.0）。其他参数采用默认的设置。

图 4-18　按钮仿真

选中项目树中的"PLC_1"，单击工具栏的"开始仿真"按
钮![icon]，启动 S7-PLCSIM，将程序下载到仿真 PLC，将 CPU 切换
到 RUN-P 模式。选中项目树中的 HMI_1，单击工具栏的"开始
仿真"按钮![icon]，编译成功后，出现仿真面板。

单击一次文本域"使用文本列表"上面的按钮，按钮上的文本变为"停机"（见图 4-18），
按钮上面的指示灯亮，表示位变量 2 变为 1 状态。再单击一次，按钮上的文本变为"起
动"，指示灯熄灭，位变量 2 变为 0 状态。

单击一次图 4-18 的文本域"使用图形列表"上面的按钮，按钮上的滑块由红色变为绿
色，从左侧移动到右侧，按钮上面的指示灯亮，表示位变量 1 变为 1 状态。再单击一次该按
钮，按钮上滑块的颜色和滑块的位置恢复原状，指示灯熄灭，位变量 1 变为 0 状态。

4.2　开关组态

开关是一种用于 Bool 变量（位变量）输入、输出的对象，它有两个基本功能：

1）用图形或文本显示 Bool 变量的值（0 或 1）。

2）单击开关时，切换连接的 Bool 变量的状态，如果该变量为 0 则变为 1，为 1 则变为
0。这一功能是集成在对象中的，不需要用户组态在发生"单击"事件时执行系统函数。

在博途中创建一个名为"开关与 I/O 域组态"的项目（见随书光盘中的同名例程）。
PLC_1 和 HMI_1 的型号和以太网接口的 IP 地址、子网掩码与项目"按钮组态"的相同。在
网络视图中生成基于以太网的 HMI 连接。

1. 通过文本切换的开关组态

将根画面的名称修改为"开关"。双击项目树中的"添
加新画面"，将新画面的名称修改为"I/O 域"。将项目树的
"画面"文件夹中的"I/O 域"画面拖拽到"开关"画面中，
自动生成了显示"I/O 域"的画面切换按钮（见图 4-19）。
适当调节该按钮的位置和大小。将按钮的背景色改为浅灰色，
字符颜色改为黑色。用同样的方法在画面"I/O 域"中生成
切换到画面"开关"的画面切换按钮。

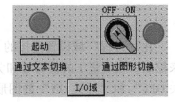

图 4-19　开关画面

将工具箱的"元素"窗格中的"开关"对象拖拽到"开关"画面中，它的外形和按钮
差不多，上面的字符为 OFF。用鼠标调节它的位置和大小，将它的背景色改为浅灰色，字符
颜色改为黑色。

单击选中放置的开关，选中巡视窗口的"属性 > 属性 > 常规"，设置模式为"通过文
本切换"（见图 4-20）。连接的变量为 PLC 变量"位变量 1"（M0.0）。

在位变量 1 为 ON（1 状态）时，开关上默认的文本为 ON；位变量 1 为 OFF（0 状态）
时，开关上默认的文本为 OFF。分别将位变量 1 为 ON 和 OFF 时的文本改为"停机"和
"起动"（见图 4-20），用来提醒操作人员当前应做的操作。

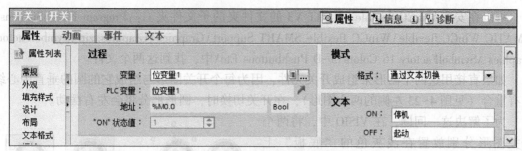

图 4-20　开关的常规属性组态

用上一节介绍的方法，将全局库的中的 PlotLight_Round_G 拖放到开关上面，生成一个绿色的指示灯（见图 4-19）。选中生成的指示灯，单击巡视窗口中的"属性 > 属性 > 常规"，设置连接的变量为 PLC 变量"位变量 1"（M0.0）。

选中项目树中的 PLC_1，单击工具栏的"开始仿真"按钮 🖥，启动 S7-PLCSIM，将程序下载到仿真 PLC，将 CPU 切换到 RUN-P 模式。选中项目树中的 HMI_1，单击工具栏的"开始仿真"按钮 🖥，启动仿真。编译成功后，出现仿真面板，显示出名为"开关"的根画面（见图 4-21）。

单击一次文本域"通过文本切换"上面的开关，开关上的文本变为"停机"，开关上面的指示灯亮，表示位变量 1 变为 1 状态。再单击一次，开关上的文本变为"起动"，指示灯熄灭，位变量 1 变为 0 状态。

单击图 4-18 中使用文本列表的按钮时，它控制的变量的状态被切换，与此同时，按钮上的文本相应改变，因此具有本节介绍的通过文本切换的开关的外部特性。如果用开关对象来实现相同的功能，组态的工作量要小得多。

2. 通过图形切换的开关组态

WinCC flexible SMART V3 的图形库中有大量的制作精美的与工控有关的图形供用户使用。为了制作图形切换的开关元件，在 WinCC flexible SMART V3 的工具箱的"图形"窗格，打开文件夹 \WinCC flexible 图像文件夹 \Symbol Factory Graphics \SymbolFactory 16 Colors \3-D Pushbuttons Etc，图 4-22 中是本节使用的选择开关的图形，它们的图形文件为 Selector switch 4 (left). wmf 和 Selector switch 4 (right). wmf。绘图软件 VISIO 称后缀为"wmf"的文件为"Windows 图元"文件。

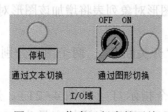

图 4-21　仿真运行中的开关

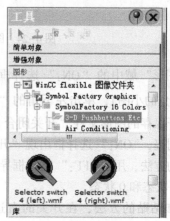

图 4-22　图形库

可以在安装 WinCC flexible SMART V3 的文件夹的子文件夹 C：\Program Files \Siemens \ SIMATIC WinCC flexible \WinCC flexible SMART Support \Graphics \Graphics. zip \SymbolFactory Graphics \SymbolFactory 16 Colors\3-D Pushbuttons Etc\中，找到这两个文件。

如果直接用这两个图形来组成开关元件，因为每个开关图形与组成它的圆的垂直中心线没有重合（见图4-23左侧的两个图形），在开关切换时，圆形部分将会左右摆动。

为了解决这一问题，在VISIO中，将两个开关图形分别放置在浅灰色的"底板"上（见图4-23右侧的两个图形），注意在放置时应保证两个开关的圆形部分与底板的垂直中心线重合。用VISIO中的菜单命令"形状"→"组合"→"组合"将开关与底板组合成一个整体后，保存为文件"开关闭合 . wmf"和"开关断开 . wmf"。

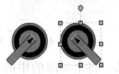

图4-23 选择开关图形的绘制

将工具箱的"元素"窗格中的"开关"对象拖拽到"开关"画面中，选中生成的开关，单击巡视窗口中的"属性 > 属性 > 常规"（见图4-24），组态开关的模式为"通过图形切换"，连接的PLC变量为"位变量2"。

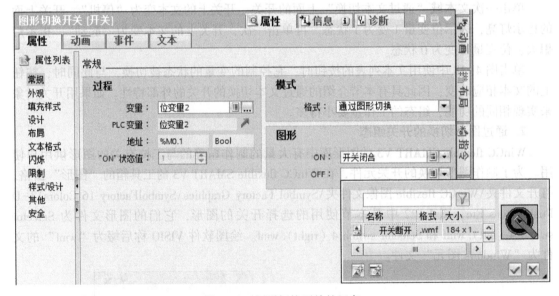

图4-24 图形切换开关的组态

单击"图形"域中的"ON："选择框右侧的▼按钮，在出现的图形对象列表中（见图4-24右下角的小图），单击左下角的"从文件创建新图形"按钮，在出现的"打开"对话框中打开保存的图形文件"开关闭合 . wmf"，图形对象列表将增加该图形对象，同时关闭图形对象列表，"ON："选择框出现"开关闭合"。

用同样的方法，用"OFF："选择框导入图形"开关断开"，两个图形分别对应于"位变量2"的1状态和0状态。

用复制和粘贴的方法，在开关的右边生成一个指示灯（见图4-21）。选中生成的指示灯，单击巡视窗口中的"属性 > 属性 > 常规"，设置连接的变量为PLC变量"位变量 2"（M0.1）。

启动 S7-PLCSIM 和 WinCC 的运行系统仿真。编译成功后，出现仿真面板，显示图 4-21 中的"开关"画面。每单击一次文本域"通过图形切换"上面的手柄开关，开关的手柄位置发生变化，通过开关右边的指示灯，可以看到它连接的"位变量 2"的 0、1 状态也随之而变。

4.3 I/O 域组态

I 是输入（Input）的简称，O 是输出（Output）的简称。输入域与输出域统称为 I/O 域。

1. I/O 域的分类

I/O 域分为 3 种模式：

1）输出域：只显示变量的数值；

2）输入域：用于操作员输入要传送到 PLC 的数字、字母或符号，将输入的数值保存到指定的变量中。

3）输入/输出域：同时具有输入和输出功能，操作员可以用它来修改变量的数值，并将修改后的数值显示出来。

2. I/O 域的组态

在 PLC 的默认变量表中创建整型（Int）变量"变量 1"，在 HMI 的默认变量表中创建可保存 8 个字符的字符型（WString）内部变量"变量 2"。

打开名为"I/O 域"的画面，将背景色设置为白色。将工具箱的"元素"窗格中的 I/O 域拖拽到画面工作区，用鼠标调节它的位置和大小。在画面中创建 3 个 I/O 域对象（见图 4-25）。

图 4-25　I/O 域画面

单击选中放置的 I/O 域，选中巡视窗口的"属性 > 属性 > 常规"（见图 4-26），分别设置这 3 个 I/O 域从左到右的模式为"输入""输出"和"输入/输出"。各 I/O 域下面的文本域是该 I/O 域的模式。

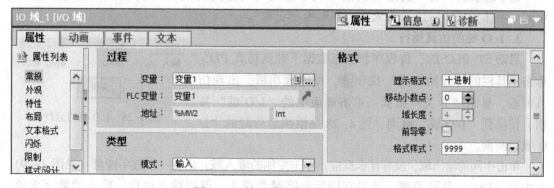

图 4-26　输入域的常规属性组态

2.2.4 节介绍了组态 I/O 域的基本方法。选中模式为"输入"的 I/O 域，设置它连接的变量为 Int 型变量"变量1"。为了观察输入和输出的效果,输入域和输出域连接的变量均为"变量1","显示格式"均为"十进制"。

输入域显示4位整数,因此组态"移动小数点"(小数部分的位数)为0,"格式样式"为 9999(4位,见图4-26)。

输出域显示3位整数和1位小数,组态"移动小数点"为1位,"格式样式"为 99999(5位,小数点也要占一个字符的位置)。

输入/输出域连接字符型变量"变量2",它的长度为8个字节。选中巡视窗口的"属性 > 属性 > 常规",将它的"显示格式"设置为"字符串","域长度"为8个字节。因为变量2为HMI的内部变量,它没有绝对地址。

使用"显示格式"选择框,可以选择输入/输出的数据格式为十进制、二进制、十六进制、日期、日期/时间、时间和字符串等,十六进制数只能显示整数。如果数值超出了组态的位数,I/O 域显示"###…"。

选中输入域的巡视窗口的"属性 > 属性 > 外观"(见图4-27),组态输入域有黑色的边框,背景色为浅蓝色。

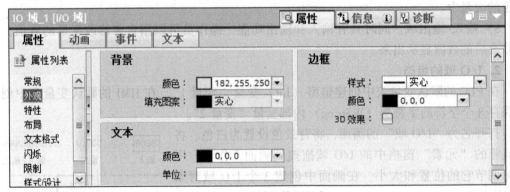

图 4-27 I/O 域的外观组态

选中巡视窗口的"属性 > 属性 > 布局",设置输入域和输出域均为"使对象适合内容",边框与显示值四周的间距均为2个像素点。

选中巡视窗口的"属性 > 属性 > 文本格式",设置水平方向"居右"和垂直方向位于中间。字体为宋体,13个像素点,字形为"正常"。

3. I/O 域的仿真运行

启动 S7-PLCSIM,将程序和组态数据下载到仿真 PLC。单击工具栏的"开始仿真"按钮,编译成功后,出现仿真面板,显示"开关"画面。单击画面中的"I/O 域"按钮,切换到"I/O 域"画面,图4-28是模拟运行时的"I/O 域"画面。

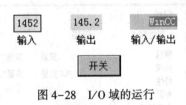

图 4-28 I/O 域的运行

单击中间的输出域,没有什么反应。单击左侧的输入域,出现一个数字键盘(见图4-29)。其中的〈ESC〉是取消键,单击它以后数字键盘消失,退出输入过程,输入的数字无效。〈BSP〉是退格键,与计算机键盘上的〈Back Space〉键的功能相同,单击该键,将删除光标左侧输入的数字。〈+/-〉键用于改变输入的数字的符号。◀和▶分别是光标左移键和光标右移键, ╚═╝ 是确认（回车）键，单击它使输入的数字有效（被确认），将在输入域中显示，并关闭键盘。

图 4-28 中的输入域和输出域都与"变量 1"连接，可以看到在输入域输入"1452"后，因为输出域有 1 位小数，显示的是"145.2"。

输入/输出域与 8 字节长的字符变量"变量 2"连接，单击它后，将会出现图 4-30 中的字符键盘。键盘中的〈Shift〉键用来切换字母的大小写，〈A-M〉、〈N-Z〉、〈0-9〉和〈+-/＊〉键分别用来选择字母区间、数字和特殊字符，其他功能键的意义与数字键盘相同。不能用字符键盘输入汉字。

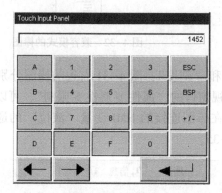

图 4-29　数字键盘

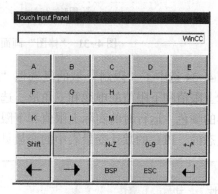

图 4-30　字符键盘

4.4　图形输入输出对象组态

打开博途，创建一个名为"图形输入输出组态"的项目（见随书光盘中的同名例程）。PLC_1 为 CPU 315-2PN/DP，HMI_1 为 4in 的精智系列面板 KTP400 Comfort，它们的 PN 接口采用默认的 IP 地址和子网掩码。在网络视图中生成基于以太网的 HMI 连接。

将根画面的名称修改为"棒图"，双击项目树中的"添加新画面"，将新画面的名称修改为"图形输入输出"。用前面介绍的方法，在两个画面中生成相互切换的按钮。

4.4.1　棒图组态

棒图用类似于棒式温度计的方式形象地显示数值的大小，例如可以用来模拟显示水池液位的变化。

在 PLC 的默认变量表中创建 Int 型变量"液位"，生成和打开名为"棒图"的画面。下面以图 4-31 中最右边垂直放置的棒图的组态为例，将工具箱的"元素"窗格中的棒图对象拖拽到画面工作区，用鼠标调节棒图的位置和大小。

单击选中放置的棒图，选中巡视窗口的"属性 > 属性 > 常规"（见图 4-33），设置棒图连接的 Int 型 PLC 变量为"液位"。棒图的最大和最小刻度值分别为 200 和 -200。图 4-31 中各棒图连接的变量均为"液位"。

选中巡视窗口的"属性 > 属性 > 外观"（见图 4-34），可以修改前景色、背景色、文本色和棒图整体的背景色。如果单击复选框"含内部棒图的布局"，去掉其中的勾，将启用兼容模式，只能编辑博途 V12 版的属性，此时棒图的外观见图 4-32。

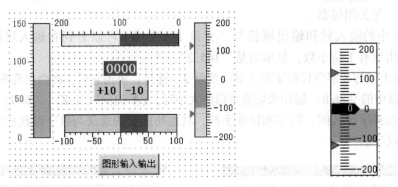

图 4-31 "棒图"画面   图 4-32 兼容模式的棒图

图 4-34 选中了"限制"域的复选框"线"和"刻度"，图 4-31 右边的棒图分别出现了表示上限值和下限值的虚线和三角形。选中巡视窗口的"属性 > 属性 > 限制"，可以设置三角形的颜色。运行时的实际上限值和下限值是在棒图连接的 HMI 变量"液位"的巡视窗口中组态的。PLC 的默认变量表中的变量见图 4-35。

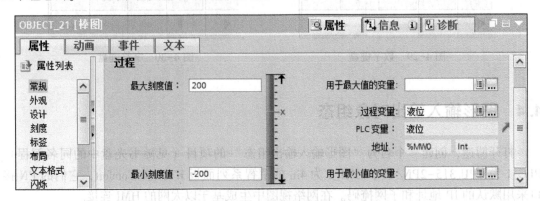

图 4-33 棒图的常规属性组态

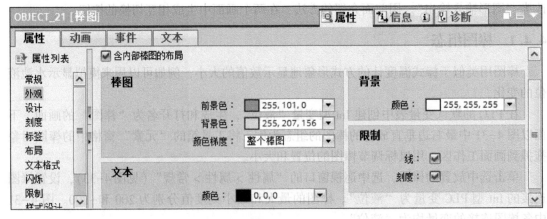

图 4-34 棒图的外观属性组态

选中巡视窗口的"属性 > 属性 > 设计"（见图 4-36），组态棒图的边框。默认的选择是复选框"含内部棒图的布局"被勾选,此时按博途 V13 组态边框。如果去掉该复选框的勾,将启用兼容模式,只能编辑博途 V12 版的属性。

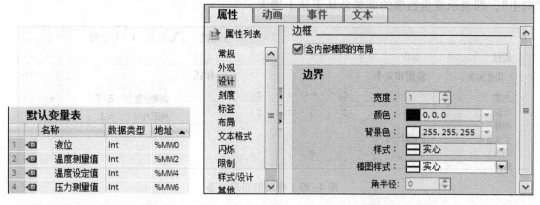

图 4-35 PLC 默认的变量表   图 4-36 棒图的边界组态

选中巡视窗口的"属性 > 属性 > 刻度"(见图 4-37),可以用复选框设置是否显示刻度。"大刻度间距"是两个大刻度线之间的间距。"标记标签"是指定进行标注的大刻度段个数,为 2 即每两个大刻度间距设置一个数字标签。"分区"是大刻度间距的小刻度线分区数。如果选中复选框"自动缩放",将会自动确定上述参数。

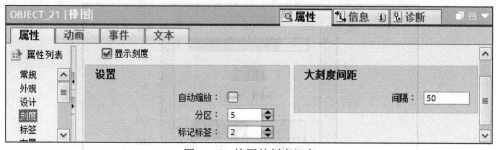

图 4-37 棒图的刻度组态

标签指刻度旁边的数字值。选中巡视窗口的"属性 > 属性 > 标签"(见图 4-38),可以用复选框设置是否显示标签,设置标签值的字符位数(正负号和小数点也要占一位)和小数点后的位数。修改参数后时,马上可以看到参数对棒图形状的影响。用"单位"输入域输入单位后,该单位将在最大和最小的刻度值的右边出现。

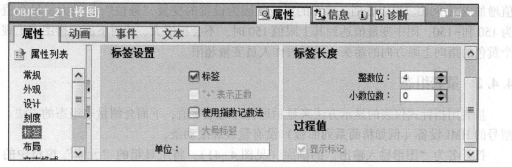

图 4-38 棒图的标签组态

选中巡视窗口的"属性 > 属性 > 布局"（见图4-39），可以改变棒图放置的方向、变化的方向和刻度的位置，图4-31右边的棒图的"刻度位置"为"右/下"，"棒图方向"为"向上"，即表示变量数值的前景色从下往上增大。

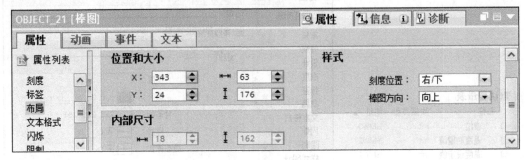

图4-39　棒图的布局组态

选中巡视窗口的"属性 > 属性 > 闪烁"，可以设置超出限制值时棒图是否闪烁。

在图4-31的中间，标有"+10"和"-10"的按钮用来增加和减少变量"液位"的值，增量的绝对值为10。按钮上面的输出域用来显示变量"液位"的值。

单击工具栏的"开始仿真"按钮，先后启动S7-PLCSIM和WinCC的运行系统仿真。编译成功后，出现仿真面板，显示"棒图"画面。图4-40是模拟运行时的"棒图"画面。

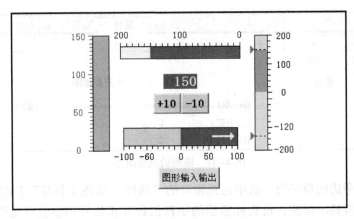

图4-40　仿真运行时的棒图

单击画面中间的两个按钮，改变变量"液位"的值，每按一次按钮，变量"液位"的值增加或减少10，可以看到各棒图的反应。因为设置的变量"液位"的最大、最小值分别为150和-150，图中变量值达到其上限值150时，不会再增大。此时下面的棒图中出现了一个黄色的指向上限方向的箭头，提醒操作人员变量超限。

4.4.2　量表组态

量表用指针式仪表的显示方法来显示运行时的数字值，下面介绍量表组态的方法。某些型号的HMI设备（例如精简系列面板）没有量表和滚动条。

打开名为"图形输入输出"的画面（见图4-41），将工具箱的"元素"窗格中的"量表"拖拽到画面工作区，用鼠标调节它的位置和大小。

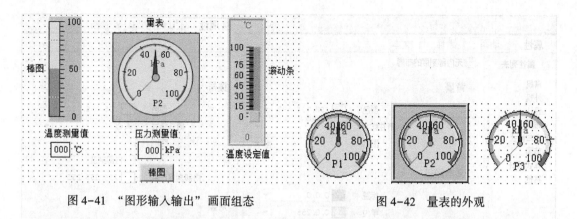

图 4-41 "图形输入输出"画面组态   图 4-42 量表的外观

单击选中放置的量表,选中巡视窗口的"属性 > 属性 > 常规"(见图4-43),设置要显示的过程变量为 PLC 变量"压力测量值"(MW6),最小、最大刻度值分别为 0 和 100。"标题"(量表下部的符号)为 P2,压力的单位为 kPa,刻度的分度数为 20。

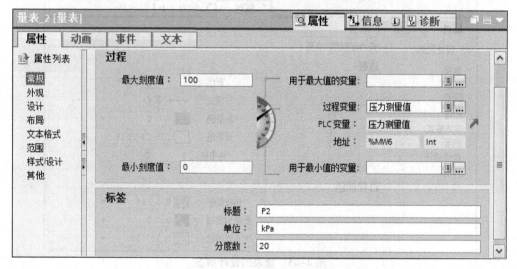

图 4-43 量表的常规属性组态

选中巡视窗口的"属性 > 属性 > 外观",图 4-44 中的"拨号"(Dial)应翻译为"刻度盘"。图 4-41 中间的量表的矩形背景填充样式和圆形刻度盘的填充样式均为"实心",图 4-42 左边的量表的背景填充样式为"透明边框",刻度盘的填充样式为"实心"。图 4-42 右边的量表的背景填充样式和刻度盘填充样式均为"透明"。

可以用"峰值"复选框选择是否用一条沿半径方向的红线显示变量的峰值(即最大值)。可以用"图形"选择框设置自定义的方框背景图形和刻度盘图形。

选中巡视窗口的"属性 > 属性 > 设计"(见图4-45),如果勾选复选框"无内部刻度的布局",将启用兼容模式,只能编辑 TIA 博途 V12 中的属性,不能用图 4-45 编辑边框。

选中巡视窗口的"属性 > 属性 > 布局"(见图4-46),可以设置刻度盘圆弧的起点和终点的角度值。一般采用默认的刻度盘(即图中的"拨号")参数,它们决定了量表各组成部分的位置和尺寸。

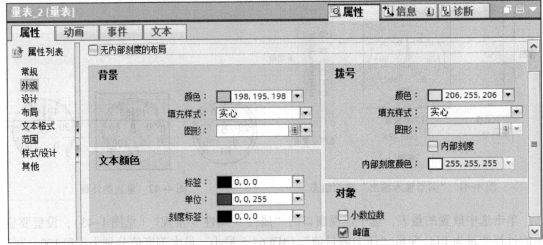

图 4-44 量表的外观组态

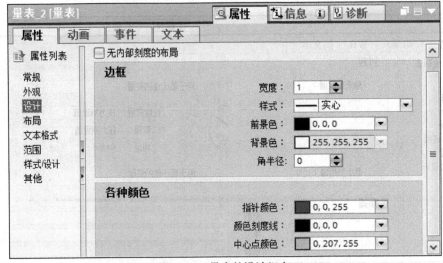

图 4-45 量表的设计组态

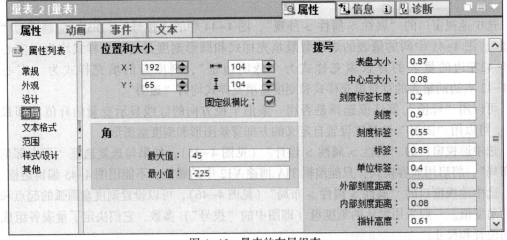

图 4-46 量表的布局组态

量表可以用 3 种不同的颜色来显示正常范围、警告范围和危险范围。选中巡视窗口的"属性 > 属性 > 范围"（见图 4-47），可以分别设置 3 段范围的分界点、量表刻度盘上各段范围的颜色，以及是否启用各段的颜色。

图 4-47　量表的范围组态

4.4.3　滚动条组态

滚动条又称为滑块，用于操作员输入和监控变量的数字值。用来显示数字值时，滚动条中的滑块位置指示控件输出的过程值。操作员通过改变滑块的位置来输入数字值。

将工具箱的"元素"窗格中的"滑块"拖拽到"图形输入输出"画面，用鼠标调节它的位置和大小。选中巡视窗口的"属性 > 属性 > 常规"，滚动条与图 4-43 中量表的"常规"属性界面基本上相同，其主要区别在于"标签"域只能设置滚动条的"标题"。图 4-41 右边的滚动条顶端的℃是滚动条的标题。

选中巡视窗口的"属性 > 属性 > 外观"（见图 4-48），"填充图案"如果选"透明"，将隐藏背景和边框。"图形"域的选择框用来设置背景和滚动条（方形小滑块）使用的自选的图形。可以用"棒图和刻度"域的"标记显示"选择框选择 3 种标记（即刻度）的显示方式，还可以选择隐藏刻度。

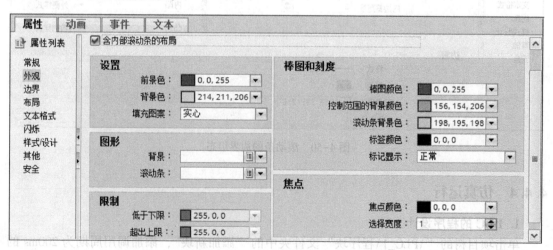

图 4-48　滚动条的外观组态

焦点是指在运行时滚动条顶端的单位和底端的当前值周围的虚线，组态时可以设置它的颜色和宽度。

选中巡视窗口的"属性 > 属性 > 布局"（见图 4-49），可以用"选项"域的复选框设置显示或隐藏哪些部件。"当前值"在方框的底端，"棒图"是对应于滚动条的一块长方形，"滚动条"是可移动的方形小滑块，"标注"是刻度线左边的刻度值。

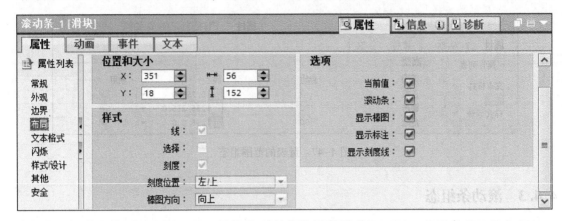

图 4-49　滚动条的布局组态

选中巡视窗口的"属性 > 属性 > 边界"，图 4-50 用图形形象地说明了边框各参数的意义。一般采用默认的设置。

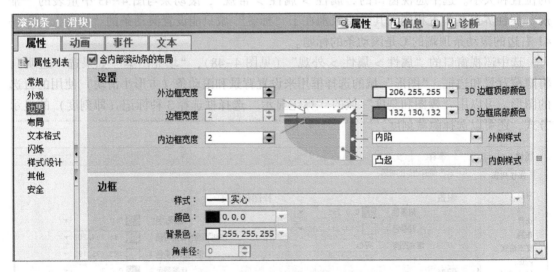

图 4-50　滚动条的边界组态

4.4.4　仿真运行

1. PLC 的程序设计

单击项目树的"\PLC_1\程序块"文件夹中的"添加新块"，添加调用周期为 200ms 的循环组织块 OB34。打开 OB34 后，如果使用的编程语言是默认的 LAD（梯形图），选中 OB34，执行"编辑"菜单中的"切换编程语言"命令，将编程语言改为 STL（语句表）。在 OB34 中编写下面的程序，每 200ms 将变量"温度测量值"MW2 和"压力测量值"MW6 分别加 1。它们的值分别为 100 和 90 时将它们复位为 0。

程序段 1：

```
        L     MW2
        INC   1
        T     MW2                //温度测量值加 1
        A(
        L     MW2
        L     100
        >=I                      //比较 MW2 是否大于等于 100
        )
        JNB   _001               //如果 MW2 小于 100 则跳转
        L     0
        T     MW2                //将 MW2 清零
_001:   NOP   0
```

程序段 2：

```
        L     MW6
        INC   1
        T     MW6                //压力测量值加 1
        A(
        L     MW6
        L     90
        >=I                      //比较 MW6 是否大于等于 90
        )
        JNB   _002               //如果 MW6 小于 90 则跳转
        L     0
        T     MW6                //将 MW6 清零
_002:   NOP   0
```

2. 集成仿真实验

选中项目树中的"PLC_1"，单击工具栏的"开始仿真"按钮，启动 S7-PLCSIM，将程序下载到仿真 PLC，将 CPU 切换到 RUN-P 模式。选中项目树中的"HMI_1"，单击工具栏的"开始仿真"按钮，编译成功后，出现仿真面板，显示图 4-40 中的"棒图"画面。单击"图形输入输出"按钮，切换到"图形输入输出"画面（见图 4-51）。

可以看到，左边的棒图显示的温度测量值在 0~100 之间变化。量表显示的压力测量值在 0~90 之间变化，刻度 90 处的红线显示压力的峰值为 90。棒图和量表下面的 I/O 域显示的是温度测量值和压力测量值的数值。S7-PLCSIM 中的 MW2 和 MW6 分别是仿真 PLC 中的温度测量值和压力测量值。

在对变量"温度测量值"组态时，令它的上限值和下限值分别为 80 和 30。在组态棒图时设置显示限制线，在组态棒图下面的输出域时设置超出上限和下限时显示的颜色分别为红色和黄色。图 4-51 中显示的是温度测量值超出上限时的情况，棒图中超出的部分用灰色显示，此时输出域的背景色变为红色。

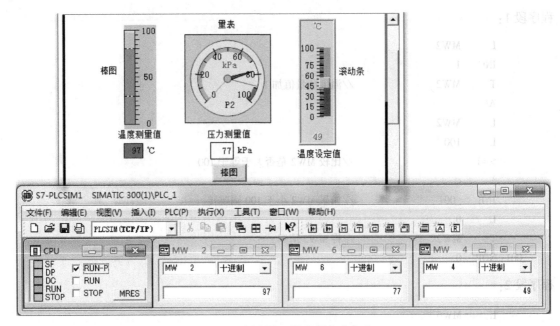

图 4-51 图形输入输出的集成仿真

单击选中滚动条中的方形滑块，按住鼠标左键，移动鼠标，拖动滑块，滚动条底端的温度设定值和 S7-PLCSIM 中的 MW4 中的温度设定值同步变化。

如果修改 S7-PLCSIM 中的 MW4 的值，滚动条的滑块位置会随之而变。

4.5 日期时间域、时钟与符号 I/O 域组态

4.5.1 日期时间域与时钟组态

1. 生成项目和画面

打开博途，创建一个名为"日期时间域符号 IO 域组态"的项目（见随书光盘中的同名例程）。PLC_1 为 CPU 315-2PN/DP，HMI_1 为 4in 的精智系列面板。在网络视图中生成基于以太网的 HMI 连接。

将根画面的名称修改为"日期时间"，双击项目树中的"添加新画面"，将新画面的名称修改为"符号 I/O 域"。用前面介绍的方法，在两个画面中生成相互切换的按钮。

2. 日期时间域

打开画面"日期时间"，将工具箱的"元素"窗格中的日期时间域拖拽到画面中（见图 4-52），用鼠标调节它的位置和大小。

单击选中放置的日期时间域，选中巡视窗口的"属性 > 属性 > 常规"，可以用复选框设置是否显示日期和（或）时间（见图 4-53）。右上角的日期时间域只显示日期，右下角的只

图 4-52 日期时间仿真画面

显示时间。左上角的日期时间域只采用了系统时间格式，左下角的同时采用了系统时间格式和长日期时间格式。仅右下角的日期时间域的"类型"为"输入/输出"，可以用它来修改当前的日期和时间。其他日期时间域的"类型"均为"输出"，不能用于修改当前的日期和时间。

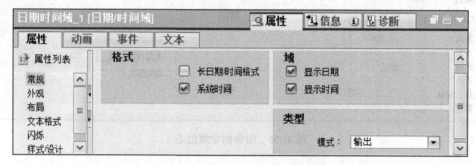

图4-53　日期时间域的常规组态

选中巡视窗口的"属性 > 属性 > 外观"（见图4-54），可以设置文本色和背景色。"填充图案"为"透明"时没有背景色。左上角的日期时间域的"角半径"非零，边框的"样式"为双线，颜色为红色，双线之间的背景色为绿色。右上角的日期时间域的边框"样式"为"3D样式"。左下角的日期时间域的边框宽度为0（没有边框），右下角的日期时间域的背景色为白色。

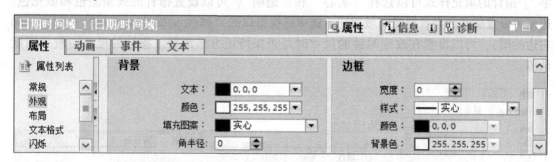

图4-54　日期时间域的外观组态

3. 修改日期时间

选中项目树中的"HMI_1"，单击工具栏的"开始仿真"按钮，编译成功后，出现仿真面板，显示图4-52中的"日期时间"画面，可以看到画面中所有的日期时间域和时钟的显示值同步变化。

图4-52中只有右下角的日期时间域的模式为"输入/输出"。在仿真运行时单击该日期时间域，选中小时值，用计算机的键盘输入新的小时值，按回车键后修改生效。用计算机仿真时，实际上修改的是计算机的系统时钟。

4. 时钟

时钟用来显示时间值，它比日期时间域更为形象直观。将工具箱的"元素"窗格中的"时钟"拖拽到图4-52的画面中，用鼠标调节它的位置和大小。某些型号的HMI设备（例如精简面板）没有时钟。

选中巡视窗口的"属性 > 属性 > 常规"（见图 4-55），如果没有选中"模拟"复选框，将采用与左上角的日期时间域相同的数字显示方式，但是不显示秒的值。

图 4-55　时钟的常规组态

最右边的时钟不显示表盘，但是使用了用户指定的图形做钟面。左起第二个时钟的"填充图案"为"透明"，左起第 3 个时钟的"填充图案"为"透明边框"，两边的时钟的"填充图案"为"实心"。

选中巡视窗口的"属性 > 属性 > 外观"（见图 4-56 左边的图），可以设置刻度和指针的颜色和样式。图 4-52 中"透明框背景"的时钟的刻度样式为"线"，其余的时钟的刻度样式为"圆"。"透明框背景"的时钟的数字样式为"阿拉伯数字"，其余的时钟为"无数字"。指针的填充样式可以选择"实心"和"透明"，可以设置指针的线条颜色和填充色。边框可设置的参数与日期时间域相同。选中巡视窗口的"属性 > 属性 > 布局"（见图 4-56 右边的图），可以设置在改变时钟的尺寸时是否保持正方形形状。指针的尺寸一般采用默认值。

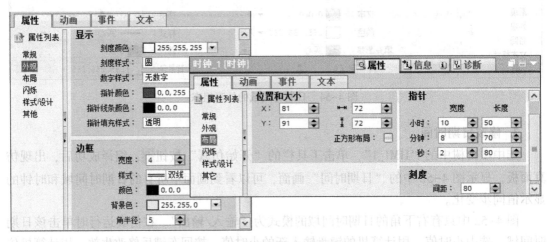

图 4-56　时钟的外观和布局组态

选中标有"透明框背景"的时钟，再选中巡视窗口的"属性 > 属性 > 样式/设计"（见图 4-57），勾选复选框"样式/设计设置"，"样式项外观"选择框出现"时钟［默认］"，采用默认的黑色圆形时钟表盘（见图 4-52）。

图 4-57　时钟的样式/设计组态

4.5.2　符号I/O域组态

1. 符号I/O域

发电机组在运行时，操作人员需要监视发电机的定子线圈和机组轴承等处的多点温度值，需要监视的温度可能多达数十点。如果 HMI 设备的画面较小，可以使用符号 I/O 域和变量的间接寻址，用切换的方法来减少温度显示占用的画面面积，但是同时只能显示一个温度值。下面以 3 个温度值为例来介绍组态的方法。

在 PLC 的默认变量表中生成 3 个 Int 型的过程变量"温度1"~"温度3"，在 HMI 的默认变量表中生成 Int 型的内部变量"温度值"和"温度指针"。

图 4-58 是变量"温度值"的"指针化"属性对话框，"温度指针"是它的索引变量。图的右侧给出了变量列表，名为"温度1""温度2"和"温度3"这 3 个变量的索引号分别为 0、1、2。

变量"温度值"的取值是可变的，取决于"温度指针"（即索引号）的值。索引号为 0~2时，"温度值"分别取"温度1"~"温度3"的值。

单击指令树的"\HMI_1"文件夹中的"文本和图形列表"，创建一个名为"温度值"的文本列表（见图 4-59），它的 3 个条目分别为 PLC 变量温度1、温度2 和温度3。

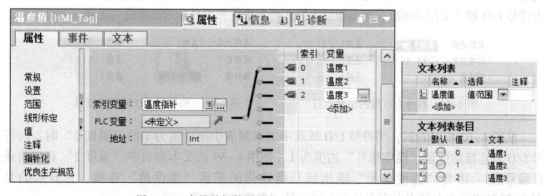

图 4-58　变量的间接寻址　　　　　　图 4-59　文本列表

操作员用符号 I/O 域选择文本列表"温度值"中的条目，来改变索引变量"温度指针"的值，就可以用变量"温度值"来显示选中的文本列表条目对应的温度值。

2. 组态画面

打开名为"符号 I/O 域"的画面（见图 4-60），在

图 4-60　符号 I/O 域画面

画面中首先生成一个左侧有"温度选择"文本域的符号 I/O 域，模式为输入/输出，它通过内部变量"温度指针"（见图 4-61）和文本列表"温度值"，来选择显示哪一个温度值。

图 4-61 符号 I/O 域的常规组态

在实际的系统中，为了分时显示 3 个温度值，除了上述的符号 I/O 域外，只需要再组态1 个与变量"温度值"连接的输出域。它在图 4-60 的符号 I/O 域的下面，它的左边是文本域"温度显示"。符号 I/O 域用来选择用该输出域显示哪个温度值。

为了观察指针变量的作用，在文本域"指针值"的右侧创建一个与内部变量"温度指针"连接的输出域。在画面的右侧还组态了输入 3 个温度值的输入/输出域。

这个画面是用来演示符号 I/O 域的。在实际系统中，使用符号 I/O 域后，不需要同时显示 3 个温度值，也没有必要显示指针变量的值。因此实际系统只需要组态图 4-60 中的符号I/O 域和它下面的输出域（见附录中的图 A-4）。

3. 仿真运行

执行菜单命令"在线"→"仿真"→"使用变量仿真器"，启动变量仿真器开始仿真。首先给"温度 1""温度 2"和"温度 3"这 3 个输入/输出域输入不同的值，按回车键确认。单击符号 I/O 域（见图 4-62），用出现的下拉式列表来选择要显示的温度值（见图 4-63）。

图 4-62 符号 I/O 域的仿真运行   图 4-63 用符号 I/O 域选择变量

从图 4-62 可以看到，用符号 I/O 域选中文本列表中指针值为 1 的"温度 2"时，与符号 I/O 域连接的变量"温度指针"的值为 1（即图 4-59 的文本列表中"温度 2"对应的条目编号值）。因为"温度显示"输出域与指针化的变量"温度值"连接，它显示的是图 4-58 右侧的文本列表中索引号为 1 的变量"温度 2"的值。

用符号 I/O 域选择别的温度，例如温度 3（见图 4-63），变量"温度指针"的值变为2，输出域将显示索引号为 2 的变量"温度 3"的值。

4.6 图形 I/O 域组态

3.4.3 节介绍的动画功能可以实现画面对象的移动，但是不能改变画面对象的形状和大

100

小。用图形 I/O 域和图形列表切换多幅图形，可以实现更为丰富多彩的动画效果。

图形 I/O 域有输入、输出、输入/输出和双状态 4 种模式。双状态图形 I/O 域不需要图形列表，它在运行时用两个图形来显示位变量的两种状态，例如线圈的通电和断电，指示灯的点亮与熄灭。

4.6.1　多幅画面切换的动画显示

打开博途，在 TIA Portal 视图或项目视图中创建一个名为"图形 I/O 域组态"的项目（见随书光盘中的同名例程）。PLC_1 为 CPU 315-2PN/DP，HMI_1 为 4in 的精智系列面板 KTP400 Comfort。在网络视图中生成基于以太网的 HMI 连接。

图 4-64 是小人运动的示意图，它由 5 个基本图形组成，这些图形来自西门子公司提供的某 HMI 设备的实例程序，分别将它们保存为 5 个 ∗.gif 格式（图形交换格式）的文件待用。

图 4-64　小人的动作顺序图

双击项目树的 HMI_1 文件夹中的"文本和图形列表"，打开"文本和图形列表"编辑器中的"图形列表"选项卡，创建一个名为"小人"的图形列表（见图 4-65）。

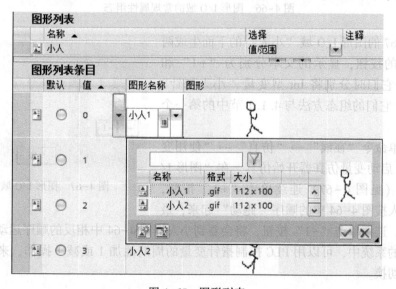

图 4-65　图形列表

单击"图形列表条目"第一行的"值"列，出现的值为"0 - 1"，单击该列中右侧的按钮，用出现的对话框将"类型"由"范围"改为"单个值"，条目的值变为 0。

单击第一行的"图形名称"列右侧的按钮，再单击出现的图形对象列表对话框（见图 4-65 中的小图）左下角的"从文件创建新图形"按钮，出现"打开"对话框，选中预先保存好的图形文件"小人 1"，单击"打开"按钮后返回图形列表编辑器，第一行的

"图形"列中出现该条目的图形预览。用同样的方法，按图4-64的顺序在图形列表中创建9个列表条目，条目的编号为0~8。

在HMI的默认变量表中生成一个名为"小人指针"的Int型内部变量，设置其取值范围为0~8，与对应的图形列表的条目编号范围相同。

打开名为"图形I/O域"的画面，将工具箱的"元素"窗格中的图形I/O域拖拽到画面中，用鼠标调节它的位置和大小。

选中巡视窗口的"属性 > 属性 > 常规"（见图4-66），设置模式为"输出"，用于显示名为"小人"的图形列表。显示列表中的哪一个图形，由变量"小人指针"的值确定。组态完成后，图形I/O域显示的是图形列表"小人"中的0号条目图形。

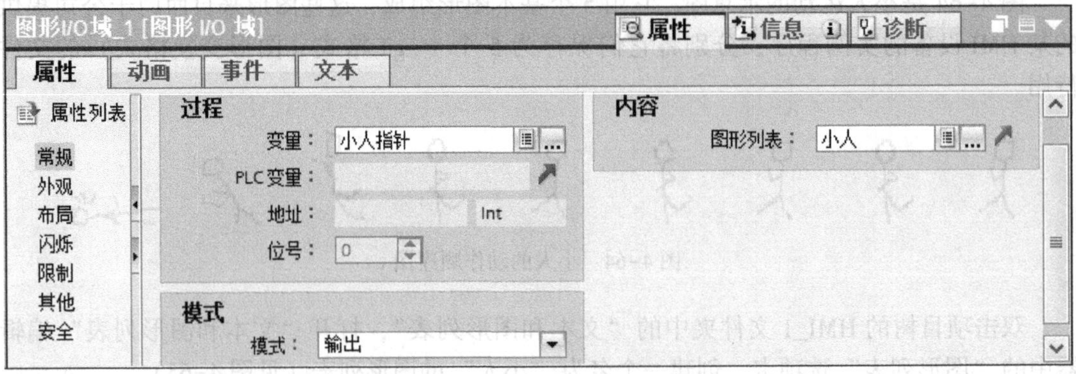

图4-66 图形I/O域的常规属性组态

在图4-67的图形I/O域"小人"的下面生成两个文本模式的按钮，显示的文本分别为"+1"和"-1"。单击它们时分别将Int型变量"小人指针"加1和减1。它们的组态方法与4.1.1节中的第一个例子相似。

执行菜单命令"在线"→"仿真"→"使用变量仿真器"，启动变量仿真器开始仿真。在"图形I/O域"画面（见图4-67）连续单击"+1"按钮，将会看到小人按图4-64中的顺序"跑动"起来，最后跌倒在地。连续单击"-1"按钮，将会看到小人按图4-64中相反的顺序运动。

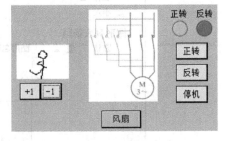

图4-67 图形I/O域仿真

在实际的系统中，可以用PLC控制指针变量的周期性加1或减1操作，来控制产生动画的图形的切换。

4.6.2 电动机运行状态的动画显示

图4-68中用接触器主触点的通断状态和线路的颜色来显示异步电动机的运行状态。有电流流动的线路和运行时的电动机符号用红色表示，反之用灰色表示，图形是用软件VISIO绘制的。

值得注意的是由于左侧触点的接通和断开，3个图形的宽度并不相同，在电动机状态切

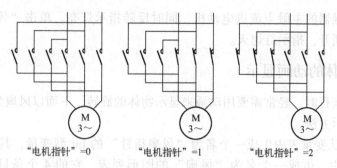

"电机指针"=0   "电机指针"=1   "电机指针"=2

图 4-68　用图形 I/O 域显示异步电动机的主电路

换过程中将会看到图形左右摆动。为了解决这一问题，在每个图形的底层放置一个与画面背景色相同的矩形方框（图中为白色），用它来解决切换时图形摆动的问题。

为了保证图形中相同部分的一致性，可以在画好一个图形后（包括底层的矩形方框），将它复制，在此基础上改画别的图形。VISIO 可以修改被同时选中的所有元件的属性，例如线条的粗细和颜色等。

在变量编辑器中生成一个名为"电机指针"的 Int 型内部变量，其变化范围为 0~2。在图形列表编辑器中，生成一个名为"电动机"的图形列表，它的 3 个图形如图 4-68 所示。

将工具箱中的"图形 I/O 域"拖拽到画面中，将它设置为输出模式，用于显示名为"电动机"的图形列表，用变量"电机指针"的值确定要显示的图形。

在图 4-67 的画面中设置了 3 个具有点动功能的按钮，通过 PLC 的程序，分别用来起动电动机正转、反转和停机。3 个按钮分别和 PLC 的 M2.0~M2.2 连接，控制电动机正转、反转的交流接触器分别与 Q0.0 和 Q0.1 连接。图 4-69 是 PLC 的主程序 OB1 中控制电动机正反转的程序，图中用 MOVE 指令来设置电动机在不同状态时变量"电机指针"的值。

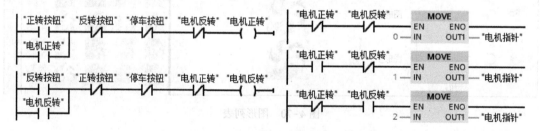

图 4-69　异步电动机正反转控制梯形图

在按钮上面设置两个指示灯，它们分别与 Q0.0 和 Q0.1 连接，用来显示正转交流接触器和反转交流接触器的状态。

选中项目树中的"PLC_1"，单击工具栏的"开始仿真"按钮▣，启动 S7-PLCSIM，将程序下载到仿真 PLC，将 CPU 切换到 RUN-P 模式。选中项目树中的"HMI_1"，单击工具栏的"开始仿真"按钮▣，编译成功后，出现仿真面板，显示图 4-67 中的"图形 I/O 域"画面。

单击正转起动按钮，主回路中的正转交流接触器的触点闭合，"电流"从图 4-67 右侧的交流接触器的主触点流进电动机，同时正转指示灯亮。单击反转起动按钮，"电流"从左侧的反转交流接触器的主触点流进电动机，同时反转指示灯亮。单击"停机"按钮，主回路中的触点全部断开，指示灯熄灭。

4.6.3 旋转物体的动画显示

在控制系统运行时，经常需要用动画来显示物体的旋转。下面以风扇为例，介绍模拟旋转物体的动画显示方法。

在 PLC 的默认变量表中生成一个名为"风扇指针"的 Int 型变量，其地址为 MW6。在图形列表编辑器中，生成一个名为"风扇"的图形列表，它的 4 个条目来源于工具箱的"图形"窗格的"\WinCC 图形文件\Unified and Modular\Blowers"文件夹中的 4 个互差 15°的黑色的风扇图形（见图 4-70）。可以直接将图库中的图形拖拽到图形列表新生成的条目的"图形"单元。

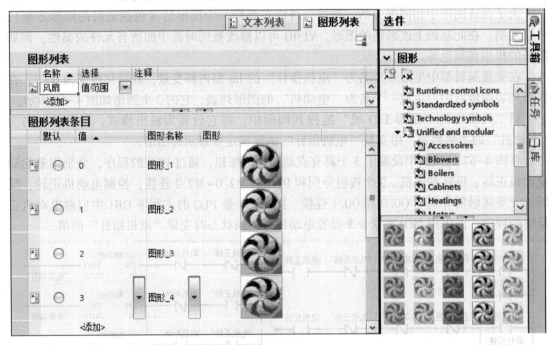

图 4-70 图形列表

将工具箱的"元素"窗格中的"图形 I/O 域"拖拽到"风扇"画面，将它设置为"输出"模式，用于显示名为"风扇"的图形列表，用变量"风扇指针"的值来选择显示哪个图形。

单击项目树的"\PLC_1\程序块"文件夹中的"添加新块"，添加调用周期为 200 ms 的循环组织块 OB34。选中 OB34，执行"编辑"菜单中的"切换编程语言"命令，将编程语言改为 STL（语句表）。在 OB34 中编写下面的程序，每 200 ms 将变量"风扇指针"MW6 加1。它的值为 3 时将它复位为 0。MW6 将在 0~3 之间变化。

```
L    "风扇指针"
INC  1
T    "风扇指针"        //MW6 加 1
```

```
     A(
     L     "风扇指针"
     L     3
     >I                              //比较 MW6 是否大于 3
     )
     NB    _002                      //如果 MW6 不大于 3 则跳转
     L     0
     T     "风扇指针"                //将 MW6 清零
_002：NOP   0
```

图形IO域

选中项目树中的"PLC_1"，单击工具栏的"开始仿真"按钮🖳，启动 S7-PLCSIM，将程序下载到仿真 PLC，将 CPU 切换到 RUN-P 模式。选中项目树中的"HMI_1"，单击工具栏的"开始仿真"按钮🖳，编译成功后，出现仿真面板，显示"图形 I/O 域"画面。单击其中的"风扇"按钮，切换到画面"风扇"（见图 4-71），可以看到非常流畅的风扇"转动"的运行效果。

图 4-71 "风扇"画面

4.7 面板的组态与应用

4.7.1 创建面板

面板（Faceplates）是一组已组态的显示和操作对象，在项目库和库视图中集中管理和更改这些对象。可以在同一个项目或不同项目中多次使用面板，来创建面板中的显示和操作对象。面板可以扩展画面对象资源，减少设计工作量，同时确保项目的一致性。某些老系列的低档 HMI 设备没有面板功能。在使用面板时，将不显示 HMI 设备中没有的那些画面对象。

面板基于"类型-实例"模型，支持集中更改。在类型中创建对象的主要属性，实例代表类型的局部应用。可以根据自己的要求来创建显示和操作对象，并将其存储在项目库中。

创建的显示和操作对象保存到项目库的"类型"文件夹中。在面板类型中，可以定义能够在面板上更改的属性。

面板是面板类型的一个实例，可以在画面中使用面板来生成显示和操作对象。在实例中对面板类型的可变属性进行组态，并将项目的变量分配给面板。对面板所做的更改只在应用点保存，对面板类型没有影响。

在博途中创建一个名为"面板组态"的项目（见随书光盘中的同名例程）。PLC_1 为 CPU 315-2PN/DP，HMI_1 为 4in 的精智系列面板 KTP400 Comfort。在网络视图中生成基于以太网的 HMI 连接。

打开全局库"\Button_and_switches\主模板\PilotLights"，将其中的 PilotLight_Round_G（绿色指示灯）拖拽到灰色背景的根画面中（见图 4-72）。生成两个按钮，按钮上的文本分别为"起动"和"停止"。

为了在面板属性中识别这 3 个对象，分别选中它们的巡视窗口的"属性 > 属性 > 其

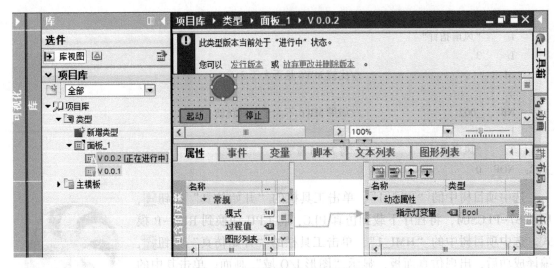

图 4-72　库视图中的面板编辑器

他"，将它们的名称设为"指示灯""起动按钮"和"停止按钮"。除了设置两个按钮的文本外，其他参数基本上采用默认的设置。

用鼠标同时选中这 3 个对象，右键单击它们之一，执行快捷菜单中的"创建面板"命令。在出现的"添加类型"对话框中，采用面板类型默认的名称"面板_1"，版本为 0.0.1。单击"确定"按钮，图 4-72 中的库视图被自动打开，可以编辑面板版本 V0.0.2 的属性。

此时"项目库"的"类型"文件夹中的"面板_1"的版本 V0.0.1 已经发行，版本 V0.0.2 的状态为"正在进行中"。单击图 4-72 左上角的 ▶ 按钮，将会关闭面板编辑器。

4.7.2　定义面板的属性

可以像"画面"编辑器那样，将"工具箱"任务卡中的对象添加到图 4-72 右边上面的工作区，作为面板类型中包含的对象，也可以删除工作区中的对象。

1. 组态面板的属性

面板属性可以来自其嵌入对象的属性，也可以为它定义新的属性。在本例中，需要为面板组态的接口属性有指示灯连接的变量地址和两个按钮的事件。

图 4-72 的右边下面是面板编辑器的组态区域，打开其中的"属性"选项卡，组态区域的左边窗口是面板的"包含的对象"列表，右边窗口是使用面板时需要组态的面板的"接口"列表，其中的"动态属性"是自动生成的。

打开图 4-72 组态区域左边窗口的"\指示灯\常规"文件夹，将其中的"过程值"（即指示灯连接的变量的符号地址）拖拽到右边的面板接口属性窗口中。为了使面板的属性有明确的物理意义，将拖到"接口"列表中的"过程值"改为"指示灯变量"。在"类型"列将该接口属性的数据类型修改为"Bool"。

左边窗口的"过程值"右边的 ▥ 符号表示动态属性，通过变量、文本列表或图形列表动态实现该属性。"模式"右边的 123 符号表示静态属性，只能更改静态属性的值。单击右边"接口"列表工具栏上的 ▥ 按钮，添加一个类别（即保存属性的文件夹）。单击 ▤ 按钮，在

106

所选类别中添加一个属性。

一般采用拖拽的方式生成属性，将左边"包含的对象"列表中的对象属性拖拽到右边"接口"列表打开的类别中。

选中右边"接口"列表中的某个属性，按计算机键盘的〈Delete〉键，可以删除该属性。

打开图 4-72 中的"变量"选项卡，可以为面板类型创建新变量，对变量组态，将变量分配给组态区域中的对象。

2. 组态面板类型的事件

打开面板编辑器组态区域的"事件"选项卡，组态面板包含的对象事件。将图 4-73 左边窗口中起动按钮的"按下"事件拖拽到右边的"接口"列表中，单击两次拖拽过来的"按下"事件，将它修改为"按下起动按钮"。用同样的方法将起动按钮的"释放"事件、停止按钮的"按下"事件和"释放"事件拖拽到右边窗口，然后修改它们的名称。

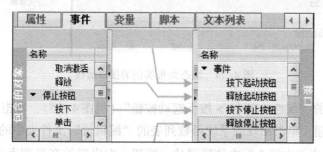

图 4-73　组态面板类型的事件接口

3. 编辑面板类型

右键单击项目库中状态为"正在进行中"的面板版本 V0.0.2，执行快捷菜单命令"发行版本"，单击出现的对话框中的"确定"按钮，该版本后面的"正在进行中"消失。

右键单击图 4-72 的项目库中已发行的最高的面板版本 V0.0.2，执行快捷菜单命令"编辑类型"，库视图被打开，创建了状态为"正在进行中"的面板类型的新版本 V0.0.3。在库视图中自动打开该版本，可以对它的属性进行修改。

如果要恢复到版本 V0.0.2，用鼠标右键单击项目库中的 V0.0.3。执行快捷菜单命令"丢弃更改并删除版本"，将拒绝自上次启用 V0.0.3 的操作后对面板类型所做的所有更改。面板类型再次启用并具有版本 V0.0.2。

也可以单击图 4-72 上面黄色背景的蓝色字符"发行版本"或"放弃更改并删除版本"，对打开的面板版本执行相应的操作。

最后单击图 4-72 左边工具栏上的"库视图"，关闭库视图。

4.7.3　面板的应用

1. 在本项目中使用面板

在 PLC 的变量表中生成变量"电动机"（Q0.0）、"起动按钮"（M0.0）和"停止按钮"（M0.1）。打开根画面，删除画面中的面板。打开"库"任务卡（见图 4-74），将项目库中的面板类型"面板_1"的版本 V0.0.2 拖拽到根画面，创建了一个该面板类型的实例，采用默认的名称"面板_1_1"。单击该面板实例,在它的周围出现8个小正方形围成的矩形区域。打开巡视窗口的"属性 > 接口"选项卡,设置动态属性"指示灯变量"实际连接的变量为"电动机"(Q0.0)。

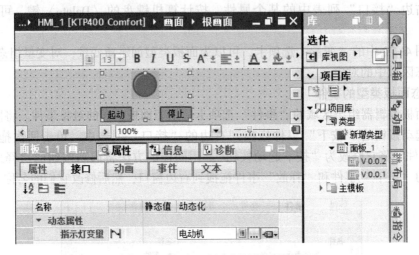

图4-74 组态面板实例的接口属性

选中巡视窗口的"属性 > 事件 > 按下起动按钮"(见图4-75),单击右边窗口最上面一行右侧隐藏的▼按钮,单击出现的系统函数列表的"编辑位"文件夹中的"置位位"(将某一位置位为1)。单击表中第2行右侧隐藏的▼按钮,在出现的变量列表中选择PLC的默认变量表中的变量"起动按钮"(M0.0),在按下该按钮时,将该变量置位为1状态。

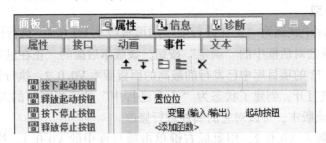

图4-75 组态面板实例的事件属性

用同样的方法设置出现事件"释放起动按钮"时,执行系统函数"复位位",将变量"起动按钮"复位为0状态。起动按钮相当于一个没有保持功能的点动按钮。用同样的方法,在按下和释放停止按钮时,将变量"停止按钮"(M0.1)置位和复位。

可以将面板用于对其他电动机的控制和状态显示。使用上面介绍的方法,可以设计出功能更为复杂的面板,例如控制异步电动机正反转、有状态显示和故障显示的面板。

将面板拖拽到画面后,可以用巡视窗口组态它的动画功能。

2. 在其他项目中使用面板

WinCC允许用户将面板添加到全局库中,例如将图4-74中的"面板_1"拖拽到用户生成的全局库中,这样就可以在其他项目中使用该面板。将面板从全局库添加到画面时,系统自动地将面板的一个副本保存到项目库。若要更改面板,必须更改项目库中的面板,否则更改不会生效。

3. 断开面板对象与面板类型的连接

选中画面中生成的面板，用鼠标右键单击它，执行快捷菜单中的"从面板上删除面板对象"命令，该面板变为组成它的对象的组合（Group），不再具有面板类型的属性。

4. 面板的仿真运行

为了验证上述面板的功能，对生成的面板进行仿真运行。打开随书光盘中的例程"面板组态"，图4-76是该项目OB1中的程序。选中PLC_1站点，单击工具栏上的"开始仿真"按钮，启动S7-PLCSIM。将OB1下载到仿真PLC，将它切换到RUN-P模式。

选中HMI_1站点，单击工具栏上的按钮，启动WinCC运行系统仿真，初始画面被打开（见图4-77）。单击其中的"起动"按钮，由于OB1中程序的运行，变量"电动机"变为1状态，画面中的指示灯亮。

图4-76　梯形图　　　　　　　　图4-77　面板的模拟运行

单击仿真画面中的"停止"按钮，由于梯形图程序的运行，变量"电动机"变为0状态，指示灯熄灭。仿真运行的结果证明面板能实现要求的功能。

4.8　习题

1. 生成两个按钮和一个红色指示灯，一个按钮令灯点亮并保持，另一个按钮令灯熄灭。用仿真验证组态的结果。

2. 用显示图形"Right_Arrow"的按钮将Int型变量"变量1"加1，用显示图形"Left_Arrow"的按钮将"变量1"减1，组态输出域来显示"变量1"的值。用仿真验证组态的结果。

3. 用Windows的"画图"软件画两个大小相同、名为"红灯ON"和"红灯OFF"的圆形图形，中间的背景色分别为红色和深红色，将它们保存为JPEG格式文件。用它们和双状态的图形I/O域生成一个指示灯。用仿真验证组态的结果。

4. 用输入域将5位整数输入给整型变量"变量2"，用输出域显示"变量2"的值，格式为3位整数和2位小数。用仿真验证组态的结果。

5. 在HMI的默认变量表中创建可以保存8个字符的字符型内部变量"变量3"。用输出域显示"变量3"。用按钮将汉字"精智面板"写入"变量3"。用仿真验证组态的结果。

6. 组态用来显示变量"液位"的垂直放置的棒图，最大值200在上面，最小值0在下面。在30和150处设置变量的下限值和上限值，为限制区设置不同的颜色。

7. 组态用来显示变量"液位"的量表，标题为"液位"，单位为cm，范围为0~250，显示峰值，启动警告和危险的值分别为150和200。

8. 在PLC的循环中断组织块中，每200ms将变量"液位"加1，增加到220时将"液位"清 0。6~8 题组态的画面和程序在同一个项目中，用仿真验证组态和编程的结果。

9. 组态一个只显示年、月、日的日期时间域，一个可以设置时间的日期时间域，一个使用自己的画面背景的时钟。用仿真验证组态结果。

10. 组态一个双状态的符号 I/O 域，Bool 变量"变量 4"为 0 和 1 时分别显示"手动"和"自动"，用仿真验证组态的结果。

11. 用图形 I/O 域、图形列表和工具箱的"图形"窗格的"\WinCC 图形文件\Unified and Modular\Blowers"文件夹中的 4 个红色的风扇图形实现风扇旋转的动画。

第5章 报警、系统诊断与用户管理

5.1 报警的组态与仿真

5.1.1 报警的基本概念

报警系统用来在 HMI 设备上显示和记录运行状态和工厂中出现的故障。报警事件保存在报警记录中，记录的报警事件用 HMI 设备显示，或者以报表形式打印输出。通过报警消息可以迅速定位和清除故障，减少停机时间或避免停机。报警消息由编号、日期、时间、报警文本、状态和报警类别等组成。

1. 报警的分类

（1）用户定义的报警

用户定义的报警用于监视生产过程，在 HMI 设备上显示过程状态，或者测量和报告从 PLC 接收到的过程数据。HMI 设备可显示离散量报警和模拟量报警。

1）离散量报警：离散量（又称开关量）对应于二进制数的 1 位，离散量的两种相反的状态可以用 1 位二进制数的 0、1 状态来表示。发电机断路器的接通和断开，各种故障信号的出现和消失，都可以用来触发离散量报警。

2）模拟量报警：模拟量的值（例如温度值）超出上限或下限时，将触发模拟量报警。报警文本可以定义为"温度过高"或"温度过低"等。

3）PLC 产生的控制器报警：例如 CPU 的运行模式切换到"STOP"的报警。在 STEP 7 中组态控制器报警，在 WinCC 中处理控制器报警。并非所有的 HMI 设备都支持控制器报警。

（2）系统定义的报警

1）系统事件：系统事件是 HMI 设备产生的，例如"已建立与 PLC 的在线连接"。系统报警指示系统状态，以及 HMI 设备和系统之间的通信错误。双击项目树中的"运行系统设置"，选中左边窗口的"报警"，可以指定系统报警在 HMI 设备上持续显示的时间（见图 5-1）。

2）系统定义的控制器报警：用于监视 HMI 设备和 PLC，由 S7 诊断报警和系统故障组成，向操作员提供 HMI 设备和 PLC 的操作状态。S7 诊断报警显示 S7 控制器中的状态和事件，无需确认或报告，它们仅用于发出信号。

2. 报警的状态

离散量报警和模拟量报警有下列报警状态，HMI 设备将会显示和记录各种状态的出现，也可以打印输出。

（1）到达

满足了触发报警的条件时（例如炉温太高），该报警的状态为"到达"，HMI 设备将显示报警消息。操作员确认了报警后，该报警的状态为"（到达）确认"。

（2）离开

当触发报警的条件消失，例如温度恢复到正常值，不再满足该条件时，该报警的状态为"（到达）离开"。

（3）确认

有的报警用来提示系统处于严重或危险的运行状态，为了确保操作员获得报警信息，可以组态为一直显示到操作人员对报警进行确认。确认表明操作员已经知道触发报警的事件。

确认后可能的状态有"（到达）确认""（到达离开）确认"和"（到达确认）离开"。

3. 确认报警的方法

可以用下列方式确认报警：

1）在运行系统中，用户根据组态情况通过下列方式之一手动确认报警：使用 HMI 设备上的确认键〈ACK〉；使用报警视图中的确认按钮；使用组态的功能键或画面中的按钮。

2）由 PLC 的控制程序来置位指定的变量中的一个特定位，以确认离散量报警（见5.1.6节）。报警被确认时，指定的 PLC 变量中的特定位将被置位。

3）通过函数列表或脚本中的系统函数确认。

4. 运行系统中报警的显示

WinCC 提供在 HMI 设备上显示报警的下列图形对象：

（1）报警视图

报警视图用于显示在报警缓冲区或报警记录中选择的报警或事件。报警视图在画面中组态，可以组态具有不同内容的多个报警视图。根据组态，可以同时显示多个报警消息。

（2）报警窗口

报警窗口在"全局画面"编辑器中组态。根据组态，在属于指定报警类别的报警处于激活状态时，报警窗口将会自动打开。报警窗口关闭的条件与组态有关。

报警窗口保存在它自己的层上，在组态其他画面时它被隐藏。

（3）报警指示器

报警指示器是一个图形符号，在"全局画面"中组态它。在指定报警类别的报警被激活时，该符号便会出现在屏幕上，可以用拖拽的方法改变它的位置。

（4）电子邮件通知

带有特定报警类别的报警到达时，若要通知除操作员之外的人员（例如工程师），某些HMI 设备可以将该报警类别发送给指定的电子邮件地址。

（5）系统函数

可以为与报警有关的事件组态一个函数列表。事件发生时，在运行系统中执行这些函数。

5. 运行系统报警属性的设置

打开博途，创建一个名为"精智面板报警"的项目（见随书光盘中的同名例程）。PLC_1 为 CPU 315-2PN/DP，HMI_1 为 4in 的精智系列面板 KTP400 Comfort，它们的 PN 接口采用默认的 IP 地址和子网掩码。在网络视图中生成基于以太网的 HMI 连接。

双击项目视图的"\HMI_1"文件夹中的"运行系统设置"，选中打开的"运行系统设置"编辑器左边窗口中的"报警"（见图5-1），可以进行与报警有关的设置。一般使用默认的设置。要在运行系统中以各种颜色显示报警类别，必须激活"报警类别颜色"复选框。

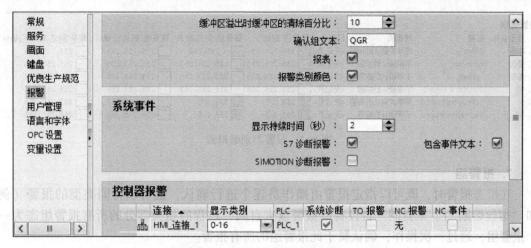

图 5-1　运行系统的报警设置

如果 PLC 连接到多个 HMI 设备，项目工程师应为这些控制器报警分配相应的显示类别。只有来自指定的显示类别的控制器报警才会在 HMI 设备上显示。

在图 5-1 的"控制器报警"域，可以激活要在 HMI 设备上显示的显示类别。在此情况下，只有来自此显示类别的控制器报警会在 HMI 设备上显示。最多允许 17 个显示类别（0 - 16）。

6. HMI 报警属性的设置

双击项目视图的"\HMI_1"文件夹中的"HMI 报警"，在"报警类别"选项卡（见图 5-2），可以创建和编辑报警类别，随后可以将报警分配到报警编辑器中的某一报警类别。一共可以创建 16 个报警类别。下面是自动生成的最常用的 4 种报警类别。

1）Errors（事故或错误）：指示紧急的或危险的操作和过程状态，这类报警必须确认。

2）Warnings（警告）：指示不太紧急或不太危险的操作和设备状态，不需要确认。

3）System（系统）：提示操作员有关 HMI 设备和 PLC 的操作错误或通信故障等信息。

4）Diagnosis events（诊断事件）：包含 PLC 中的状态和事件，这类报警不需要确认。

可以通过巡视窗口，或者直接在报警类别的表格中，修改报警类别的"显示名称"，设置是否需要确认和是否需要生成数据记录，还可以设置每个报警类别不同状态的背景色和是否需要闪烁。

运行时报警消息中使用的是报警类别的"显示名称"。系统默认的 Error 和 System 类别的"显示名称"分别为字符"！"和"$"，不太直观，图 5-2 中将它们改为"事故"和"系统"。Warnings 类别没有显示名称，设置它的显示名称为"警告"。将错误类别"到达离去"的背景色改为浅蓝色。

选中"事故"类别，再选中巡视窗口的"属性 > 常规 > 状态"（见图 5-3），"到达""离开"和"已确认"这三种状态分别用字母 I、O、A 作为报警消息中的文本，很不直观。将它们的文本分别修改为"到达""离开"和"确认"。选中"警告"类别，做同样的操作。因为警告不需要确认，"已确认"文本框为灰色，表示不能更改。对"系统"类别做同样的操作。

报警类别

	显示名称	名称	状态机	日志	背景色"到达"	背景色"到达/离去"	背景色"到达/已确认"	背景"到达/离去/已确认"
🔲	事故	Errors	带单次确认的报警	<无记录>	■ 255, 101, 99	■ 0, 255, 255	☐ 255, 255, 255	☐ 255, 255, 255
🔲	警告	Warnings	不带确认的报警	<无记录>	☐ 255, 255, 255	☐ 255, 255, 255	☐ 255, 255, 255	☐ 255, 255, 255
🔲	系统	System	不带确认的报警	<无记录>	☐ 255, 255, 255	☐ 255, 255, 255	☐ 255, 255, 255	☐ 255, 255, 255
🔲	S7	Diagnosis events	不带确认的报警	<无记录>	☐ 255, 255, 255	☐ 255, 255, 255	☐ 255, 255, 255	☐ 255, 255, 255
🔲	A	Acknowledgement	带单次确认的报警	<无记录>	■ 255, 0, 0	■ 255, 0, 0	☐ 255, 255, 255	☐ 255, 255, 255
🔲	NA	No Acknowledge...	不带确认的报警	<无记录>	■ 255, 0, 0	■ 255, 0, 0	☐ 255, 255, 255	☐ 255, 255, 255

图 5-2 报警类别编辑器

7. 报警组

在组态报警时，既可以指定报警由操作员逐个进行确认，也可以将同类型的报警（例如"熔丝熔断"）、来自同一台设备的报警或来自同一过程的相关部分的所有报警组态为一个报警组，通过一次操作，确认属于此报警组的所有报警。

打开图 5-2 中的"报警组"选项卡，默认的报警组名称为 Alarm_group_1 ~ Alarm_group_16，可以修改报警组的名称，也可以根据需要创建自定义报警组（例如驱动 1）。

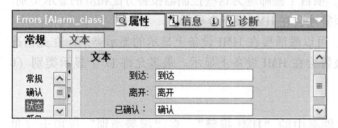

图 5-3 报警状态的文本组态   图 5-4 PLC 的默认变量表

5.1.2 组态报警

1. 组态离散量报警

在 PLC 的默认变量表中创建变量"事故信息"（见图 5-4），数据类型为 Word（字），绝对地址为 MW10。在 HMI 的默认变量表中（见图 5-5），设置其"采集模式"为"循环连续"，采集周期为 100 ms。

默认变量表

	名称 ▲	数据类型	连接	PLC 名称	PLC 变量	地址	访问模式	采集周期	采集模式	已记录
🔲	事故信息	Word	HMI_连...	PLC_1	事故信息	%MW10 ▼	<绝对访问>	100 ms	循环连续 ▼	☐

| 离散量报警 | 模拟量报警 | 记录变量 |

	ID	报警文本	报警类别	触发变量	触发位 ▲	触发器地址	确认变量	确认位	HMI 确认地址	报警组
🔲	1	<变量：5, 转速>机组超速	Errors	事故信息	0	%M11.0	报警确认	0	%M3.0	Alarm_group_1
🔲	2	机组过流	Errors	事故信息	1	%M11.1	<无变量>	0		Alarm_group_1
🔲	3	机组过压	Errors	事故信息	2	%M11.2	<无变量>	0		<无报警组>
🔲	4	差压保护	Errors	事故信息	3	%M11.3	<无变量>	0		<无报警组>
🔲	5	失磁保护	Errors	事故信息	4	%M11.4	<无变量>	0		<无报警组>
🔲	6	调速器故障	Errors	事故信息	5	%M11.5	<无变量>	0		<无报警组>

图 5-5 在 HMI 的默认变量表中组态离散量报警

可以在 HMI 的变量表中组态报警（见图 5-5）。双击项目树的"HMI_1"文件夹中的"HMI 报警"，也可以在 HMI 报警编辑器中组态报警（见图 5-6）。

可以直接在表格中组态报警的参数。选中某条报警，也可以用巡视窗口组态报警的参数。

一个字有 16 位，可以组态 16 个离散量报警。分别使用"事故信息" MW10 的第 0 位~第 5 位（即 V11.0~V11.5），触发发电机的机组过速、机组过流、机组过压、差压保护、失磁保护和调速器故障这 6 种事故。

在"HMI 报警"编辑器的"离散量报警"选项卡中（见图 5-6），单击第 1 行"ID"列的"<添加>"，输入报警文本（对报警的描述）"机组过速"，报警的 ID（即编号）用于识别报警，是自动生成的，用户也可以修改。离散量报警用指定的字变量的某一位来触发，模拟量报警用变量的限制值来触发。报警文本中的"变量：5，转速"的意义将在后面介绍。

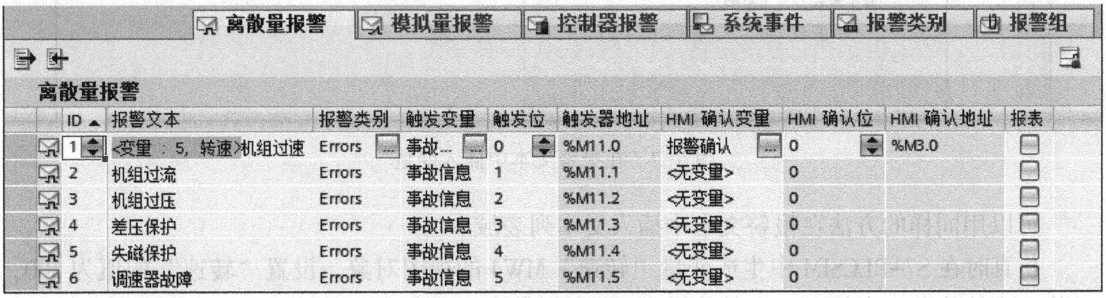

	ID ▲	报警文本	报警类别	触发变量	触发位	触发器地址	HMI 确认变量	HMI 确认位	HMI 确认地址	报表
	1	<变量：5，转速>机组过速	Errors	事故...	0	%M11.0	报警确认	0	%M3.0	☐
	2	机组过流	Errors	事故信息	1	%M11.1	<无变量>	0		☐
	3	机组过压	Errors	事故信息	2	%M11.2	<无变量>	0		☐
	4	差压保护	Errors	事故信息	3	%M11.3	<无变量>	0		☐
	5	失磁保护	Errors	事故信息	4	%M11.4	<无变量>	0		☐
	6	调速器故障	Errors	事故信息	5	%M11.5	<无变量>	0		☐

🗹 离散量报警　🗹 模拟量报警　🗔 控制器报警　🖳 系统事件　🗔 报警类别　📖 报警组

离散量报警

图 5-6　离散量报警编辑器

单击图 5-6 的"报警类别"列右边的隐藏的▣按钮，在出现的对话框中选择报警类别为"Errors"。

单击"触发变量"单元中右边隐藏的▣按钮，在出现的对话框中，选中 PLC 的默认变量表定义的变量"事故信息"。

单击"触发位"单元中右边的⬍按钮，可以增、减该报警在字变量中的位号。

组态"机组过速"和"机组过流"都属于报警组"Alarm_group_1"（见图 5-5）。运行时在报警窗口选中该报警组的某一条报警消息，单击一次"确认"按钮，就能同时确认该组的全部报警。图 5-6 隐藏了"报警组"列。

组态完第一个报警后，单击第二行，将会自动生成第二个报警，报警的 ID 号和"触发位"自动加 1，本例只需要输入报警文本就可以了。

可以通过激活离散量报警或模拟量报警表格右边的"报表"复选框，启用该报警的记录功能。报警事件保存在报警记录中，记录文件的容量受限于存储介质和系统限制。

选中某条报警，再选中巡视窗口的"属性 > 属性 > 信息文本"，将与报警有关的信息写入右边窗口的文本框。系统运行时选中报警视图中的该报警消息后，操作员单击"工具提示"按钮🔳，信息文本将在弹出的窗口中显示。

2. 在报警文本中插入变量的值

可以在报警文本中插入变量值。双击项目树的"HMI_1"文件夹中的"HMI 报警"，打开报警编辑器（见图 5-7），两次单击选中 1 号离散量报警的报警文本"机组过速"，再用鼠标右键单击它，执行快捷菜单中的命令"插入变量域"。指定要显示的过程变量为"转速" MW4,输出域的长度为 5 个字符,报警文本中变量值输出的显示格式为十进制。操作结束后报警文本列显示"<变量:5,转速>机组过速"。

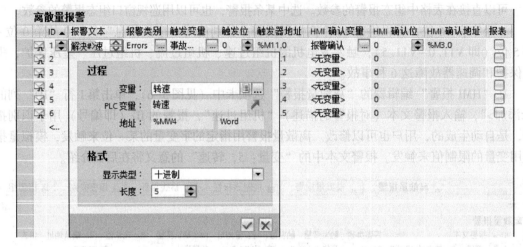

图 5-7　在报警文本中插入变量

可以用同样的方法在报警文本中插入文本列表域。

仿真时在 S7-PLCSIM 中生成变量"转速" MW4 的视图对象。设置"转速"的值为 500,并将"事故信息"中的 M11.0 的值设为 1,在报警窗口和报警视图中,出现报警文本"到达500 机组过速"(见图 5-21),其中的"500"是报警文本中插入的变量"转速"的值。

3. 组态模拟量报警

某设备的正常温度范围为 650~750℃,750~800℃ 之间应发出警告信息"温度升高"(见图 5-8),600~650℃ 之间应发出警告信息"温度降低"。大于 800℃ 为温度过高,小于600℃ 为温度过低,应发出错误(或称事故)信息。

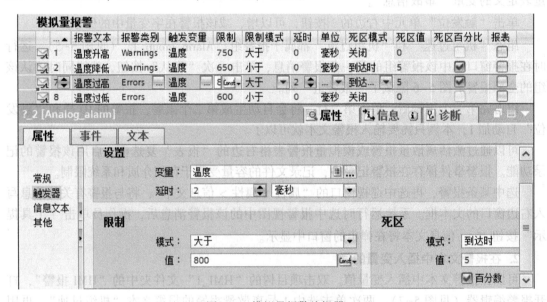

图 5-8　模拟量报警编辑器

打开"HMI 报警"编辑器的"模拟量报警"选项卡，单击模拟量报警编辑器的第 1 行，输入报警文本"温度过高"，报警类别为 Errors（事故）。报警编号（ID）为 1，是自动生成的，用户可以修改它。选中巡视窗口的"属性 > 属性 > 触发器"，设置触发变量为"温度"，在设置的延时时间 2 ms 过去之后触发条件仍然存在时才触发报警。限制模式为"大于"，限制值为 800。单击 Const▾ 按钮，可以选择限制值为常数或由变量（HMI_Tag）提供。

　　如果过程值围绕极限值 800 波动，则会多次触发"温度过高"报警。为了防止这种情况发生，应组态死区。死区的"模式"可以选择"关闭"（没有死区）、"到达时""离去时"或"到达/离去时"。图 5-8 中"温度过高"报警的死区模式为"到达时"，死区值为 5%。由仿真可知，温度值大于 840℃（800×105%）时才能触发"温度过高"报警，温度小于等于 800℃时"温度过高"报警消失。也可以在表格中设置上述参数。

　　要连续记录运行系统报警，可以勾选图 5-8 表格右边的"报表"复选框。

　　为了和离散量报警的"事故"类别统一编号，将"温度过高"和"温度过低"的编号由默认的 1 和 2 改为 7 和 8。两个警告的编号设置为 1 和 2。

　　也可以在 HMI 的默认变量表中组态模拟量报警，图 5-9 给出了一个例子。

	名称 ▲	数据类型	连接	PLC 名称	PLC 变量	地址	访问模式	采集周期	已记录	源注释
	温度	Int	HMI_连…	PLC_1	温度	%I… ▾	<绝对访问>	1 s		
	转速	Int	HMI_连接_1	PLC_1	转速	%MW4	<绝对访问>	1 s		

默认变量表

离散量报警　**模拟量报警**　记录变量

		报警文本	报警类别	触发变量	限制	限制模式	延时	单位	死区模式	死区值	死区百分比	报表
	1	温度升高	Warnings	温度	750	大于	0	毫秒	关闭	0		
	2	温度降低	Warnings	温度	650	小于	0	毫秒	到达时	5	☑	
	7	温度过高	Errors	温度	800	大于	2	毫秒	到达时	5	☑	
	8	温度过低	Errors	温度	600	小于	0	毫秒	关闭	0		

图 5-9　在 HMI 的默认变量表中组态模拟量报警

5.1.3　组态报警视图

　　报警视图用于显示报警消息。将工具箱的"控件"窗格中的报警视图拖拽到根画面中，用鼠标调节它的位置和大小。

　　选中巡视窗口的"属性 > 属性 > 常规"，设置要启用哪些报警（见图 5-10）。报警事件存储在内部缓冲区中。一般选中"报警缓冲区"，报警视图将显示所选报警类别当前的和过去的报警消息。

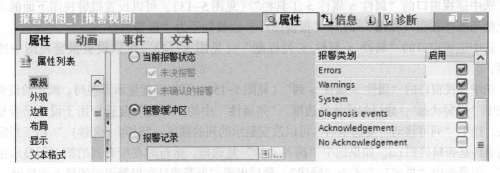

报警视图_1 [报警视图] 🔍属性　ℹ️信息　🛈　诊断

| 属性 | 动画 | 事件 | 文本 |

📑 属性列表

常规
外观
边框
布局
显示
文本格式

○ 当前报警状态
　☑ 未决报警
　☑ 未确认的报警
◉ 报警缓冲区
○ 报警记录

报警类别	启用
Errors	☑
Warnings	☑
System	☑
Diagnosis events	☑
Acknowledgement	☐
No Acknowledgement	☐

图 5-10　报警视图的常规组态

如果用单选框选中"当前报警状态"，只能显示所选的报警类别当前被激活的报警消息。

如果选中"报警记录"，并用它下面的选择框选中一个已有的报警记录，在运行系统中，已记录的报警将用报警视图输出。为此首先应创建一个报警记录，并在报警编辑器中勾选要记录的报警的"报表"复选框（见图5-9）。

选中巡视窗口的"属性 > 属性 > 布局"（见图5-11），可以设置视图的显示类型为"高级"或"报警行"，每个报警的行数和可见的报警数。如果选中复选框"自动调整大小"，将会根据"每个报警的行数"和"可见报警"个数的设置值，自动调整报警视图的高度。

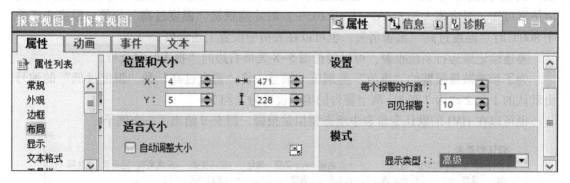

图5-11　报警视图的布局组态

选中巡视窗口的"属性 > 属性 > 显示"（见图5-12），可以设置是否显示滚动条、网格和焦点的宽度。如果在"用于显示区的控制变量"域定义了一个用于指定时间的变量，报警视图只显示存储在该变量中的时间之后的报警消息。

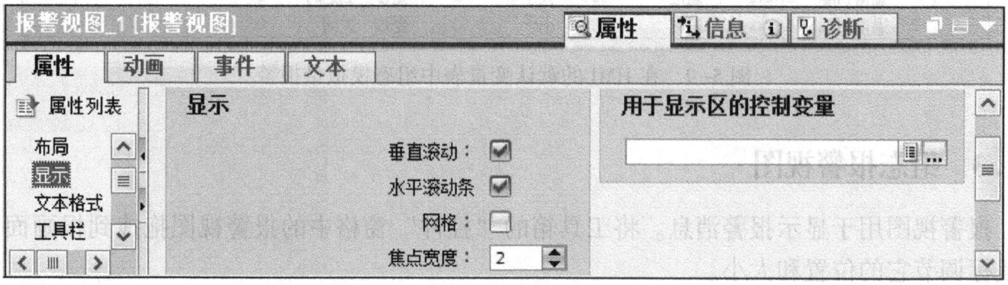

图5-12　报警视图的显示组态

选中巡视窗口的"属性 > 属性 > 工具栏"（见图5-13），可以设置报警视图下面的工具栏上使用哪些按钮（见图5-21）。"报警循环"也被翻译为"报警回路"。

选中巡视窗口的"属性 > 属性 > 列标题"（见图5-14），可以设置报警视图中的列标题。

选中巡视窗口的"属性 > 属性 > 列"（见图5-15），可以设置显示哪些列。默认的设置是未选中"报警状态"，建议勾选该复选框。"列属性"中的"标题"复选框用于设置是否显示表头，选中"列可移动"复选框后，可以改变显示的列的顺序。"时间（毫秒）"用于指定显示的事件是否精确到ms。如果选中"跨列文本"复选框，运行时在所有列的第二行显示报警文本。如果选中"排序"方式为"降序"，最后出现的报警消息在报警视图的最上面显示。

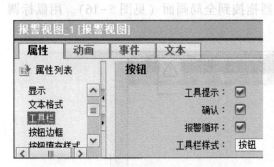

图 5-13　报警视图的工具栏组态

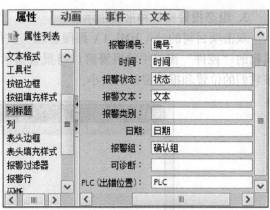

图 5-14　报警视图的列标题组态

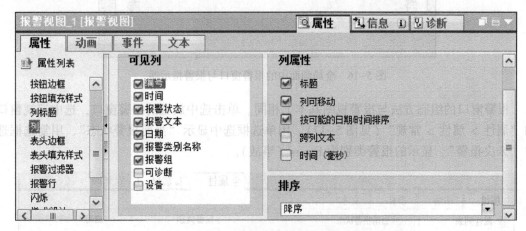

图 5-15　报警视图的列组态

选中巡视窗口的"属性 > 属性 > 报警过滤器",可以设置过滤器字符串和字符串类型的过滤器变量。在运行系统的扩展报警视图中,可以过滤显示内容,仅显示报警文本中包含指定的完整字符串的所有报警消息。

5.1.4　组态报警窗口与报警指示器

1. 报警窗口

报警窗口与报警指示器在"全局画面"编辑器中组态,不能将报警窗口分配给其他画面。报警窗口的显示和组态与报警视图类似。组态的报警类别的报警处于激活状态时,报警窗口自动打开。

2. 报警指示器

报警指示器是一个图形符号,指定报警类别的报警被激活时,该符号便会显示在屏幕上。报警指示器有两种状态:

1)闪烁:至少存在一条需要确认的未决(未消失的)报警。

2)静态:报警已被确认,但是至少有一条报警消息事件尚未消失。报警指示器中的数字指示当前的报警消息个数。

3. 组态报警窗口和报警指示器

双击项目树的"\ HMI_1 \ 画面管理"文件夹中的"全局画面",打开全局画面。将工具箱的"控件"窗格中的报警窗口与报警指示器拖拽到全局画面(见图5-16)。用鼠标调节它们的位置和报警窗口的大小。

图5-16　全局画面中的报警窗口与报警指示器

报警窗口的组态方法与报警视图基本上相同。单击选中放置的报警窗口,选中巡视窗口的"属性 > 属性 > 常规"(见图5-17),用单选框选中显示"当前报警状态",用复选框选中"未决报警"。显示的报警类别为Errors(事故)。

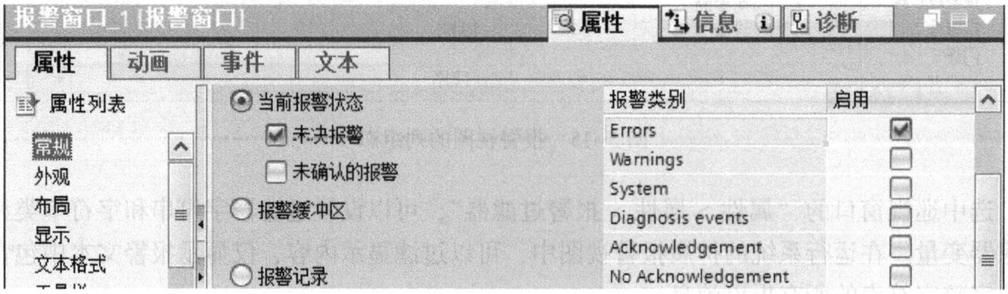

图5-17　报警窗口的常规组态

如果用单选框选中"当前报警状态",只能显示所选的报警类别当前被激活的报警。下面是报警消息消失的条件:

1)只选中"未决报警"(Pending Alarm)复选框,不管该报警是否被确认,只要处于"离开"(已决)状态时该报警消息就会消失。

2)只选中"未确认的报警"复选框,不管该报警是否离开,只要该报警被确认,它的报警消息就会消失。

3)同时选中或同时不选中"未决报警"和"未确认的报警"复选框时,同时处于被确认和"离开"状态时报警消息才会消失。

选中报警窗口,再选中巡视窗口的"属性 > 属性 > 布局",设置每个报警消息的行数为1,可见报警消息的个数为10。选择"显示类型"为"高级",未激活"自动调整大小"复选框。如果选择"显示类型"为报警行,报警窗口只显示一行报警消息。

选中巡视窗口的"属性 > 属性 > 显示",勾选"水平滚动条"和"垂直滚动"复选框。

选中巡视窗口的"属性 > 属性 > 工具栏"（见图5-13），设置只使用报警视图下面的工具栏的"工具提示"和"确认"按钮。

选中巡视窗口的"属性 > 属性 > 模式"（见图5-18），用复选框选中"自动显示"（报警被激活时自动显示报警窗口）、"可关闭"（设置的时间到时自动关闭窗口）和"可调整大小"（用户可以更改运行系统中报警窗口的大小）。此外，启用了标题，标题为"未决报警"。

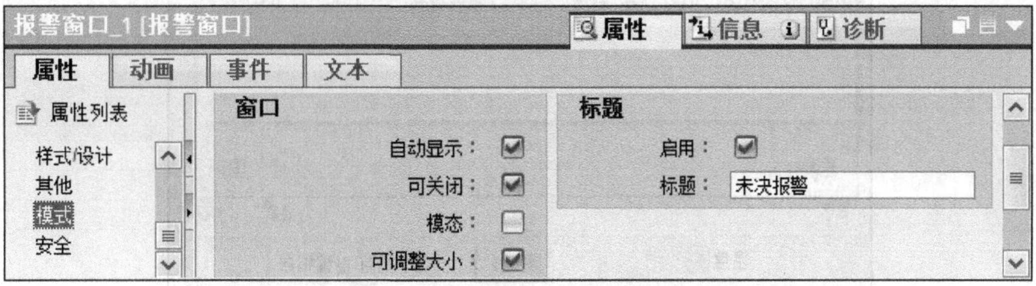

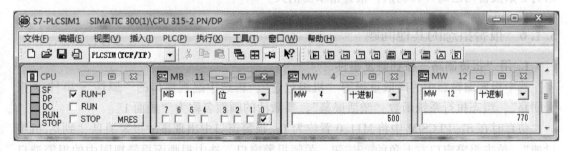

图 5-18　报警窗口的模式组态

可以在"运行系统设置"编辑器中（见图5-1），设置显示系统事件的持续时间。

巡视窗口的"属性 > 属性"选项卡的其他属性的设置与前述的报警视图基本上相同。

如果要显示系统报警消息，可以用同样的方法生成另外一个报警窗口，在图5-17中组态显示"当前报警状态"和"未决报警"，报警类别为System（系统）。在图5-18中启用标题"未决的系统事件"。

5.1.5　报警系统的仿真

选中项目树中的"PLC_1"，单击工具栏上的"开始仿真"按钮，启动S7-PLCSIM，在"扩展的下载到设备"对话框中，设置PG/PC接口为"PLCSIM"，接口/子网的连接为"PN/IE_1"，将程序下载到仿真PLC，将CPU切换到RUN-P模式。在S7-PLCSIM中生成变量"转速"（MW4）、"温度"（MW12）和"事故信息"MW10的低位字节MB11的视图对象（见图5-19），设置温度为正常值740，转速值为500。

图 5-19　S7-PLCSIM

选中项目树中的"HMI_1"，单击工具栏的"开始仿真"按钮，编译成功后，出现仿真面板，显示根画面。

121

用 S7-PLCSIM 设置温度值为 880，按回车键后确认。报警窗口在当前被打开的根画面中出现，报警窗口中的错误信息为"到达 温度过高"（见图 5-20），同时出现闪动的报警指示器。可以用鼠标调节各列的宽度，例如"状态"列太窄，需要把它调宽一些。在画面中可以将报警指示器拖动到任意的位置。

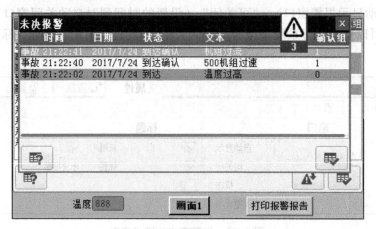

图 5-20　运行中的报警窗口与报警指示器

分别令 S7-PLCSIM 中的 M11.1 和 M11.0 为 1 状态，报警窗口中出现事故报警消息"到达 500 机组过速"和"到达 机组过流"。报警指示器上的数字变为 3，表示当前有 3 条报警消息。

单击窗口右边的"确认"按钮 🖺，因为"机组过压"和"机组过流"属于同一个确认组，它们被同时确认，它们的状态均变为"到达确认"（见图 5-20）。

分别令 S7-PLCSIM 中的 M11.1 和 M11.0 为 0 状态，报警窗口中的报警消息"机组过流"和"机组过压"消失。报警指示器上的数字变为 1，表示当前只有 1 条报警消息。在运行模拟器中设置温度为正常值 722，报警窗口消失，报警指示器显示 0。出现事故消息"（到达）离开 温度过高"和警告消息"（到达）离开 温度升高"。

图 5-10 报警视图的常规属性组态选中了复选框"报警缓冲区"，报警视图显示当前的和历史的报警事件。选中出现的根画面中的报警视图中的报警消息"温度过高"（见图 5-21），单击"确认"按钮 🖺，出现"温度过高"的状态为"（到达离开）确认"的消息，因为 3 条报警均已离开和确认，报警指示器消失。

5.1.6　报警组态的其他问题

1. 用"报警回路"按钮触发事件

选中报警编辑器中的离散量报警"机组过速"，再选中巡视窗口的"属性 > 事件 > 报警回路"，组态执行系统函数"激活屏幕"，要激活的画面名称为"画面 1"。

仿真时在 S7-PLCSIM 中将 M11.0 置位为 1，报警窗口中出现事故报警消息"到达 机组过速"。单击报警窗口右上角的 × 按钮，关闭报警窗口。选中根画面报警视图中的报警消息"机组过速"，单击图 5-21 中的"报警回路"按钮 🔼，将会跳转到组态的"画面 1"。返回报警视图所在的根画面，可以看到在画面切换的同时，"机组过速"报警被确认。双击报警消息"机组过速"，也可以切换到画面_1。

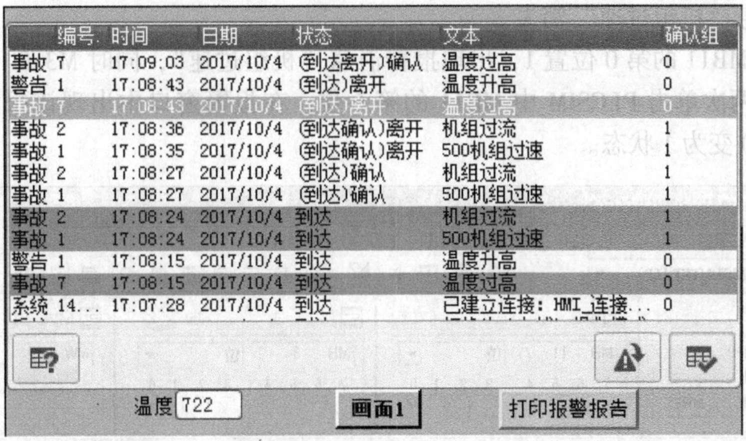

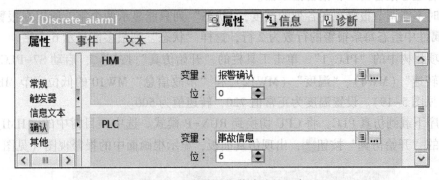

编号 时间 日期 状态 文本 确认组
事故 7 17:09:03 2017/10/4 (到达离开)确认 温度过高 0
警告 1 17:08:43 2017/10/4 (到达)离开 温度升高 0
事故 7 17:08:43 2017/10/4 (到达)离开 温度过高 0
事故 2 17:08:36 2017/10/4 (到达确认)离开 机组过流 1
事故 1 17:08:35 2017/10/4 (到达确认)离开 500机组过速 1
事故 2 17:08:27 2017/10/4 (到达)确认 机组过流 1
事故 1 17:08:27 2017/10/4 (到达)确认 500机组过速 1
事故 2 17:08:24 2017/10/4 到达 机组过流 1
事故 1 17:08:24 2017/10/4 到达 500机组过速 1
警告 1 17:08:15 2017/10/4 到达 温度升高 0
事故 7 17:08:15 2017/10/4 到达 温度过高 0
系统 14... 17:07:28 2017/10/4 到达 已建立连接：HMI_连接... 0
温度 722
画面1
打印报警报告

图 5-21　运行中的报警视图

组态时选中某条报警，打开巡视窗口的“属性 > 事件”选项卡，还可以设置报警到达、离开和确认时要执行的系统函数或脚本。

2. 用 PLC 中的位变量实现离散量报警的确认

可以用 PLC 中的位变量来确认离散量报警。选中 HMI 报警编辑器的离散量报警选项卡中的报警“机组过速”，再选中巡视窗口的“属性 > 属性 > 确认”（见图 5-22），设置在出现“机组过速”报警时，将 PLC 中的变量“事故信息”（MW10）的第 6 位置 1，就可以确认“机组过速”报警。

?_2 [Discrete_alarm]
属性
信息
诊断
属性
事件
文本
常规
触发器
信息文本
确认
其他
HMI
变量：
报警确认
位：
0
PLC
变量：
事故信息
位：
6

图 5-22　离散量报警确认的组态

该报警被 PLC 或报警视图中的“确认”按钮确认后，PLC 中的 Word 型字变量“报警确认”（MW2）的第 0 位（即 M3.0）将被 HMI 置 1，通知 PLC 该报警已被确认。

选中项目树中的“PLC_1”，单击工具栏的“开始仿真”按钮，启动 S7-PLCSIM，将程序下载到仿真 PLC，将 CPU 切换到 RUN-P 模式。选中项目树中的“HMI_1”，单击工具栏的“开始仿真”按钮，出现仿真面板。

在 S7-PLCSIM 中生成变量“报警确认”（MW2）的低位字节 MB3 和变量“事故信息”的低位字节 MB11 的视图对象（见图 5-23），它们都用二进制位的形式显示。将 MB11 的第 0 位（最低位）置 1，在报警窗口中，出现报警消息“机组过速”，单击“确认”按钮，图 5-22 中设置的“报警确认”字 MW2 的第 0 位（即 M3.0）被置 1。将 MB11 的第 0 位清

0后，报警消息"机组过速"消失。

第 2 次将 MB11 的第 0 位置 1，出现报警消息"机组过速"，同时 M3.0（报警已确认）被自动清零。两次单击 PLCSIM 中 MB11 的第 6 位，在报警窗口中出现该报警被确认的消息，同时 M3.0 变为 1 状态。

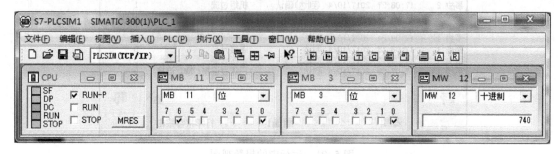

图 5-23　S7-PLCSIM

5.1.7　精简系列面板报警的组态与仿真

项目"精简面板报警"（见随书光盘中的同名例程）的 PLC_1 为 CPU 315-2PN/DP，HMI_1 为 4in 的精简系列面板 KTP400 basic PN。在网络视图中生成基于以太网的 HMI 连接。

离散量报警、模拟量报警、报警视图、报警窗口和报警指示器的组态与项目"精智面板报警"基本上相同。但是精简系列面板需要组态的参数比精智系列面板要少一些。此外该例程没有组态报警窗口和报警指示器。

运行时不能调节报警视图各列的宽度，"状态"列只能显示两个字，所以在报警视图的"布局"属性中组态每条报警的行数为 2 行，这样"状态"列最多能显示 6 个字。

选中项目树中的"PLC_1"，单击工具栏的"开始仿真"按钮，启动 S7-PLCSIM，生成变量"转速"（MW4）、"温度"（MW12）和"事故信息"MW10 的低位字节 MB11 的视图对象（见图 5-19）。设置温度为正常值 720，转速值为 500。

将程序下载到仿真 PLC，将 CPU 切换到 RUN-P 模式。选中项目树中的"HMI_1"，单击工具栏的"开始仿真"按钮，出现仿真面板，显示根画面中的报警视图（见图 5-24）。

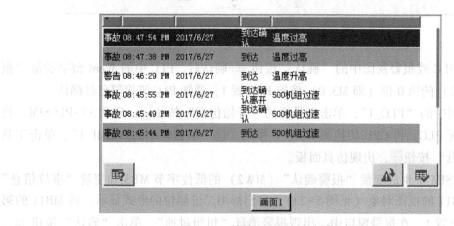

图 5-24　精简系列面板的报警视图

刚启动 WinCC 的运行系统的时候，出现"切换为'在线'操作模式"和"已建立连接……"等系统报警消息。

令 S7-PLCSIM 中的"事故信息" MW10 中的 M11.0 的值为 1，在报警视图中，出现报警消息"到达 500 机组过速"，其中的"500"是报警文本中插入的变量"转速"的值。单击报警视图右下角的确认按钮 ▣，出现状态为"到达确认"的"机组过速"报警消息。令 M11.0 为 0 状态，出现状态为"到达确认离开"的"机组过速"报警消息。

将温度值 MW12 设为 760，出现警告"到达 温度升高"。将温度值设为 860，出现的事故报警消息为"到达 温度过高"。单击报警窗口右边的"确认"按钮 ▣，出现事故报警消息"到达确认 温度过高"。

将温度值的值改为正常值（例如 740），出现事故报警消息"到达确认离开 温度过高"，还出现了警告"到达离开 温度升高"。

事故到达报警消息的背景色为红色，这是在报警类别编辑器中组态的。选中与"机组过速"有关的报警消息，单击图 5-24 中的"报警循环"按钮 ▲，将会跳转到组态的"画面 1"。

在出现报警消息"到达 500 机组过速"时，可以用组态的 M11.6 来确认该报警。该报警被确认时，组态的 M3.0 变为 1 状态。

5.2 系统诊断的组态与仿真

1. 系统诊断视图和系统诊断窗口

系统诊断视图显示工厂中全部可访问设备的当前状态和详细的诊断数据。可以直接浏览到错误的原因，访问在"设备和网络"编辑器中组态的所有具有诊断功能的设备。

系统诊断窗口只能在全局画面中使用，其功能与系统诊断视图完全相同。只有精智面板和 WinCC RT Advanced 才能使用 HMI 系统诊断的所有功能。精简系列面板只能使用系统诊断视图，不能使用系统诊断窗口和系统诊断指示器。

2. 生成 DP 主站系统和建立 HMI 连接

打开博途，创建一个名为"精智面板系统诊断"的项目（见随书光盘中的同名例程）。PLC_1 为 CPU 315-2PN/DP，HMI_1 为 7in 的精智系列面板 TP700 Comfort。

打开网络视图，用鼠标右键单击 HMI_1 的 DP/MPI 接口，选中巡视窗口的"属性 > 常规 > MPI 地址"，在右边窗口将接口类型改为 PROFIBUS，设置网络地址为 1。用同样的方法将 PLC_1 的 DP/MPI 接口设置为 PROFIBUS，网络地址为默认的 2。

将右边的硬件目录窗口的"\分布式 I/O\ET200S\接口模块\PROFIBUS\IM151-1 标准型"文件夹中的接口模块拖拽到网络视图，默认的网络地址为 3。双击生成的 ET 200S 站点，打开它的设备视图，插入电源模块 PM、DI、DO 和 AO 模块。设置 AO 模块的通道 0 的输出范围为 4~20mA，有断路诊断功能，地址为 PQW256。

返回网络视图，默认的情况下工具栏左边的"网络"按钮被按下，用鼠标右键单击 PLC_1 的 DP 接口，执行快捷菜单命令"添加主站系统"，生成 DP 主站系统。单击 ET 200S 方框内蓝色的"未分配"，再单击出现的小框中的"PLC_1.MPI/DP 接口_1"，PLC 和 ET 200S 之间生成双线的 PROFIBUS 网络。"未分配"变为"CPU 315-2PN/DP"（见图 5-25）。

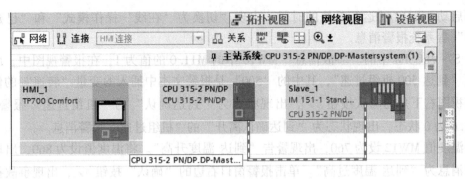

图 5-25　DP 主站系统

单击按下工具栏左上角的"连接"按钮，它右边的下拉式列表自动选中"HMI 连接"。用拖拽的方法连接 PLC_1 和 TP700 Comfort 的 DP 接口，生成"HMI_连接_1"（见图 5-26）。

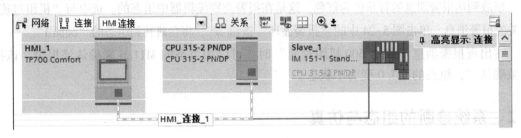

图 5-26　HMI 连接

3. 生成用于系统诊断的代码块和数据块

双击网络视图中的 PLC，打开 PLC 的设备视图。选中 CPU，然后选中巡视窗口中的"属性 > 常规 > 系统诊断 > 常规"，勾选复选框"激活该设备的系统诊断"。

右键单击项目树中的 PLC_1，然后选中快捷菜单中的"编译"→"硬件和软件（仅更改）"，编译成功后，在项目树文件夹"程序块"中自动生成了用于故障诊断的 OB82、OB83、OB85 和 OB86，以及"\程序块\系统块\系统诊断"文件夹中用于系统诊断的 FB49、FC49 和数据块。OB1、OB82、OB83 和 OB86 中有自动生成的调用 FB49 的指令。

组态 S7-1500 的 CPU 的"系统诊断"时可以看到，系统诊断功能被自动激活，并且不能更改。用于系统诊断的代码块和数据块在操作系统中，用户看不到它们。

4. 组态系统诊断视图和系统诊断窗口

将工具箱的"控件"窗格中的系统诊断视图拖拽到精智面板的根画面中，用鼠标调节它的位置和大小。

单击系统诊断视图，选中巡视窗口的"属性 > 属性 > 列 > 设备/详细视图"（见图 5-27），用复选框启用两个视图要显示的列。可以自定义列标题，修改设备视图默认的列宽度。在系统运行时也可以修改列的宽度。

"诊断缓冲区视图"与"设备/详细视图"的列组态方法基本上相同。

选中巡视窗口的"属性 > 属性 > 布局"（见图 5-28），勾选复选框"可移动的列"，可以在运行系统中移动列。勾选复选框"显示拆分视图"，在运行系统中系统诊断视图将被拆分为两个区域，顶部区域显示设备视图，底部区域显示详细视图。如果打开诊断缓冲区视

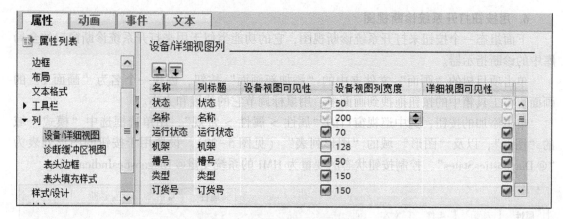

图 5-27   组态设备/详细视图的列

图，上面区域将显示诊断缓冲区的事件列表，底部区域显示选中的事件的详细信息和错误可能的原因。

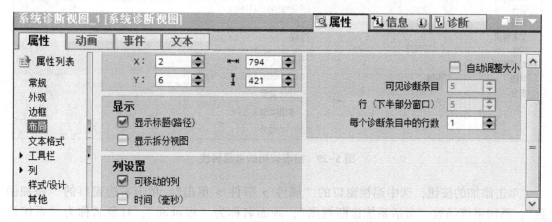

图 5-28   组态系统诊断视图的布局

双击打开项目树的文件夹"\HMI_1\画面管理"中的全局画面。将工具箱的"控件"窗格中的"系统诊断窗口"拖拽到全局画面中，用鼠标调节它的位置和大小。其组态方法与系统诊断视图相同。

5. 添加系统诊断指示器

系统诊断指示器是全局库中的一个预定义的图形符号，用于对系统中的错误发出警告。它可以显示有错误和无错误两种状态。

打开全局库的文件夹"\Buttons and Switches\主模板\DiagnosticsButtons\Comfort Panels and RT Advanced"，将其中的 DiagnosticsIndicator（诊断指示器）拖拽到根画面的底端（见图 5-34）。

选中诊断指示器，再选中巡视窗口中的"属性 > 事件 > 单击"，组态单击它时调用系统函数"显示系统诊断窗口"，对象名称为已组态的系统诊断窗口 SysDiagWindow_1。

如果运行系统中出现了错误消息，诊断指示器的背景色将变为红色。单击诊断指示器，将打开系统诊断窗口，后者将显示受影响的设备的详细视图。

6. 用按钮打开系统诊断视图

下面组态一个按钮来打开系统诊断视图，它的功能类似于用来打开系统诊断窗口的全局库中的诊断指示器。

单击项目树的"画面"文件夹中的"添加新画面"按钮，创建一个名为"画面 1"的画面。将工具箱中的按钮拖拽到画面中，用鼠标调节它的位置和大小。

单击添加的按钮，选中巡视窗口的"属性 > 属性 > 常规"，用单选框选中"模式"域的"图形"，以及"图形"域的"图形列表"（见图 5-29）。设置用于按钮的图形列表为"@DiagnosticsStates"，控制按钮状态的变量为 HMI 的系统变量@DiagnosticsIndicatorTag。

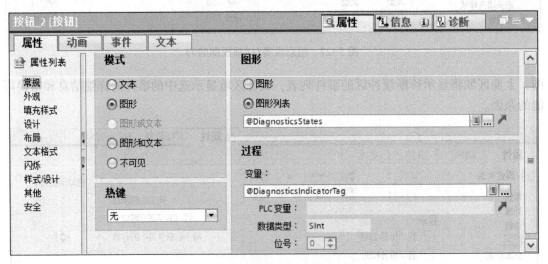

图 5-29　组态按钮的常规属性

单击添加的按钮，选中巡视窗口的"属性 > 事件 > 单击"，单击右边窗口的"添加函数"，添加系统函数"激活系统诊断视图"，画面名称为"根画面"，对象名称为"系统诊断视图_1"。

如果运行系统中出现错误消息，该按钮的背景色将变为红色。单击该按钮，将打开根画面中的系统诊断视图，显示对应的设备的详细视图。

7. 系统诊断的仿真运行

选中项目视图中的 PLC_1，单击工具栏上的"开始仿真"按钮█，打开 S7-PLCSIM。可以用 PN 接口或 PROFIBUS 接口将程序下载到仿真 PLC，将仿真 PLC 切换到 RUN-P 模式。用 PLCSIM 上的选择框设置通信协议为"PLCSIM（PROFIBUS）"。

选中项目视图中的 HMI_1，单击工具栏上的"开始仿真"按钮█，启动 HMI 运行系统仿真。编译成功后，出现显示根画面的仿真面板。在诊断概览视图中，"工厂"级和"SI-MATIC 300（1）"的状态行中均有带勾的绿色方框，表示状态正常。

选中 S7-PLCSIM 的"执行"菜单中的"触发错误 OB"→"机架故障（OB86）"，单击选中打开的"机架故障 OB"对话框的"DP 故障"选项卡中绿色的 3 号站（见图 5-30 的左图），再用单选框选中"站故障"，单击"应用"按钮，3 号站对应的小方框变为红色，表示 3 号站出现故障。单击"确定"按钮，将执行与单击"应用"按钮同样的操作，同时关闭对话框。

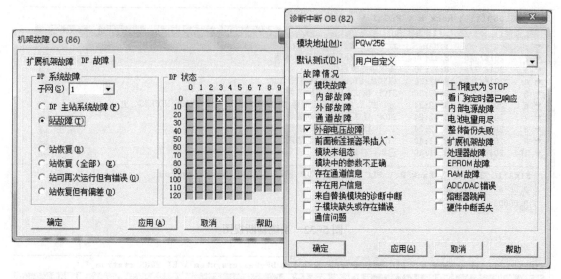

图 5-30 模拟产生 DP 从站故障和模块故障

出现 DP 从站故障时，CPU 视图对象上的红色 SF（系统故障）LED 亮，DP（总线故障）LED 闪烁。CPU 调用 OB86，执行其中自动生成的调用系统诊断的 FB49 的指令，诊断信号被发送到系统诊断视图。

打开根画面中的系统诊断视图，第一级"工厂"和第二级"SIMATIC 300（1）"的状态列均有表示故障的符号（见图 5-31 的上图）。选中第二级，单击下面的 ➡ 按钮，显示下一级的 Rack 0（即 CPU 的中央机架）和 DP 主站系统 DP-Mastersystem（见图 5-31 的下图）。

图 5-31　系统诊断视图

选中 Rack 0 或 DP 主站系统，单击 按钮，打开诊断缓冲区视图（见图 5-32 的上图），1 号事件是"分布式 I/O 主站系统故障"。选中图 5-31 下面的"SIMATIC 300（1）"视图中的 DP-Mastersystem，单击 ➡ 按钮，出现图 5-32 下面的视图，显示出 DP-Mastersystem 和 3 号从站（00003）的状态。

选中图 5-32 最下面的 3 号从站，单击 ➡ 按钮，出现该从站各模块的详细信息（见图 5-33）。

根画面中的系统诊断指示器的背景色变为红色，单击它打开系统诊断窗口。显示的是有故障的 3 号从站的第一块信号模块（4DI 模块）的详细信息。多次单击 ⬅ 按钮，可以看到各级的信息，直到工厂级。

关闭系统诊断窗口，单击根画面的"画面 1"按钮，切换到画面 1。画面 1 上的专用按

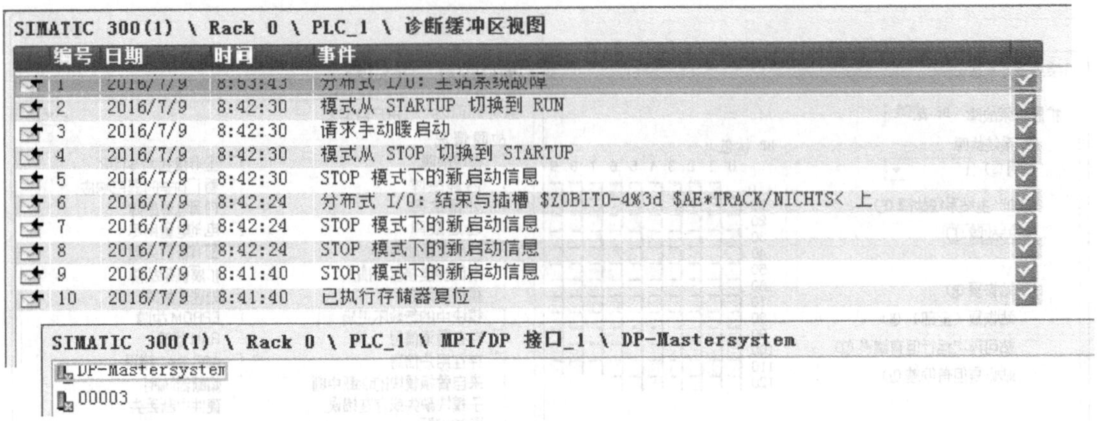

图 5-32 系统诊断视图

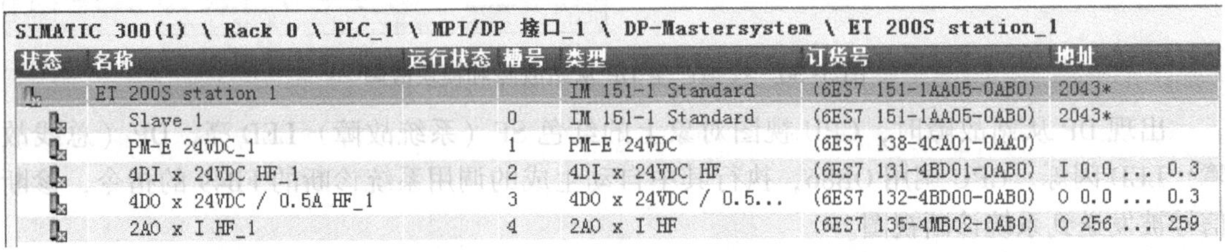

图 5-33 3 号从站模块的详细信息

钮的背景色变为红色，单击它返回根画面，系统诊断视图显示 3 号从站的 4DI 模块的详细信息。

选中图 5-30 左图中有故障的红色的 3 号站，用单选框选中"站恢复"，单击"应用"按钮。3 号站对应的小方框变为绿色，表示其故障消失。S7-PLCSIM 的 CPU 上显示故障的 SF 灯和 DP 灯熄灭。多次单击系统诊断视图的 ⬅ 按钮，可以看到各级的状态均为表示正常的带勾的绿色方框符号。诊断缓冲区中出现事件"分布式 I/O：站返回"（见图 5-34 的 3 号事件）。

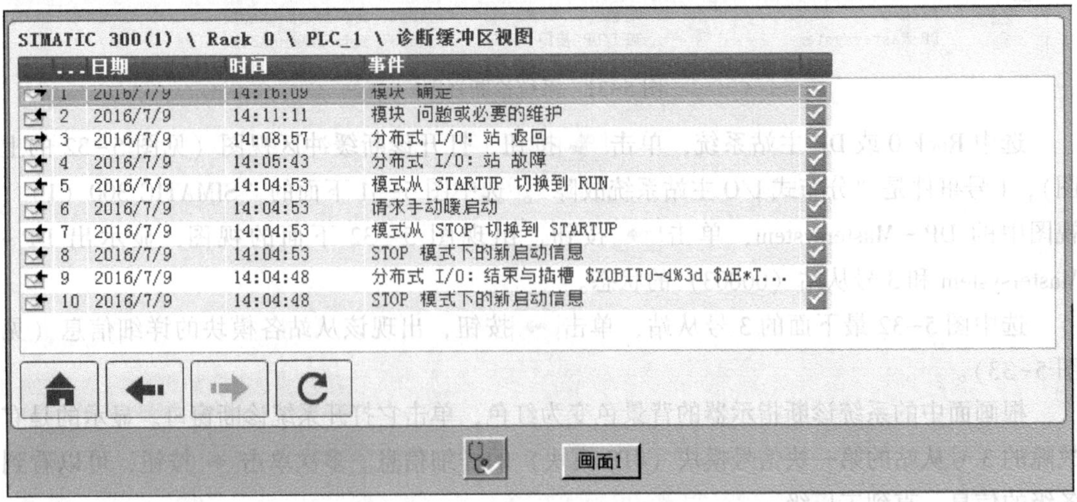

图 5-34 诊断缓冲区视图

执行 S7-PLCSIM 的菜单命令"执行"→"触发错误 OB"→"诊断中断（OB82)",打开"诊断中断 OB（82)"对话框（见图 5-30 的右图)。在"模块地址"文本框输入 AO 模块的起始地址 PQW256,用复选框选中"外部电压故障",单击"应用"按钮,模拟 AO 模块出现故障。

S7-PLCSIM 的 CPU 视图对象上的红色 SF（系统故障)LED 亮,CPU 调用 OB82。系统诊断视图中出现事件"模块 问题或必要的维护"（见图 5-34 的 2 号事件)。

单击图 5-30 右图中的复选框"外部电压故障",其中的勾消失。单击"确定"按钮,模拟 AO 模块的诊断故障消失。CPU 视图对象上的红色 SF LED 熄灭,CPU 又调用一次 OB82,系统诊断视图中出现事件"模块 确定"（见图 5-34 的 1 号事件),表示模块故障消失。

仿真 PLC 对硬件故障的仿真和诊断的能力有限。作者主编的《S7-1200/1500 PLC 应用技术》的 7.3 节介绍了用系统诊断功能诊断故障的例程,项目中的 PLC 为 CPU 1516C-3 PN/DP,HMI 为精智面板。本书随书光盘中的视频教程"系统诊断的硬件实验"详细介绍了用 HMI 诊断 S7-1500 硬件控制系统故障的方法。

5.3 用户管理的组态与仿真

1. 用户管理的作用

在系统运行时,可能需要创建或修改某些重要的参数,例如修改温度或时间的设定值,修改 PID 控制器的参数,创建新的配方数据记录,或者修改已有的数据记录中的条目等等。显然,这些重要的操作只能允许某些指定的专业人员来完成,必须防止未经授权的人员对这些重要数据的访问和操作。例如,操作员只能访问指定的输入域和功能键,而调试工程师在运行时可以不受限制地访问所有的变量。应确保只有经过专门训练和授权的人员才能对机器和设备进行设计、调试、操作、维修以及其他操作。

用户管理用于在运行时控制对数据和函数的访问。为此创建并管理用户和用户组,然后将它们传送到 HMI 设备中。在运行系统中,通过用户视图来管理用户和密码。

2. 用户管理的结构

在用户管理中,权限不是直接分配给用户,而是分配给用户组（见图 5-35)。同一个用户组中的用户具有相同的权限。

组态时需要创建用户和用户组,在"用户"编辑器中,将各用户分配到用户组,并获得不同的权限。在"组"编辑器中,为各用户组分配特定的访问权限（授权)。用户管理将用户的管理与权限的组态分离开来,这样可以确保访问保护的灵活性。

在工程组态系统中的组态阶段,为用户管理设置默认值。在运行系统中可以使用用户视图创建和删除用户,修改用户的密码和权限。

3. 用户管理的组态

打开博途,创建一个名为"用户管理"的项目（见随书光盘中的同名例程)。PLC_1 为 CPU 315-2PN/DP,HMI_1 为 4in 的精智系列面板 KTP400 Comfort。在网络视图中生成基于以太网的 HMI 连接。

（1）组态用户组

用户管理分为对用户组的管理和对用户的管理。双击项目树的"HMI_1"文件夹中的

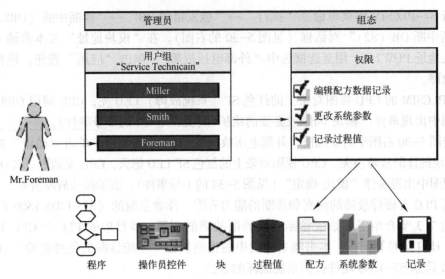

图 5-35 用户组和权限

"用户管理"，打开用户管理编辑器的"用户组"选项卡（见图 5-36）。上面的"组"表格中的管理员组（Administrator group）和用户（Users）是自动生成的。它们的"显示名称"为"管理员"和"用户"。双击"组"表格下面空白行的"添加"，生成两个新的组。选中"组"或"权限"表格中的某个对象后，也可以在下面的巡视窗口编辑它的属性。

下面的"权限"表格中的权限"User administration""Monitor"和"Operate"是自动生成的。此外添加了一个权限 Operate_2。

组

	名称	编号	显示名称	密码时效	注释
	Administrator group	1	管理员	☐	'管理员' 组初始被授予所有权限。
	Users	2	用户	☐	
	用户1组	3 ⇕	工程师	☐	
	用户2组	4	班组长	☐	

权限

	激活	名称	显示名称	编号	注释
⚷	☐	User administration	用户管理	1	授予"用户管理"权限以在运行系统中通过用户视图管理用户。
⚷	☑	Monitor	监视	2	'监视' 权限。
⚷	☑	Operate	访问参数设置画面	3	"操作"权限。
⚷	☑	Operate_2	输入温度设定值	4	

图 5-36 组态用户组的权限

选中某一用户组后，通过勾选下面的"权限"表格中的复选框，可以为它分配权限。

在图 5-36 中，"管理员"组的权限最高，拥有所有的操作权限。"工程师"组拥有除用户管理之外的所有权限。"班组长"组只有"监视"和输入温度设定值的权限。"用户"组的权限最低，只有"监视"权限。

（2）组态用户

打开用户管理编辑器的"用户"选项卡（见图5-37），将用户分配给用户组，一个用户只能分配给一个用户组。

	名称	密码	自动注销	注销时间	编号	注释
👤	Admin	********	☑	5	1	将用户Admin分配给 '管理员' 组。
👤	LiMing	**** ▾... ▾	☑	5	2	
👤	WangLan	********	☑	5	3	
👤	Operator	********	☑	5	4	

组	成员属于	名称	编号	显示名称	密码时效	注释
👥	○	Administrator group	1	管理员	☐	'管理员' 组初始被授予所有权限。
👥	○	Users	2	用户	☐	
👥	⊙	用户1组	3	工程师	☐	
👥	○	用户2组	4	班组长	☐	

图5-37　将用户分配给用户组

用户的名称只能使用数字和字符，不能使用汉字，但是可以使用汉语拼音。选中"用户"表中的某一用户后，用"组"表中的单选框将该用户分配给某个用户组。

在"用户"表中创建和选中用户"LiMing"（李明），用"组"表的单选框将他指定给用户1组（工程师组）。用同样的方法设置Operator（操作员）属于"用户"组，WangLan（王兰）属于用户2组（班组长组），Admin属于"管理员"组。

可以在上面的表格中或下面的巡视窗口中组态用户名、密码和注销时间等参数。注销时间是指在设置的时间内没有访问操作时，用户权限被自动注销的时间。注销时间一般采用默认值5 min。

用鼠标右键单击"用户管理"编辑器中某一表格某一行最左边的灰色单元，选中出现的快捷菜单中的"删除"命令，可以删除该行。不能删除的行的"删除"选项在快捷菜单中用灰色显示。

用户在登录时，或者没有登录要进行需要权限的操作时，需要输入用户名和密码。

单击"用户"表格中某一用户的"密码"列，在出现的对话框中输入密码（见图5-38）。为了避免输入错误，需要在"确认密码"输入域中再次输入密码，两次输入的密码相同才会被系统接收。

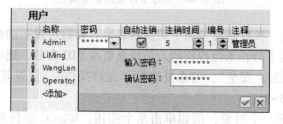

图5-38　组态密码

密码可以包含数字和字母，例程中设置 Operator（操作员）的密码为 1000，WangLan（王兰）的密码为 2000，LiMing（李明）的密码为 3000，Admin（管理员）的密码为 9000。

（3）组态画面对象的访问保护

在工程系统中创建用户和用户组，并为它们分配权限后，就可以为画面中的对象组态访问权限。访问保护用于控制是否允许特定的用户对数据和函数的访问。将组态传送到 HMI 设备后，运行时所有组态了访问权限的画面对象会得到保护，使它们不受未经授权的访问。拥有该权限的所有登录了的用户均可以访问此对象。

组态时选中图 5-39 根画面中"温度设定值"右边的输入/输出域，再选中巡视窗口的"属性 > 属性 > 安全"（见图 5-40），勾选复选框"允许操作"。单击"权限"选择框右边的 ◻ 按钮，在出现的权限列表中，选择名称为 Operate_2 的"输入温度设定值"权限（见图 5-36）。在运行时具有该权限的用户才能操作该 I/O 域。

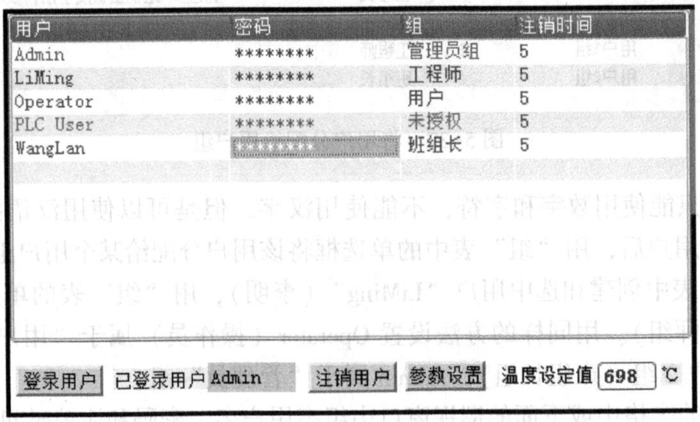

图 5-39　运行时的根画面与用户视图

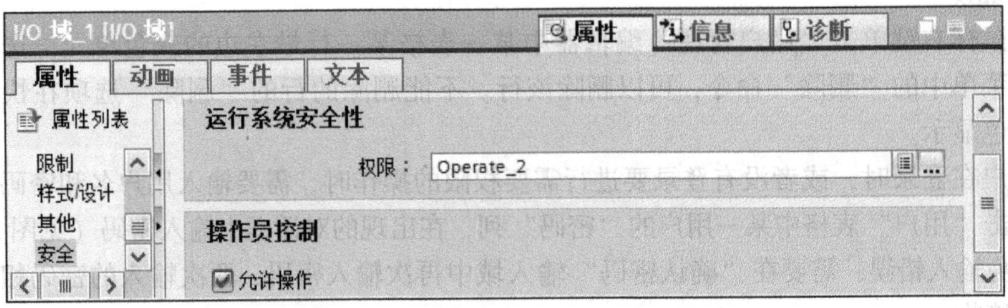

图 5-40　组态 I/O 域的安全属性

图 5-39 中的按钮"参数设置"用于切换到名为"参数设置"的画面。该画面用于设置 PID 控制器的参数。为了防止未经授权的人员任意更改 PID 参数，选中该按钮后，再选中巡视窗口的"属性 > 属性 > 安全"，勾选复选框"允许操作"，设置其权限为 Operate（访问参数设置画面，见图 5-36）。

在运行时用户访问一个对象，例如单击某个按钮，WinCC 运行系统首先确认该对象是否受到访问保护。如果没有访问保护，为该对象组态的功能将被执行。

如果该对象受到保护，WinCC 运行系统首先确认当前登录的用户属于哪一个用户组，并将为该用户组组态的权限分配给该用户。如果没有用户登录或已登录的用户没有访问该对象的授权，则显示登录对话框。

（4）组态用户视图和按钮

将工具箱的"控件"窗格中的"用户视图"拖拽到根画面中，用鼠标调整它的位置和大小。图 5-39 是运行时的用户视图，组态时用户视图是空的，没有图中的用户和密码等信息。

选中用户视图，再选中巡视窗口的"属性 > 属性 > 文本格式"，将标题的字体由"粗体"改为"正常"。其他参数基本上采用默认的设置。

在根画面中生成与用户视图配套的"登录用户"和"注销用户"按钮。运行时单击"登录用户"按钮，执行系统函数"显示登录对话框"。运行时单击"注销用户"按钮，执行系统函数"注销"，当前登录的用户被注销，以防止其他人利用当前登录用户的权限进行操作。此外还生成了带有访问权限的"温度设定值"输入/输出域和画面切换按钮"参数设置"。

根画面下面的"已登录用户"输入/输出域不是运行时必需的。它用来显示名为"用户名"的变量中的已登录的用户名。

（5）组态计划任务

在更改用户后，需要单击一下"已登录用户"I/O 域，它才能显示新的用户名。为了解决这一问题，双击项目树中的"计划任务"，打开计划任务编辑器（见图 5-41）。双击计划任务表第一行，新建一个名为"Task_1"的任务，用下拉式列表将"触发器"列设置为"用户更改"。选中该任务，再选中巡视窗口的"属性 > 事件 > 更新"，在出现用户更改事件时调用系统函数"获取用户名"，并用名为"用户名"的变量保存。根画面中"已登录用户"I/O 域用变量"用户名"来显示登录的用户。上述操作完成后，运行时一旦更改了登录的用户名，马上就会在"已登录用户"I/O 域中显示出来。

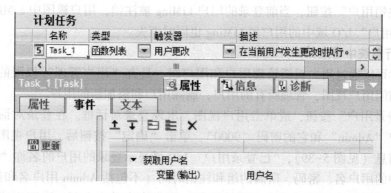

图 5-41　组态计划任务

4. 仿真运行

选中项目树中的 HMI_1 站点后，执行菜单命令"在线"→"仿真"→"使用变量仿真器"，编译成功后，出现仿真面板，显示图 5-39 中的根画面，此时用户视图中还没有任何用户信息。单击"温度设定值"右边有访问保护的输入/输出域，出现图 5-42 中的 Login

（登录）对话框。单击"用户"输入域，出现图 5-43 所示的字符键盘，输入用户名 wanglan，用户名不区分大小写。单击回车键，返回登录对话框。单击"密码"输入域，再单击出现的键盘中的 123 键，切换到数字和符号键盘方式，输入密码 2000，输入密码时区分大小写。单击回车键，返回登录对话框。单击"确定"按钮，登录对话框消失，输入过程结束。同时在用户视图中出现 WangLan 的登录信息，提示登录成功。文本域"已登录用户"右边的 I/O 域显示登录的用户的名称"WangLan"。

图 5-42　登录对话框

图 5-43　用键盘输入用户名

　　成功登录后，再次单击 I/O 域"温度设定值"，运行系统经检查确认登录的用户有必需的授权，就可以修改温度设定值了。此外用户 WangLan 还可以通过用户视图修改它自己的密码。

　　此时单击"参数设置"按钮，运行系统经检查确认登录的用户 WangLan 没有必需的授权，因此出现登录对话框和上一次输入的用户名 WangLan。输入拥有操作"参数设置"按钮权限的用户名"liming"和他的密码 3000。登录成功后，再按"参数设置"按钮，才能进入"参数设置"画面。参数修改完毕后，单击该画面中的"根画面"按钮，返回根画面。

　　单击"注销用户"按钮，当前登录的用户 LiMing 被注销，用户视图中 LiMing 的信息消失。"已登录用户" I/O 域中的用户名 LiMing 也同时消失。

5. 在运行系统中管理用户

　　在运行时可以通过用户视图管理用户和用户组。具有"用户管理"权限的用户，可以不受限制地访问用户视图，管理所有的用户，删除用户和添加新的用户。

　　单击"登录用户"按钮，或单击用户视图，出现登录对话框。在登录对话框中输入管理员组的用户"Admin"和它的密码"9000"，单击"确定"按钮后，用户视图中出现所有用户的登录信息（见图 5-39），"已登录用户" I/O 域显示登录的用户的名称"Admin"。单击用户视图中的用户名、密码、所属的组和注销时间（不包括 Admin 用户名和组），可以用弹出的键盘、对话框或下拉式列表来修改它们。双击表内的空白行，可以生成一个新的用户。单击 Admin 之外的某个用户的用户名，再单击图 5-43 中的 Del（删除）键，单击回车键后，该用户被删除。

　　Admin 之外的其他用户登录时，用户视图仅显示登录的用户。该用户对用户视图只有有限的访问权限，只能更改自己的密码和注销时间。

　　在用户视图中对用户管理进行的更改，在运行系统中立即生效。这种更改不会更新到工程组态系统中。

5.4 习题

1. 报警有什么作用？什么是离散量报警？什么是模拟量报警？什么是系统报警？
2. 报警有哪几种状态？为什么需要确认报警？怎样确认报警？
3. HMI 设备用哪些图形对象来显示报警？
4. 怎样组态离散量报警？怎样组态模拟量报警？
5. 有哪些常用的报警类别？它们各有什么特点？
6. 怎样在报警文本中插入变量？
7. 报警视图中的"报警回路"按钮 有什么作用？
8. 报警窗口有什么作用？在什么画面使用它？
9. 报警指示器有什么作用？在什么情况下报警指示器停止闪动？
10. 报警窗口和报警指示器在什么情况下才会消失？
11. 报警组有什么作用？
12. 怎样用 PLC 中的位变量来确认报警？
13. 系统诊断可以使用哪些画面元件？
14. 怎样生成 S7-300/400 用于系统诊断的块？
15. 用户管理有什么作用？
16. 怎样组态用户组？怎样组态用户？
17. 怎样组态画面对象的访问保护？
18. 怎样才能对有访问保护的画面对象进行需要授权的操作？
19. 在运行时管理员通过用户视图可以做哪些操作？

第6章 数据记录与趋势视图

6.1 数据记录

6.1.1 组态数据记录

1. 数据记录的基本概念

数据记录 (Data Logging) 也被翻译为数据日志。数据记录用来收集、处理和记录来自现场设备的过程数据。

数据是指在生产过程中采集的、保存在某一自动化设备 (例如 PLC) 的存储器中的过程变量。这些数据反映了设备的状态，例如设备的温度或电动机的运行/停机状态。

技术人员和管理人员通过分析采集的过程数据，可以判断设备的运行状态，对故障进行处理，确定最佳的维护方案，提高产品的质量。

在 WinCC 中，外部变量用于采集过程值，以及读取与 HMI 连接的自动化设备的存储器。内部变量与外部设备没有联系，只能在它所在的 HMI 设备内使用。

可以为每个变量指定一个数据记录，将变量的值保存在数据记录中。每个 HMI 可使用的数据记录个数和每个数据记录的最大条目数见产品手册中的技术数据。

在运行时，可以在过程画面中将记录的变量值用趋势图的方式输出。

2. 变量的记录属性

打开博途，创建一个名为 "数据记录" 的项目 (见随书光盘中的同名例程)。PLC_1 为 CPU 315-2PN/DP，HMI_1 为 4in 的精智系列面板 KTP400 Comfort。在网络视图中建立它们的以太网接口之间的 HMI 连接。

KTP400 Comfort 最多可组态 10 个数据记录，每个数据记录的最大条目数为 10000。

图 6-1 是 HMI 的默认变量表中的部分变量，可以指定变量的数据记录的采集模式，以及循环记录的采集周期。有 3 种采集模式可供选择。

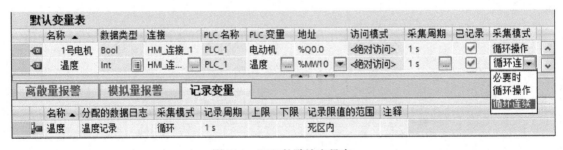

图 6-1 HMI 的默认变量表

1) 必要时：通过脚本或调用系统函数 "更新变量" 时才更新变量，而不是循环更新。

2) 循环操作：当变量在画面中显示或记录变量时在运行系统中更新变量。用采集周期决定在 HMI 设备上变量值更新的周期。

3）循环连续：以固定的时间间隔记录变量值。即使变量不在当前打开的画面中，也在运行系统中连续更新变量。因为频繁的读取操作将增加通信的负担，建议仅将"循环连续"用于那些确实必须连续更新的变量。

3. 创建数据记录

为了记录某一过程变量的值，首先应生成一个数据记录，然后将数据记录分配给该变量。双击项目树"HMI_1"文件夹中的"历史数据"，打开历史数据编辑器（见图6-2）。双击编辑器的第1行，生成一个名为"温度记录"的数据记录，系统自动指定新的数据记录的默认值，用户可以对默认值进行修改和编辑。

选中"温度记录"，在数据记录下面的"记录变量"表中组态与"温度记录"连接的PLC变量"温度"（MW10）的属性。单击"<添加>"，可以增加被记录的变量。

与"1号电机记录"连接的PLC变量为"1号电机"（Q0.0）。可以在表格中或巡视窗口中定义数据记录或记录变量的属性。

也可以在 HMI 变量表中给选中的变量分配数据记录（见图6-1）。

图6-2中记录变量的"采集模式"可选下列3种模式。

图6-2 组态数据记录

1）循环：根据设置的记录周期记录变量值。

2）变化时：HMI 设备检测到数值改变时，才对变量值进行记录。

3）必要时：通过调用系统函数"日志变量"（LogTag，即记录变量）记录变量值。

4. 组态数据记录的常规属性

选中图6-2中的"温度记录"，再选中巡视窗口的"属性 > 属性 > 常规"（见图6-3）。"每个记录的数据记录数"指可以存储在数据记录中的数据条目的最大数目，其最大值受到HMI 设备的存储容量的限制。

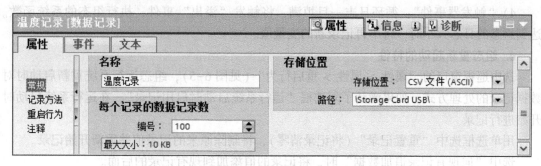

图6-3 组态数据记录的常规属性

数据记录的存储位置可能的选项有 RDB 文件、CSV 文件和 TXT（文本）文件。RDB 是英语 Relational Database（关系数据库）的缩写。扩展名为 rdb 的文件，就是关系数据库文件。如果要在运行系统中获得最大的读取性能，可使用"RDB 文件"存储位置。CSV 是微软的 Excel 文件。TXT 文件格式支持可用于 WinCC 的所有字符（包括中文），使用通过 Unicode 格式保存文件的软件（例如记事本）来编辑。如果存储位置选 CSV 或 RDB，数据记录和记录中的变量不支持中文。

物理存储位置有 U 盘（USB 端口）、SD 存储卡和网络驱动器。可选的存储位置与 HMI 设备的类型有关，具体的情况见 WinCC 在线帮助中的"日志的存储位置"。

设置"存储位置"域中的"路径"为"\Storage Card USB\"，此外还可选"\Storage Card SD\"。成功地编译 HMI 设备和启动运行系统后，在计算机的 C 盘自动生成文件夹"Storage Card USB"和其中的 Excel 文件"温度记录 0. csv"。

5. 组态记录方法

选中某个数据记录后，再选中巡视窗口的"属性 > 属性 > 记录方法"（见图 6-4），有 4 种可选的记录方法。

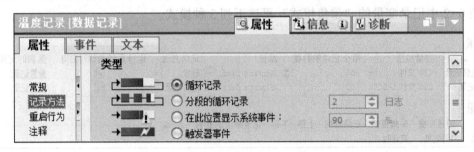

图 6-4　组态数据记录的记录方法

1）"循环记录"：记录中保存的数据采用先入先出的存储方式，当记录记满时，将删除大约 20% 的最早的条目。因此无法显示所有组态的条目。

2）"分段的循环记录"：将连续填充相同大小的多个日志段。当所有日志段均被完全填满时，最早的日志将被覆盖。此时需要设置日志段的最大编号（默认值为 2），最小编号为 0。

3）"在此位置显示系统事件"：当循环日志达到定义的填充比例（默认值为 90%）时，将发送系统报警消息。当日志 100% 填满时，不再记录新的变量值。

4）"触发器事件"：循环日志一旦填满，将触发"溢出"事件，执行组态的系统函数。达到组态的日志大小时，将不再记录新的变量值。

6. 组态重新起动的特性

选中巡视窗口的"属性 > 属性 > 重启行为"（见图 6-5），组态运行系统重新启动时对数据记录的处理方式。如果激活了复选框"运行系统启动时启用记录"，在运行系统启动时开始进行记录。

用单选框选中"重置记录"（将记录清零），将删除原来的记录值并重新开始记录。

选中"向现有记录追加数据"时，将记录的值添加到现有记录的后面。

还可以在运行系统中使用系统函数"开始记录"来启动记录。

温度记录 [数据记录]
属性
信息
诊断
属性
事件
文本
常规
记录方法
重启行为
注释
记录
运行系统启动时启用记录
重启时处理日志
重置记录
向现有记录追加数据

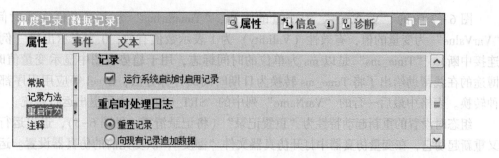

图 6-5 组态数据记录的“重启行为”属性

6.1.2 数据记录的仿真

1. 循环记录

首先设置数据记录“温度记录”的记录方法为“循环记录”（见图 6-2），记录周期为 1s。运行系统启动时启用记录。

选中项目树中的 HMI_1 站点后，执行菜单命令“在线”→“仿真”→“使用变量仿真器”。在仿真器中设置变量“温度”按“Sine”（正弦）规律在 0~100 之间变化（见图 6-6），写周期为 1s，Sine 函数的周期为 60s。单击“开始”列中的复选框，“温度”的当前值开始变化。单击工具栏上的🖫按钮，将仿真器的参数设置保存在名为“温度”的仿真器文件中。

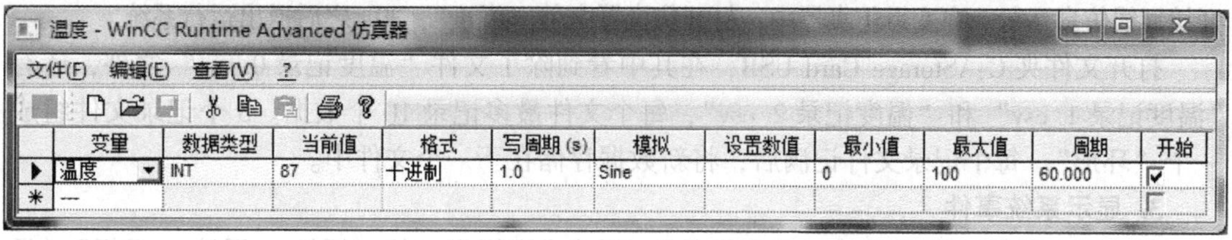

温度 - WinCC Runtime Advanced 仿真器
文件(F) 编辑(E) 查看(V) ?
变量 数据类型 当前值 格式 写周期 (s) 模拟 设置数值 最小值 最大值 周期 开始
温度 INT 87 十进制 1.0 Sine 0 100 60.000

图 6-6 变量仿真器

因为是用运行系统来模拟 HMI 的运行，设置的数据记录的路径“\Storage Card USB”实际上在计算机的 C 盘上，该文件夹和其中的记录文件是运行系统自动生成的。启动变量仿真器一段时间之后关闭仿真器，双击文件夹 C:\Storage Card USB 中自动生成的文件“温度记录 0. csv”，该文件被微软的软件 Microsoft Excel 打开（见图 6-7）。可以在最上面一行用鼠标调节各列的宽度。

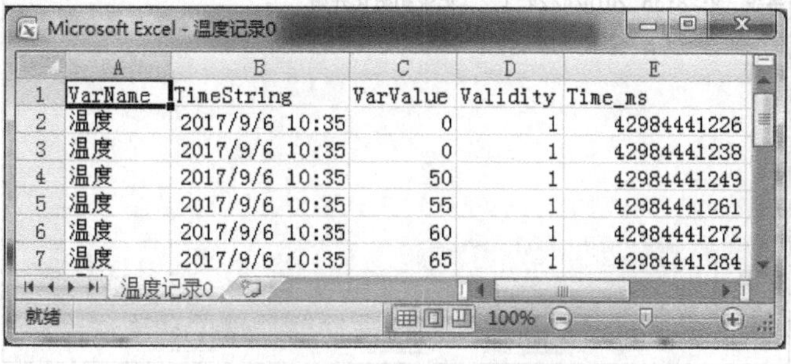

Microsoft Excel - 温度记录0
A B C D E
1 VarName TimeString VarValue Validity Time_ms
2 温度 2017/9/6 10:35 0 1 42984441226
3 温度 2017/9/6 10:35 0 1 42984441238
4 温度 2017/9/6 10:35 50 1 42984441249
5 温度 2017/9/6 10:35 55 1 42984441261
6 温度 2017/9/6 10:35 60 1 42984441272
7 温度 2017/9/6 10:35 65 1 42984441284
温度记录0
就绪
100%

图 6-7 数据记录文件

图 6-7 中的"VarName"为变量的名称,"TimeString"为字符串格式的时间标记,"VarValue"为变量的值,有效性(Validity)为 1 表示数值有效,0 为表示出错(例如过程连接中断)。"Time_ms"是以 ms 为单位的时间标志,用于趋势视图中显示变量值时使用。博途的在线帮助给出了将 Time_ms 转换为日期时间的计算方法,Excel 等应用程序都支持这种转换。表格中最后一行的"VarName"列中的"RT_OFF"表示退出运行系统。

组态时设置的重新起动特性为"重置记录"(将记录清零,见图 6-5),退出运行系统后又重新起动它,在变量仿真器中打开仿真器文件"温度",恢复先前的仿真器设置。运行一段时间后打开上述的"温度记录 0. csv"文件,将会看到重新起动之前记录的数值被清除。

将图 6-5 中的重新起动特性改为"向现有记录追加数据",退出变量仿真器后又重新起动它,打开仿真器文件"温度",恢复先前的仿真器设置。运行一段时间后打开文件夹 C:\Storage Card USB 中的"温度记录 0. csv"文件,将会看到重新起动后记录的数据放置在前一次运行时记录的数据后面。因为两次退出仿真器,"VarName"列有两个表示退出运行系统的"RT_OFF"。

2. 自动创建分段循环记录

选中历史数据编辑器中的"温度记录",再选中巡视窗口的"属性 > 属性 > 常规"(见图 6-3),将每个记录的记录条目数改为 10。选中巡视窗口的"属性 > 属性 > 记录方法"(见图 6-4),选择"分段的循环记录",温度记录文件的最大编号为默认值 2,最小编号为 0。

选中项目树中的 HMI_1 站点后,执行菜单命令"在线"→"仿真"→"使用变量仿真器",开始离线仿真运行。在变量仿真器中,打开仿真器文件"温度",30s 之后退出运行系统。

打开文件夹 C:\Storage Card USB,在其中看到除了文件"温度记录 0. csv"之外,还有"温度记录 1. csv"和"温度记录 2. csv",每个文件最多记录 10 个数据。3 个记录文件组成一个"环形"。每个记录文件记满后,将新数据存储在下一个文件中。

3. 显示系统事件

选中历史数据编辑器中的"温度记录",再选中巡视窗口的"属性 > 属性 > 常规"(见图 6-3),设置每个记录的记录条目数为 30,重启时清空记录。选中巡视窗口的"属性 > 属性 > 记录方法",选择"在此位置显示系统事件:"(见图 6-4),设置在默认值 90% 时显示系统事件。在根画面中组态一个报警视图(见图 6-8),选中它以后再选中巡视窗口的"属性 > 属性 > 常规"(见图 5-10),设置显示报警缓冲区,启用报警类别"System"(系统)。

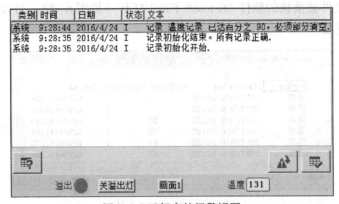

图 6-8　运行中的报警视图

选中项目树中的 HMI_1 站点后，用"在线"菜单中的命令启动变量仿真器，开始离线仿真运行。在变量仿真器中，打开仿真器文件"温度"，记录了 27 个数据后，报警视图中出现系统消息"记录 温度记录已达百分之 90，必须部分清空"。打开文件夹 C:\Storage Card USB 中的文件"温度记录 0. csv"，可以看到该文件记录了 30 个数据。

4. 触发器事件

选中历史数据编辑器中的"温度记录"，再选中巡视窗口的"属性 > 属性 > 常规"（见图 6-3），设置每个记录的记录条目数为 10。

选中巡视窗口的"属性 > 属性 > 记录方法"，选择"触发器事件"（见图 6-4）。

选中巡视窗口的"属性 > 事件 > 溢出"，设置有溢出事件时执行系统函数"激活屏幕"，切换到"画面 1"（见图 6-9）。此外在有溢出事件时用系统函数将内部 Bool 变量"溢出标志"置位，通过它点亮根画面中的溢出指示灯。

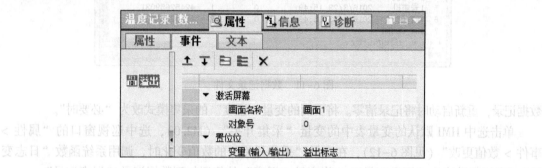

图 6-9 组态记录的溢出事件

执行"在线"菜单中的命令，打开变量仿真器。打开仿真器文件"温度"，恢复先前的仿真器设置。在温度记录记满设置的 10 个数据时，出现溢出，从初始画面自动切换到画面 1。单击画面 1 上的"根画面"按钮，返回根画面，可以看到"溢出"指示灯亮（见图 6-8）。单击"关溢出灯"按钮，"溢出"指示灯熄灭。

打开文件夹 C:\Storage Card USB 中的文件"温度记录 0. csv"，可以看到该文件记录了 10 个数据。

5. 变化时记录

数据记录"1 号电机记录"连接的 PLC 变量为"1 号电机"，记录方式为"触发器事件"（见图 6-4），运行系统启动时启用数据记录，重新启动时将记录清零（重置记录）。

选中"温度记录"，再选中巡视窗口的"属性 > 属性 > 重启行为"，设置为运行系统启动时不启用记录。

选中项目树中的 HMI_1 站点后，用"在线"菜单中的命令启动变量仿真器。变量"1 号电机"（Q0.0）的模拟方式为默认的"显示"（见图 6-10）。在"设置数值"列，每隔一定时间将该变量的值取反，（由 1 变为 0，再由 0 变为 1），修改后按回车键生效。变化 4 次后关闭变量仿真器。

打开文件夹 C:\Storage Card USB 中的文件"1 号电机记录 0. csv"（见图 6-11），可以看到变量"1 号电机"状态的变化被记录在该文件中，其中的变量值"-1"为 1 状态。

6. 必要时记录数据

选中图 6-2 历史数据编辑器中的温度记录，记录方式为"循环记录"，运行系统启动时启动

图 6-10 变量仿真器

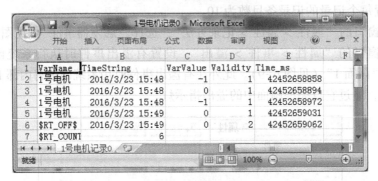

图 6-11 数据记录文件

数据记录,重新启动时将记录清零。将下面的变量"温度"的采集模式改为"必要时"。

单击选中 HMI 默认的变量表中的变量"采集开关"(M2.0),选中巡视窗口的"属性 > 事件 > 数值更改"(见图 6-12),在变量"采集开关"的数值变化时,调用系统函数"日志变量"(在线帮助称为"记录变量"),将变量"温度"的值添加到数据记录"温度记录"。

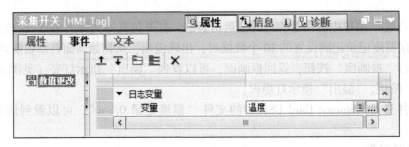

图 6-12 组态"数值更改"事件

执行"在线"菜单中的命令,打开变量仿真器。打开仿真器文件"温度",恢复先前的仿真器设置。在仿真器中添加变量"采集开关"(见图 6-13),每隔一定时间将该变量的"设置数值"列的值由 1 变为 0,再由 0 变为 1,修改后按回车键生效。变化 4 次后关闭变量仿真器。

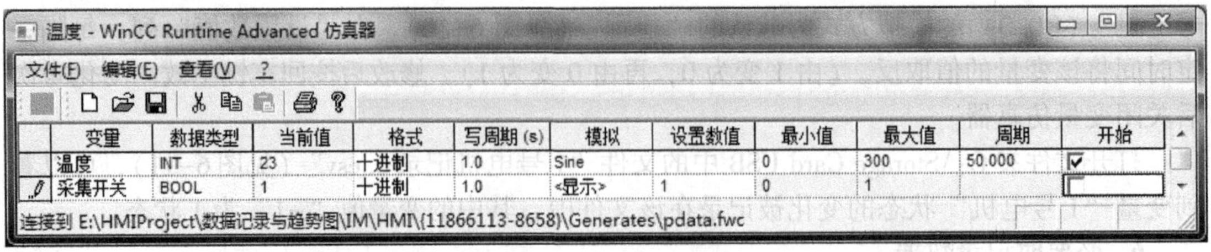

图 6-13 变量仿真器

打开文件夹 C:\Storage Card USB 中的文件 "温度记录 0. csv", 可以看到, 该文件在变量 "采集开关" 的状态变化时记录了变量 "温度" 的值。

6.2 报警记录

1. 报警记录的基本原理

报警用来指示系统的运行状态和故障。通常由 PLC 触发报警, 在 HMI 设备的画面中显示报警。除了在报警视图和报警窗口中实时显示报警事件以外, WinCC 还允许用户用报警记录来记录报警。可以在一个报警记录中记录多个报警类别的报警。可以用别的应用程序 (例如 Excel) 来查看报警记录。某些 HMI 设备不能使用报警记录。

除了数据源 (报警缓冲区或报警记录) 以外, 还可以根据报警类别进行过滤。记录的数据可以保存在文件或数据库中, 保存的数据可以在其他程序中进行处理, 例如用于分析。来自报警缓冲区的报警事件可以按报表形式打印输出。

2. 创建报警记录

创建一个名为 "报警记录" 的项目 (见随书光盘中的同名例程)。PLC_1 为 CPU 315-2PN/DP, HMI_1 为 4in 的精智系列面板 KTP400 Comfort。在网络视图中建立它们的以太网接口之间的 HMI 连接。

双击项目树的 "历史数据", 打开 "历史数据" 编辑器的 "报警记录" 选项卡 (见图 6-14)。双击编辑器的第 1 行, 自动生成一个名为 "报警记录" 的报警记录。系统自动指定其默认值, 用户可以对它进行修改和编辑。可以在报警记录的表格或报警记录的巡视窗口中组态报警记录的属性。

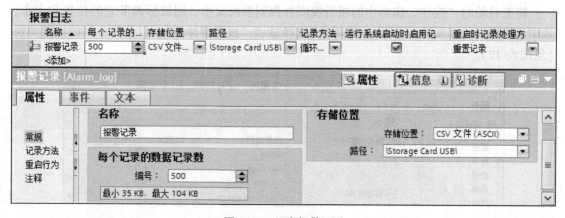

图 6-14 组态报警记录

3. 组态报警记录

报警记录的组态方法与数据记录基本上相同, 报警记录的属性 "记录方法" 和 "重启行为" 与数据记录的组态基本上相同。应在报警记录的 "记录方法" 属性中勾选复选框 "记录事件文本和出错位置"。

4. 组态报警类别

在报警类别编辑器中将某种类型的报警分配到报警记录中, 可以为每个报警类别指定一个报警记录。与该报警类别的报警相关的所有事件均记录在指定的报警记录中。

双击项目树的"HMI 报警",打开"HMI 报警"编辑器,在图 6-15 的"报警类别"选项卡的"日志"列,组态用前面生成的"报警记录"来记录"事故"类别的报警。

报警类别

	显示名称	名称	状态机	日志	背景色"到达"	背景色"到达/离去"	背景色"到达/已确认"	背景"到达/离去/已确认"
	事故	Errors	带单次确认的报警	报警记录	255, 0, 0	0, 255, 255	255, 255, 255	255, 255, 255
	警告	Warnings	不带确认的报警	<无记录>	255, 255, 255	255, 255, 255	255, 255, 255	255, 255, 255
	系统	System	不带确认的报警	<无记录>	255, 255, 255	255, 255, 255	255, 255, 255	255, 255, 255
	诊断事件	Diagnosis events	不带确认的报警	<无记录>	255, 255, 255	255, 255, 255	255, 255, 255	255, 255, 255

图 6-15 报警类别编辑器

5. 组态离散量报警

在变量编辑器中创建变量"事故信息",数据类型为 Word(字),绝对地址为 MW12。

打开 HMI 报警编辑器中的"离散量报警"选项卡,生成发电机的机组过速、机组过流、机组过压这 3 种报警(见图 6-16),它们分别用变量"事故信息"(MW12)的第 0 位~第 2 位来触发,报警类别均为"事故"(Errors)。

离散量报警

	ID	报警文本	报警类别	触发变量	触发位 ▲	触发器地址	报表
	1	机组过速	Errors	事故信息	0	%M13.0	☑
	2	机组过流	Errors	事故信息	1	%M13.1	☑
	3	机组过压	Errors	事故信息	2	%M13.2	☑

图 6-16 组态离散量报警

6. 组态报警视图

将工具箱的"控件"窗格中的报警视图拖拽到根画面中,用鼠标调节它的位置和大小。选中巡视窗口的"属性 > 属性 > 常规",选择显示"报警缓冲区",以及要显示的报警类别(见图 6-17)。

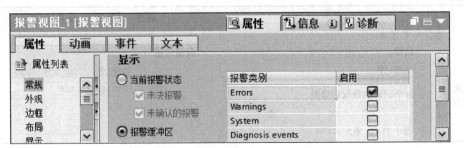

图 6-17 组态报警视图的常规属性

在运行期间,可以用根画面的报警视图显示记录的报警消息。在该过程中,将从报警缓冲区下载记录的报警消息,然后在报警视图中显示。

7. 报警记录的模拟运行

选中项目树中的"HMI_1",执行菜单命令"在线"→"仿真"→"使用变量仿真器"。编译成功后,出现仿真面板,图 6-18 是根画面中的报警视图。

在仿真器中生成变量"事故信息",其参数采用默认值。在"设置数值"列写入数值

1，将"事故信息"MW12 的最低位 M13.0 置位为 1，事故"机组过速"被触发，在报警视图中显示出报警消息"到达 机组过速"（见图 6-18 最下面的报警）。单击报警视图右下角的"确认"按钮 ⏎ ，出现报警消息"（到达）已确认 机组过速"。

类别	时间	日期	状态	文本
事故	11:45:35	2017/9/6	(到达离开)已确认	机组过流
事故	11:45:32	2017/9/6	(到达)离开	机组过流
事故	11:45:29	2017/9/6	到达	机组过流
事故	11:45:19	2017/9/6	(到达已确认)离开	机组过速
事故	11:44:59	2017/9/6	(到达)已确认	机组过速
事故	11:44:39	2017/9/6	到达	机组过速

图 6-18　运行中的报警视图

在"设置数值"列写入数值 0，令 M13.0 为 0，事故"机组过速"消失，报警视图出现报警消息"（到达已确认）离开 机组过速"。

先后将 2 和 0 写入"设置数值"列，令 M13.1 为 1 和为 0，将出现报警消息"到达 机组过流"和"（到达）离开 机组过流"。单击报警视图的"确认"按钮 ⏎ ，出现报警消息"（到达离开）已确认 机组过流"。

打开 C 盘的文件夹\Storage Card USB 中的文件"报警记录 0.csv"（见图 6-19），可以看到各条报警被记录在该文件中。

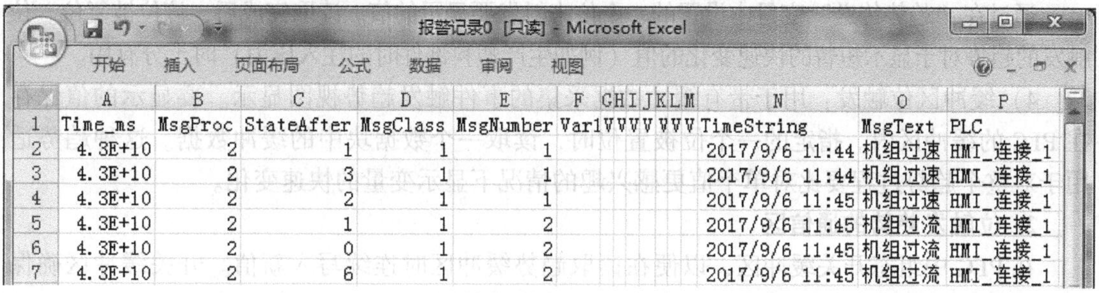

	A	B	C	D	E	F G H I J K L M	N	O	P
1	Time_ms	MsgProc	StateAfter	MsgClass	MsgNumber	Var1 V V V V V V V	TimeString	MsgText	PLC
2	4.3E+10	2	1	1	1		2017/9/6 11:44	机组过速	HMI_连接_1
3	4.3E+10	2	3	1	1		2017/9/6 11:44	机组过速	HMI_连接_1
4	4.3E+10	2	2	1	1		2017/9/6 11:45	机组过速	HMI_连接_1
5	4.3E+10	2	1	1	2		2017/9/6 11:45	机组过流	HMI_连接_1
6	4.3E+10	2	0	1	2		2017/9/6 11:45	机组过流	HMI_连接_1
7	4.3E+10	2	6	1	2		2017/9/6 11:45	机组过流	HMI_连接_1

图 6-19　报警记录的 Excel 文件

文件中的"Time_ms"是以 ms 为单位的时间标志，用户手册给出了转换时间标志的计算方法。"MsgProc"是报警过程的属性，0 为未知的报警过程，1 为系统事件，2 为报警位处理（操作报警），3 为 ALARM_S 报警编号处理，4 为诊断事件，7 为模拟量报警处理，100 为报警位处理（故障报警）。

"StateAfter"为报警事件的状态，1 为到达，3 为到达/已确认，2 为到达/已确认/离开，0 为到达/离开，6 为到达/离开/已确认。

"MsgClass"为报警类别，0 为无报警类别，1 为"错误"，2 为"警告"，3 为"系统"，4 为"诊断事件"，64 为由用户组态的报警类别。

"MsgNumber"为报警编号，本例中的 1、2 分别为机组过速和机组过流。Var1 至 Var8 为 String（字符串）格式的触发变量的值，"TimeString"为时间标志，"MsgText"为报警文本，"PLC"为与报警有关的 HMI 设备连接的 PLC。

6.3 趋势视图

趋势（Trend）是变量在运行时的值的图形表示，在画面中用趋势视图来显示趋势。趋势视图是一种动态显示元件，以曲线的形式连续显示过程数据。一个趋势视图可以同时显示多个不同的趋势。趋势视图分为以时间 t 为自变量的 f（t）趋势视图和以任意变量 x 为自变量的 f（x）趋势视图。

6.3.1 趋势视图的组态

1. 趋势的分类

趋势有下列 4 种类型：

1）数据记录：用于显示数据记录中的变量的历史值，在运行时，操作员可以移动时间窗口，以查看期望的时间段内记录的数据。

2）触发的实时循环：要显示的值由固定的、可组态的时间间隔从 PLC 读取数据，并在趋势视图中显示。在组态变量时选择"采集模式"为"循环连续"。这种趋势适合于表示连续的过程，例如电动机运行温度的变化。

3）实时位触发：启用缓冲方式的数据记录，实时数据保存在缓冲区内。

通过在"趋势传送"变量中设置的一个位来触发要显示的值。读取完成后，该位被复位。位触发的趋势对于显示短暂的快速变化的值（例如生产塑料部件时的注入压力）时十分有用。

4）缓冲区位触发：用于带有缓冲数据采集的事件触发趋势视图显示。要显示的值保存在 PLC 的缓冲区内。指定的一个位被置位时，读取一个数据块中的缓冲数据。这种趋势适用于对整个趋势过程要比对单个值更感兴趣的情况下显示变量的快速变化。

2. 位触发趋势的通信区

在 PLC 中组态开关缓冲区，以便在读取趋势缓冲区时连续写入新值。开关缓冲区确保在 HMI 设备读取趋势值时，PLC 不会将记录的值覆盖。

趋势缓冲区和开关缓冲区之间的切换功能如图 6-20 所示。变量"趋势传送 1"中分配给趋势的位为 1 时（见图 6-20b），从趋势缓冲区读取所有的值，并在 HMI 设备上以趋势的形式显示。此时 PLC 将新的变量值写入开关缓冲区。读取结束后，"趋势传送 1"中的位被复位为 0（见图 6-20a）。

"趋势传送 2"变量中分配给趋势的位为 1 时（见图 6-20c），从开关缓冲区读取所有的趋势值并用 HMI 设备显示。HMI 设备读取开关缓冲区期间，PLC 将数据写入趋势缓冲区。

3. 生成趋势视图

打开博途，创建一个名为"f(t)趋势视图"的项目（见随书光盘中的同名例程）。PLC_1 为 CPU 315-2PN/DP，HMI_1 为 7in 的精智系列面板 TP700 Comfort。在网络视图中建立它们的以太网接口之间的 HMI 连接。

将工具箱的"控件"窗格中的"趋势视图"拖拽到根画面，用鼠标调节趋势视图的位置和大小。选中"趋势视图"，再选中巡视窗口的"属性 > 属性 > 趋势"（见图 6-21），单击右边窗口的第一行，创建一个名为"趋势_1"的趋势，用于显示内部变量"递增变量"的值。设置它的样式为黑色实心线，趋势值个数为 200。趋势的样式为"线"，还可选"棒图""步进"和"点"。

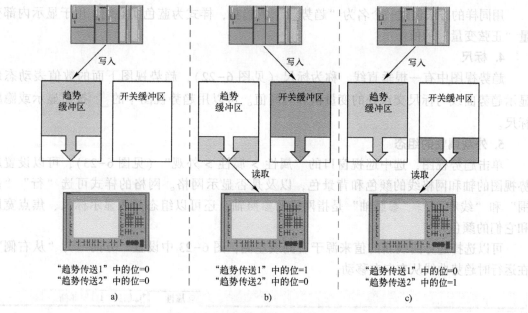

"趋势传送1"中的位=0   "趋势传送1"中的位=1   "趋势传送1"中的位=0
"趋势传送2"中的位=0   "趋势传送2"中的位=0   "趋势传送2"中的位=1
          a)   b)   c)

图 6-20   趋势缓冲区与开关缓冲区

在"侧"列设置"趋势_1"和"趋势_2"分别使用左边和右边的坐标轴。

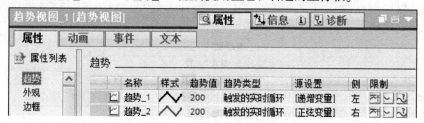

图 6-21   组态趋势视图的趋势

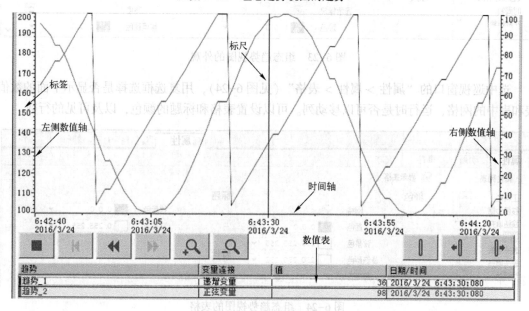

图 6-22   运行时的趋势视图

用同样的方法创建一个名为"趋势_2"的趋势，样式为蓝色实心线，用于显示内部变量"正弦变量"的值。

4. 标尺

趋势视图中有一根垂直线，称为标尺（见图6-22），趋势视图下面的数值表动态地显示趋势曲线与标尺交点处的变量值和时间值。可以用趋势视图中的 ▐ 按钮显示或隐藏标尺。

5. 外观属性的组态

单击趋势视图，选中巡视窗口的"属性 > 属性 > 外观"（见图6-23），可以设置趋势视图的轴和网格线的颜色和背景色，以及是否显示网格。网格的样式可选"行""范围"和"线和面"。"参照轴"是指网格的参照轴。还可以组态是否显示标尺、焦点宽度和它们的颜色。

可以选择趋势曲线新的值来源于右侧或左侧，图6-23中设置"方向"为"从右侧"，在运行时趋势曲线从右向左移动。

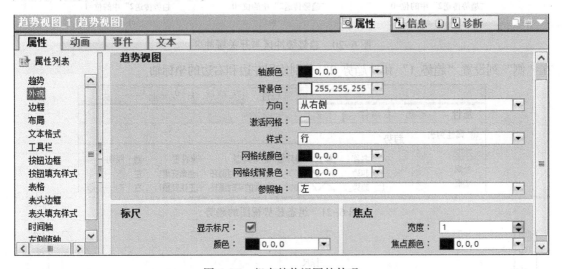

图6-23　组态趋势视图的外观

选中巡视窗口的"属性 > 属性 > 表格"（见图6-24），用复选框选择是否显示下面的数值表和表中的网格，运行时是否可以移动列。可以设置表格和标题的颜色，以及可见的行数。

图6-24　组态趋势视图的表格

6. 坐标轴的组态

选中巡视窗口的"属性 > 属性 > 时间轴"（见图 6-25），可以设置是否显示时间轴。"轴模式"用来设置 X 轴刻度显示的样式，选择"点"时，刻度使用百分比形式的数值，也可以选"变量/常量"和"时间"，一般设置为"时间"。X 轴的右端显示当前的时间值，左端显示的是 100 s（由"时间间隔"设置）之前的时间值。"外部时间"由来自 PLC 的变量提供。

在组态"时间轴""左侧值轴"和"右侧值轴"时，如果不勾选"标签"复选框，刻度线和刻度值将会消失。如果不勾选"刻度"，刻度线和中间的刻度值将会消失。

"增量"是指坐标轴上两条相邻的最小刻度线之间的部分对应的时间值，增量为 0 将不显示最小刻度线。"刻度"数为 4，是指将时间轴等分为 4 段。

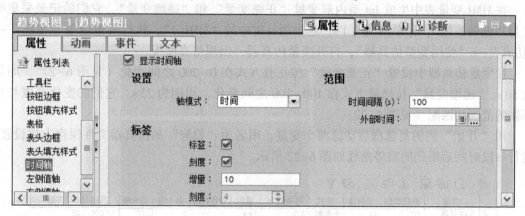

图 6-25 组态时间轴

趋势视图中的垂直坐标轴的刻度按变量的实际值设置。选中巡视窗口的"属性 > 属性 > 右侧值轴"（见图 6-26），可以设置轴的起始端（下端点）和末端（上端点）的值。

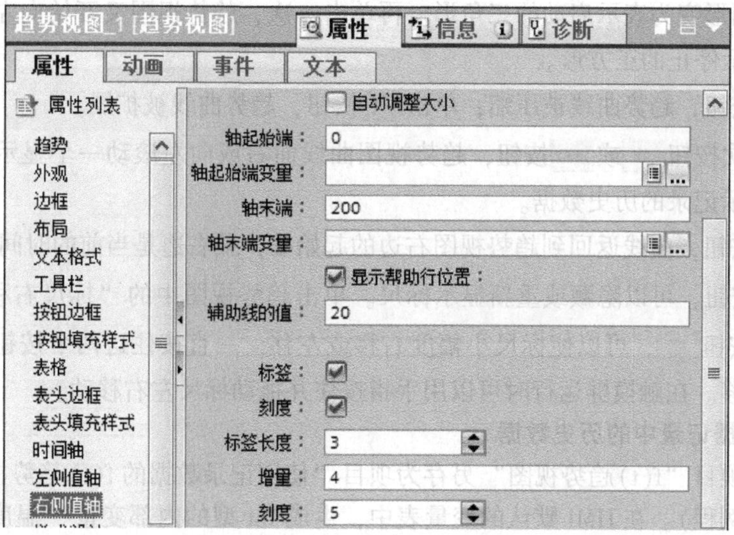

图 6-26 组态右侧数值轴

如果希望在运行时显示水平的辅助线，以方便数值的读取，则勾选"显示帮助行位置"复选框，设置"辅助线的值"为20，将会出现右侧纵坐标为20的水平线。

"标签长度"是指轴标签所占的字符数。"增量"是每个小刻度对应的数值。"刻度"是每个大刻度划分的小刻度数。

左侧值轴的组态方法与右侧值轴的基本上相同。其起始端和末端的值分别为100和200，增量为2。选中巡视窗口的"属性 > 属性 > 工具栏"，可以用复选框设置是否显示工具栏。趋势视图的其他参数一般可以采用默认值。

6.3.2 趋势视图的仿真运行

1. 用趋势视图显示实时数据

在HMI变量表中生成Int型内部变量"正弦变量"和"递增变量"，它们的记录采集模式为"循环连续"，记录周期为1 s。选中项目树中的"HMI_1"，执行菜单命令"在线"→"仿真"→"使用变量仿真器"，打开变量仿真器，出现仿真面板。

在变量仿真器中设置"正弦变量"按正弦方式在0~200之间变化（见图6-27），周期为50 s，"递增变量"按增量方式在100~200之间变化，周期为25 s。它们的变化范围与坐标轴的范围相匹配（见图6-22）。

用"开始"列的复选框启动这两个变量，用名为"趋势"的仿真器文件保存上述设置。运行一段时间后得到的趋势曲线如图6-22所示。

	变量	数据类型	当前值	格式	写周期(s)	模拟	设置数值	最小值	最大值	周期	开始
✎	正弦变量	INT	41	十进制	1.0	Sine		0	200	50.000	☑
	递增变量	INT	200	十进制	1.0	增量		100	200	25.000	☑

图6-27 变量仿真器

单击图6-22中的启动/停止趋势视图按钮 ■，趋势视图停止移动，按钮的形状变为 ▶，其中的图形变为表示启动的三角形。再单击一次，趋势视图又开始向左移动。按钮上的图形变为表示停止的正方形。

单击 ⌕ 按钮，趋势曲线被压缩；单击 ⌕ 按钮，趋势曲线被扩展。

每单击一次按钮 ◀◀ 或 ▶▶ 按钮，趋势视图曲线向右或向左滚动一个显示宽度。用这样的方法可以显示记录的历史数据。

单击 ◁ 按钮，曲线返回到趋势视图右边的起始处，最右边是当前的时间值。

单击 ‖ 按钮，可以隐藏或重新显示标尺。单击趋势视图中的"标尺右移"按钮 ▷| 和"标尺左移"按钮 |◁，可以使标尺小幅度右移或左移，一直按住这两个按钮，可以使标尺快速右移或左移。在触摸屏运行时可以用手指按住并拖动标尺左右移动。

2. 显示数据记录中的历史数据

将本节的项目"f(t)趋势视图"另存为项目"使用记录数据的f(t)趋势视图"（见随书光盘中的同名例程）。在HMI默认的变量表中，生成Int型的内部变量"温度"。在HMI的历史数据编辑器中创建名为"温度记录"的数据记录（见图6-28），连接的变量为"温度"，它也是记录变量。存储位置如果选CSV文件或RDB文件，数据记录和记录中的变量的名称输入不支持中文，所以将存储位置设置为"TXT 文件"，存储路径为 SD 卡的路径。用计算机仿真时，数据记录存储在计算机 C 盘的文件夹\Storage Card SD 中。在实际的 HMI 运行时，数据存储在 HMI 的 SD 卡中，查看其中的信息时需要将卡连接到计算机上。

选中根画面中的趋势视图，再选中巡视窗口的"属性 > 属性 > 趋势"，删除原来的趋势，生成一个趋势，设置趋势类型为"数据记录"，"源设置"为"温度记录"（见图 6-29）。该趋势使用右边的坐标轴，该轴的范围为 0~100。

选中项目树中的 HMI_1 站点后，执行菜单命令"在线"→"仿真"→"使用变量仿真器"。

数据记录

名称 ▲	存储位置	每个记录的...	路径	记录方法	运行系统启动时启用记	重启时记录处理方
温度记录	TXT文件 ... ▼	500 ⬍	\Storage Card SD ▼	循环记录 ▼	☑	重置记录 ▼
<添加>						

记录变量

名称 ▲	过程变量	采集模式	记录周期	上限	下限	记录限值的范围	注释
温度	温度	循环	1 s			死区内	

图 6-28　数据记录编辑器

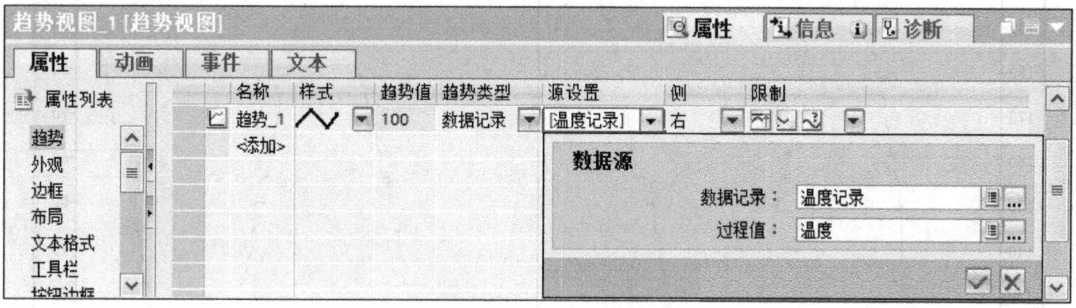

图 6-29　组态趋势

在变量仿真器中设置变量"温度"按正弦规律在 0~100 之间变化（见图 6-30），周期为 50 s，用名为"温度 2"的仿真器文件保存上述设置。用"开始"列的复选框启动变量。在运行时趋势曲线不会自动从右往左移动，需要用鼠标左键按住趋势画面，将曲线往左边拖拽。运行一段时间后，关闭变量仿真器。

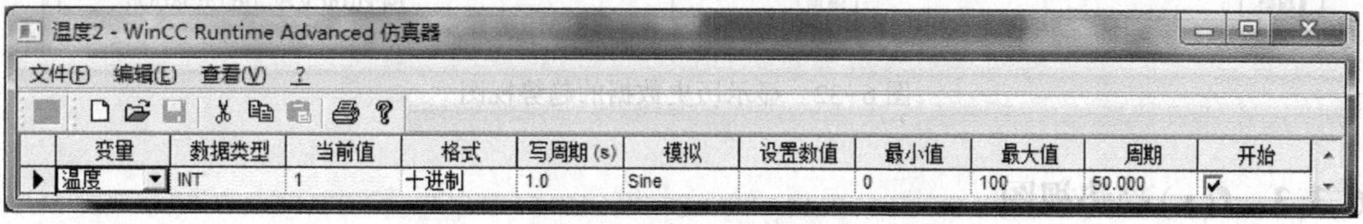

图 6-30　变量仿真器

打开计算机 C 盘的文件夹\Storage Card SD 中的文件"温度记录 0.txt"（见图 6-31），可以看到其中保存的变量值。记录的起始和截止的日期和时间可以帮助用户在趋势视图中找到趋势曲线。

打开历史数据编辑器，去掉"温度记录"的"运行系统启动时启用记录"复选框的勾

（见图 6-28），设置"重启时记录处理方法"为"向现有记录追加数据"。下次启动运行系统时，温度记录中的数据保持不变。

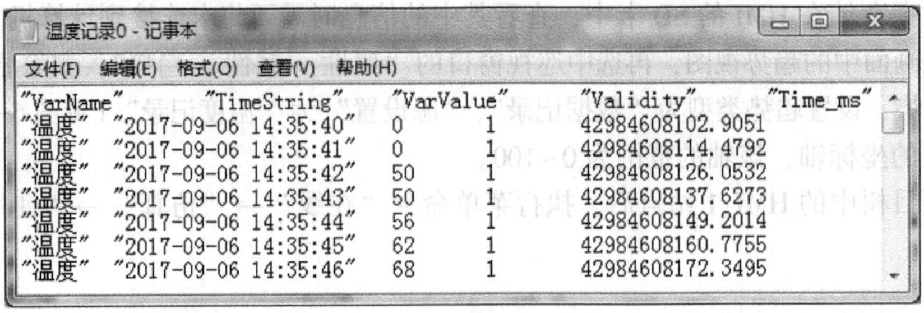

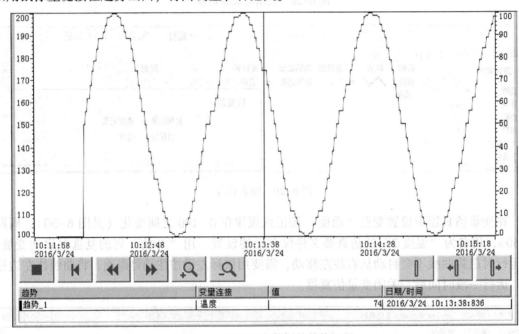

图 6-31　数据记录文件

执行"在线"菜单中的命令，打开仿真面板。单击或按住 ◄◄ 按钮，显示的时间值将会减少。注意观察时间轴上的时间，将时间调节到记录数据的时间段，就可以看到数据记录中保存的数据显示出来的曲线（见图 6-32）。可以用 ◄◄ 和 ►► 按钮使曲线左移和右移，也可以用鼠标左键按住趋势画面，将曲线左、右拖拽。

图 6-32　显示历史数据的趋势视图

6.3.3　f(x)趋势视图

1. 函数 f(x) 的描述

f(x)趋势视图用于将一个变量的值表示为另一个变量的函数。例如可以将温度表示为压力的函数。本节以角度的正弦函数的趋势视图为例，介绍 f(x)趋势视图的组态和仿真的方法。函数式为 $y = \sin(x)$，x 的取值范围为 $0° \sim 90°$，每 $3°$ 计算一次。PLC 的三角函数的角度单位为弧度，以度为单位的角度值 x 乘以 0.0174533，得到弧度值，$y = \sin(0.0174533 * x)$。

在博途中创建一个名为"f(x)趋势视图"的项目（见随书光盘中的同名例程）。PLC_1为CPU 315-2PN/DP，HMI_1为7in的精智系列面板TP700 Comfort。在网络视图中建立它们的以太网接口之间的HMI连接。

2. 创建PLC的程序

在PLC的变量表中生成数据类型为DInt（双整数）的变量DEG（以度为单位的角度值x），以及数据类型为Real的变量OUT（正弦函数输出值y）。打开项目树的文件夹\PLC_1\程序块，双击"添加新块"，添加循环中断组织块OB32和初始化组织块OB100，OB32的循环执行周期为1000ms。下面是OB32中的程序，角度值由0°增大到90°时，正弦值等于1.0，禁止OB32中断。#RETV是OB32的局部变量。

```
        L       "DEG"
        L       3
        +I
        T       "DEG"           //DEG 加 3
        DTR                     //转换为实数
        L       0.0174533
        *R                      //转换为弧度值
        SIN                     //求正弦值
        T       "OUT"           //保存到输出变量
        L       1.0
        <R
        JC      m001            //正弦值小于 1.0 则跳转
        CALL    DIS_IRT         //禁止 OB32 中断
           MODE     : = 2
           OB_NR    : = 32
           RET_VAL : = #RETV
m001: NOP 0
```

下面是初始化组织块OB100中的程序，PLC首次扫描时将变量DEG和OUT清零。

```
        L       0
        T       "DEG"
        T       "OUT"
```

3. 组态f(x)趋势视图

将工具箱的"控件"窗格中的"f(x)趋势视图"拖拽到根画面，用鼠标调节趋势视图的位置和大小。

选中"f(x)趋势视图"，再选中巡视窗口的"属性 > 属性 > 常规"，勾选复选框"显示标尺""立即加载数据"和"在线"（指定连续更新数据），设置趋势移动的方向。

选中巡视窗口的"属性 > 属性 > 外观"，去掉复选框"在轴上显示标尺"的勾。

选中巡视窗口的"属性 > 属性 > 窗口"，将滚动条的显示方式由"一直"改为"必要时"。

选中巡视窗口的"属性 > 属性 > X轴"（见图6-33），设置显示名称为"角度"，"取值范围"为 0 到 90，"格式"为默认的"自动套用格式"。"轴样式"用于设置轴的颜色、对齐方式和位置，X 轴、Y 轴默认的位置分别在趋势图的下面和左边。

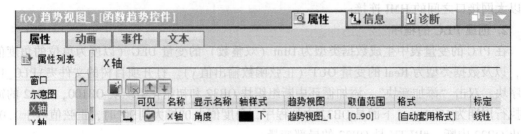

图 6-33　组态 X 轴

选中巡视窗口的"属性 > 属性> Y 轴"（见图 6-34），设置显示名称为"正弦"，"取值范围"为 0 到 1，单击"格式"列右边的按钮，去掉"格式"对话框的复选框"自动套用格式"的勾，设置小数位数为两位，趋势图中 Y 轴的刻度值为 0.00 到 1.00。

图 6-34　组态 Y 轴

选中巡视窗口的"属性 > 属性 > 趋势"（见图 6-35），单击"数据源"列右边的 按钮，打开"数据源"对话框。设置"源类型"为"变量"，X 轴和 Y 轴的变量分别为 DEG 和 OUT，"更新周期"与 OB32 的循环周期相同，均为 1 s。

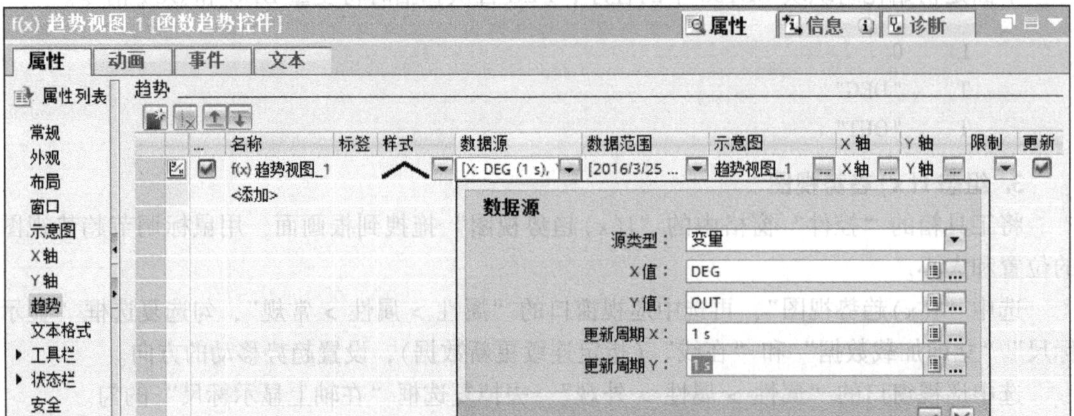

图 6-35　组态趋势

选中巡视窗口的"属性 > 属性 > 文本格式",将"粗体"改为"正常"。

4. f(x)实时趋势视图的仿真运行

选中项目树中的"PLC_1",单击工具栏的"开始仿真"按钮，启动S7-PLCSIM，将程序下载到仿真PLC。选中项目树中的"HMI_1",单击按钮，编译成功后，出现仿真面板。

用S7-PLCSIM的选择框设置通信协议为TCP/IP,将S7-PLCSIM切换到RUN-P模式，从坐标原点开始，逐点出现曲线的各线段，图6-36是变量DEG（角度值）从0°增加到90°时的f(x)趋势曲线。为了保证趋势图中不出现多余的线，应在启动运行系统之前用S7-PLCSIM将变量DEG和OUT清零。

5. 使用数据记录的f(x)趋势视图的组态

将项目"f(x)趋势视图"另存为项目"使用记录数据的f(x)趋势视图"（见随书光盘中的同名例程）。双击项目树"HMI_1"文件夹中的"历史数据",打开历史数据编辑器（见图6-37）。双击编辑器的第1行，生成一个名为"DEG记录"的数据记录。"存储位置"为"TXT文件（Unicode）",每个记录的数据记录数为100,"路径"为"\Storage Card SD\Logs","记录方法"为"循环记录"。选中DEG记录以后，在下面的"记录变量"区组态与"DEG记录"连接的PLC变量"DEG"（MD0）的属性。用同样的方法生成名为"OUT记录"的数据记录，以及组态与"OUT记录"连接的PLC变量"OUT"（MD4）的属性。勾选DEG记录和OUT记录的"运行系统启动时启用记录"复选框（见图6-37），设置"重启时记录处理方法"为"重置记录"（将原来的记录值清零）。

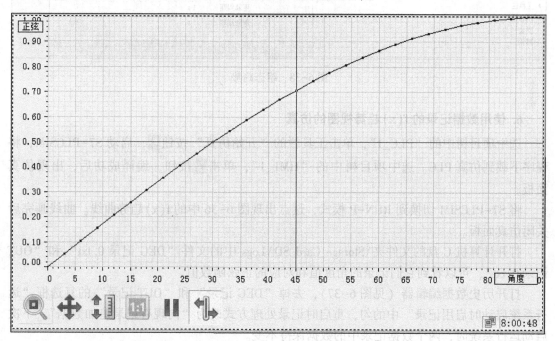

图6-36 f(x)趋势曲线

打开根画面，选中"f(x)趋势视图",再选中巡视窗口的"属性 > 属性 > 趋势"（见图6-38），单击"数据源"列右边的▼按钮，将打开的"数据源"对话框的"源类型"由

"变量"改为"记录变量"。设置 X 轴和 Y 轴的记录变量分别为"DEG 记录\角度"和"OUT 记录\输出","更新周期"与 OB32 的循环周期相同,均为 1 s。

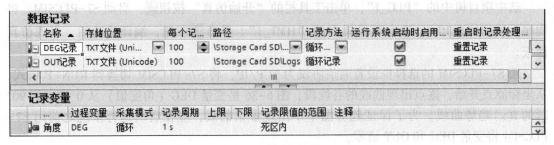

图 6-37　组态数据记录

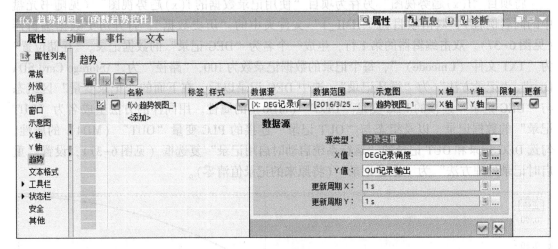

图 6-38　组态趋势

6. 使用数据记录的 f(x)趋势视图的仿真

选中项目树中的"PLC_1",单击工具栏的"开始仿真"按钮🔲,启动 S7-PLCSIM,将程序下载到仿真 PLC。选中项目树中的"HMI_1",单击🔲按钮,编译成功后,出现仿真面板。

将 S7-PLCSIM 切换到 RUN-P 模式,逐点出现图 6-36 中的 f(x)趋势曲线。曲线画完后关闭仿真面板。

打开计算机 C 盘的文件夹\Storage Card SD\Logs 中的文件"DEG 记录 0. txt"和"OUT 记录 0. txt",可以看到它们记录的角度值和对应的正弦函数值。

打开历史数据编辑器(见图 6-37),去掉"DEG 记录"和"OUT 记录"的复选框"运行系统启动时启用记录"中的勾,重启时记录处理方式改为"向现有记录追加数据"。下次启动运行系统时,两个数据记录中的数据保持不变。

选中项目树中的"HMI_1",单击🔲按钮,启动运行系统,出现仿真面板,立即显示出图 6-36 中的 f(x)趋势视图,而与 PLC 的运行模式无关。

6.4 习题

1. 什么是数据记录？数据记录有什么作用？
2. 变量的数据记录有哪 3 种采集模式？
3. 怎样创建数据记录？
4. 数据记录有哪几种记录方法，分别有什么特点？
5. 重新起动运行系统时，可选数据记录的哪两种处理方式？
6. 仿真时数据记录保存在什么地方？
7. *.csv 格式的数据记录文件的各列有什么意义？
8. 怎样在数据记录记满 90%时发出报警消息？
9. 怎样在数据记录溢出时点亮一个指示灯？
10. 怎样用数据记录来保存一个断路器状态变化的事件？
11. 怎样用报警记录来保存报警信息？
12. 趋势视图有什么作用？
13. 在组态时怎样关闭趋势视图的某条纵坐标轴？
14. 怎样将左、右侧值轴分配给两个趋势？
15. f(t)趋势视图中的各个按钮有什么作用？
16. f(t)趋势视图中的标尺有什么作用？
17. 怎样用 f(x)趋势视图显示 f(x)实时趋势曲线？
18. 怎样用 f(x)趋势视图和数据记录显示 f(x)趋势曲线？

第 7 章　配方管理系统

7.1　配方的组态与数据传送

7.1.1　配方概述

1. 配方的概念

配方（Recipe）是与某种生产工艺过程或设备有关的所有参数的集合。以食品加工业为例，果汁厂生产不同口味的果汁，例如葡萄汁、柠檬汁、橙汁和苹果汁等。果汁的主要成分为水、糖、果汁的原汁和香料。每一种口味的果汁产品又分为果汁饮料、浓缩果汁和纯果汁。以橙汁为例，果汁饮料、浓缩果汁和纯果汁的配料相同，只是混合比例不同。除了原料比例外，还需要设置混合的温度（见表 7-1）。

表 7-1　橙汁产品的配方

数据记录/条目	水/L	果汁/L	糖/kg	香精/g	混合温度/℃
果汁饮料	40	20	4	100	20
浓缩果汁	15	25	5	60	18
纯果汁	10	30	6	40	18

如果不使用配方，在改变产品的品种时，操作工人需要查表，并使用 HMI 设备的画面中的 5 个输入域，来将这 5 个参数输入 PLC 的存储区。有的工艺过程的参数可能多达数十个，在改变工艺时如果每次都输入这些参数，既浪费时间，又容易出错。

在需要改变大量参数时可以使用配方，只需要简单的操作，便能集中地和同步地将更换品种时所需的全部参数以数据记录的形式，从 HMI 设备传送到 PLC，也可以进行反向的传送。

每种果汁对应于一个配方。配方中的每个参数称为配方的一个条目（element），这些参数组成的一组数据，称为配方的一条数据记录，每种产品的参数对应于一条数据记录。表 7-1 中每一行的 5 个参数组成了配方的一条数据记录，3 种橙汁产品对应的 3 条数据记录组成了橙汁的配方。

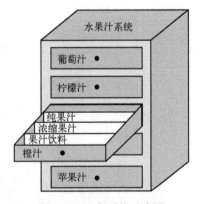

图 7-1　配方系统示意图

每个配方对应于图 7-1 中的文件柜里的一个抽屉。如果果汁厂要生产葡萄汁、柠檬汁、橙汁和苹果汁味的饮料，需要对每种口味组态一个配方。

配方具有固定的数据结构，配方的结构在组态时定义。一个配方包含多个配方数据记录，这些数据记录的结构相同，仅仅数值不同。

配方存储在 HMI 设备或外部的存储介质上。在 HMI 设备和 PLC 之间，配方数据记录作为整体进行传送。

可以直接用 HMI 设备一条一条地输入配方数据记录值，也可以在 Excel 中输入配方的参数，然后通过 *.csv 文件导入 HMI 设备。

2. 配方的显示

需要在 HMI 的画面中组态一个配方视图或配方画面来显示和编辑配方。

配方视图适用于简单的配方，以表格形式显示和编辑 HMI 设备内部存储器中的配方数据记录，配方视图是画面的一部分。用户可以根据自己的要求来组态配方视图的外观和功能。

配方画面是一个单独的画面，适用于大型配方，可以将配方数据分解成若干个画面。配方画面包括输入配方变量的区域和使用配方时需要的操作员控制对象。在配方画面中，配方值用配方变量保存。配方画面用于显示和编辑配方变量的值。

3. 配方的存储方式

配方数据有下列存储方式：

1）存储在 HMI 设备的配方存储器中。

2）存储在外部存储介质中，例如存储卡、USB 记忆棒和硬盘。

3）配方数据的最终目的地是 PLC 的存储器，配方数据只有下载到 PLC 后，才能用它来控制工艺过程。PLC 中同时只保存一条配方数据记录。

7.1.2 配方组态

1. 生成配方

下面以橙汁配方为例，介绍组态配方的步骤。

在博途中创建一个名为"配方视图"的项目（见随书光盘中的同名例程）。PLC_1 为 CPU 315-2PN/DP，HMI_1 为 4in 的精智系列面板 KTP400 Comfort，它们的 PN 接口采用默认的 IP 地址和子网掩码。在网络视图中连接它们的 PN 接口，创建一个名为"HMI_连接_1"的连接。

打开 PLC 默认的变量表，在变量表中生成与配方元素有关的 5 个变量"水""果汁""糖""香精"和"混合温度"（见图 7-2）。

		名称	数据类型	地址	在 HMI 可见	可从 HMI 访问
1		水	Int	%MW10	☑	☑
2		果汁	Int	%MW12	☑	☑
3		糖	Int	%MW14	☑	☑
4		香精	Int	%MW16	☑	☑
5		混合温度	Int	%MW18	☑	☑
6		配方号	Int	%MW20	☑	☑
7		数据记录号	Int	%MW22	☑	☑
8		状态字	Int	%MW26	☑	☑

图 7-2　PLC 默认的变量表

双击项目树中 HMI_1 文件夹中的"配方"，打开"配方"编辑器（见图 7-3）。输入配方的名称和显示名称为"橙汁"，该配方的编号被自动设置为 1。

单击“元素”选项卡中的空白行，生成配方的元素和它们的默认值。输入配方元素的名称和显示名称，单击“变量”所在的列，在出现的变量列表中选择对应的变量。

2. 设置配方的属性

单击选中图 7-3 中的配方后，可以用下面的巡视窗口组态配方的属性，也可以直接在配方表格中组态。

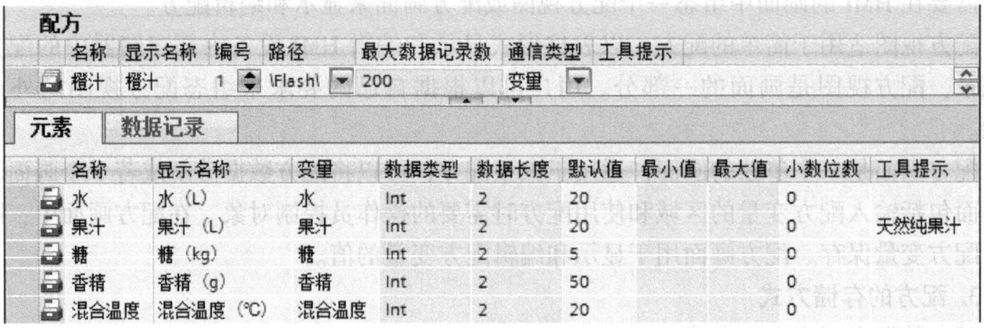

名称	显示名称	编号	路径	最大数据记录数	通信类型	工具提示
橙汁	橙汁	1	\Flash\	200	变量	

名称	显示名称	变量	数据类型	数据长度	默认值	最小值	最大值	小数位数	工具提示
水	水（L）	水	Int	2	20			0	
果汁	果汁（L）	果汁	Int	2	20			0	天然纯果汁
糖	糖（kg）	糖	Int	2	5			0	
香精	香精（g）	香精	Int	2	50			0	
混合温度	混合温度（℃）	混合温度	Int	2	20			0	

图 7-3 “配方”编辑器

HMI 设备一般将配方数据记录保存在内部的 Flash（闪存）中，此时采用默认的“路径”\Flash（见图 7-3）。如果物理存储位置为 U 盘（USB 端口）或 SD 存储卡，“路径”应选\Storage Card USB 或\Storage Card SD。

单击选中图 7-3 中的配方，再选中巡视窗口的“属性 > 属性 > 工具提示”，可以输入 HMI 运行时的操作员注意事项。运行时操作员可以用配方视图中的“工具提示”按钮查看注意事项。

3. 生成配方的数据记录

配方的数据记录对应于图 7-1 中单个抽屉中的文件卡片，即对应于一个产品。对于果汁厂来说，需要在配方中为果汁饮料、浓缩果汁和纯果汁分别创建一个配方数据记录。

配方数据记录是一组在配方中定义的变量的值，可以在组态时或 HMI 设备运行时输入和编辑配方数据记录。

组态时在配方编辑器的“数据记录”选项卡中生成和编辑数据记录（见图 7-4）。输入数据记录的名称后，逐一输入各配方元素的数值。

在每一行的“注释”列可以输入与配方数据记录有关的帮助信息。

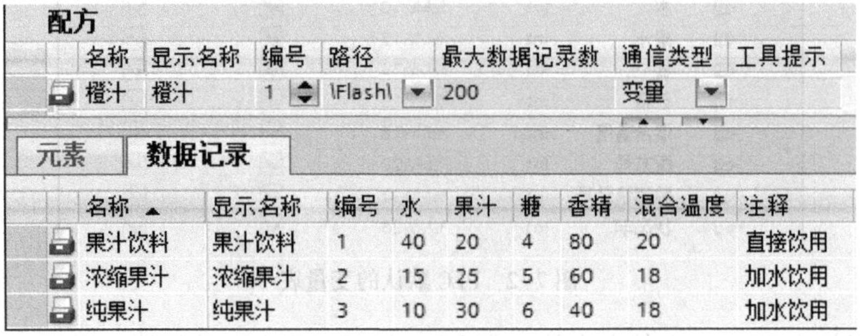

名称	显示名称	编号	路径	最大数据记录数	通信类型	工具提示
橙汁	橙汁	1	\Flash\	200	变量	

名称 ▲	显示名称	编号	水	果汁	糖	香精	混合温度	注释
果汁饮料	果汁饮料	1	40	20	4	80	20	直接饮用
浓缩果汁	浓缩果汁	2	15	25	5	60	18	加水饮用
纯果汁	纯果汁	3	10	30	6	40	18	加水饮用

图 7-4 配方数据记录

7.1.3　配方的数据传送

1. 配方数据记录的传送

图 7-5 给出了配方数据传送可能的情况。HMI 设备将配方数据记录存储在存储介质中，可以通过 HMI 设备的显示屏在配方视图或配方画面中编辑配方数据记录。

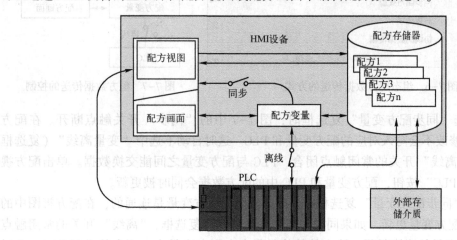

图 7-5　配方数据的传送

（1）加载并保存配方数据

配方视图和 HMI 设备的配方存储器之间可以直接交换数据，即配方视图从配方存储器中加载完整的配方数据记录，或者将其保存在配方存储器中。

配方画面和配方存储器之间通过配方变量交换数据。配方画面从配方存储器将配方数据记录的值加载到配方变量。保存配方数据记录的值时，将配方变量的值保存到配方存储器的一个配方数据记录中。

（2）在 HMI 设备和 PLC 之间传送配方值

如果在配方组态时未勾选"变量离线"复选框，图 7-5 中的"离线"开关的常闭触点闭合，在 PLC 和配方变量之间立即传送单个修改过的值。

配方数据记录也可以直接在 HMI 设备和 PLC 之间传送，无需在 HMI 设备上显示。

（3）导入或导出配方数据记录

可以从 HMI 设备的配方存储器中导出配方数据记录，并将它保存在外部存储介质的 CSV 文件中。也可以将这些记录从存储介质重新导入到配方存储器中。

2. 配方数据传送的控制

在 HMI 设备运行时对配方进行操作，可能会意外地覆盖 PLC 中的配方数据。必须在对配方组态时采取措施，防止出现这种情况。

在组态配方时，选中图 7-4 配方编辑器中的配方"橙汁"，再选中巡视窗口的"属性 > 常规 > 同步"（见图 7-6），可以用复选框选择是否启用"同步配方变量"和"变量离线"，来控制配方数据传送的方式，以保证在修改 HMI 设备上的配方数据记录时，不会干扰当前的系统运行。

参数"同步配方变量"对应于图 7-5 中的"同步"开关的常开触点，参数"变量离线"对应于图 7-5 中的"离线"开关的常闭触点。图 7-7 是图 7-5 的简化图。

图 7-6　组态配方数据传送的方式　　　　　图 7-7　配方数据传送的控制

1）未勾选"同步配方变量"复选框时，图 7-7 中的"同步"开关触点断开。在配方视图中进行的修改不会写入对应的配方变量和 PLC。这时自动不选中"变量离线"（复选框变为灰色），"离线"开关的常闭触点闭合，PLC 与配方变量之间能交换数据。单击配方视图中的"写入 PLC"按钮，配方变量和 PLC 中的配方数据会同时被更新。

2）勾选"同步配方变量"复选框时，配方视图与配方变量是连通的，在配方视图中的改动会立刻对配方变量更新。如果同时勾选"变量离线"复选框，"离线"开关的常闭触点使 PLC 与配方变量的连接断开，输入的数值只保存在配方变量中，不会传送到 PLC。此时可以确保将配方视图输入的数据写入配方变量，而不是直接传送到 PLC。

3）选中"同步配方变量"，但是未选"变量离线"，图 7-7 中"同步"开关和"离线"开关的触点均闭合，配方视图与配方变量和 PLC 都是连通的，配方视图输入的数据被直接传送到配方变量和 PLC，立即影响制造过程。如果 PLC 中的配方值发生变化，在配方画面中将立即显示更改后的值。

3. 协调数据传输

在 PLC 和 HMI 设备之间传送配方数据记录有非协调传输和通过"数据记录"区域指针协调传输两种。协调传输用于防止数据在任意一个方向被意外覆盖。为了实现协调传输，需要完成下列操作：

1）选中配方编辑器中的配方，再选中巡视窗口的"属性 > 常规 > 同步"（见图 7-6），激活复选框"协调的数据传输"，使配方视图中的值与 PLC 中的配方变量值同步。

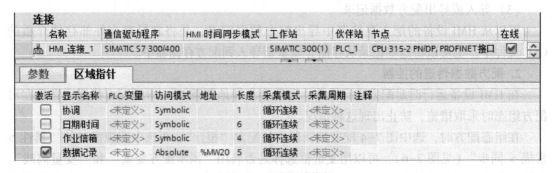

图 7-8　组态区域指针

2）双击打开项目树的"HMI_1"文件夹中的"连接"，打开"连接"编辑器，选中

HMI 设备与 PLC 的连接 "HMI_连接_1"（见图 7-8）。在下面的 "区域指针" 选项卡中勾选复选框 "数据记录"，它是 HMI 设备与 PLC 的共享数据区。设置其地址为 MW20，数据长度为 5 个字，第 1、第 2 个字分别是当前配方号和当前数据记录号（见图 7-2），第 4 个字 MW26 是传送状态字，为 0 时允许传送，为 4 时传送完成，没有错误；为 12 时传送完成，出现错误。需要将传送状态字清零后，才能再次进行传送。第 3、第 5 个字保留未用。

在配方数据记录的传送中，PLC 是 "主动方"，PLC 判断 "数据记录" 区域指针中的配方编号和数据记录的编号，通过传送状态字控制传送。这种机制可以防止对配方数据的任意改写。

7.2　配方视图的组态与仿真

配方视图是一个紧凑的画面对象，用于在 HMI 设备运行时显示和编辑配方数据记录。配方视图适合于数据记录较少的配方使用。配方视图的组态工作量少，可以快速、直接地处理配方和数据记录。

7.2.1　配方视图的组态

1. 生成配方视图

打开项目 "配方视图" 的根画面，将工具箱的 "控件" 窗格中的 "配方视图" 拖拽到画面中，用鼠标调节它的位置和大小。

选中配方视图以后，再选中巡视窗口的 "属性 > 属性 > 常规"（见图 7-9），如果指定了配方的名称，运行时只能对该配方进行操作。如果没有指定配方名称（选择 "无"），在运行时由操作员选择已组态的配方。

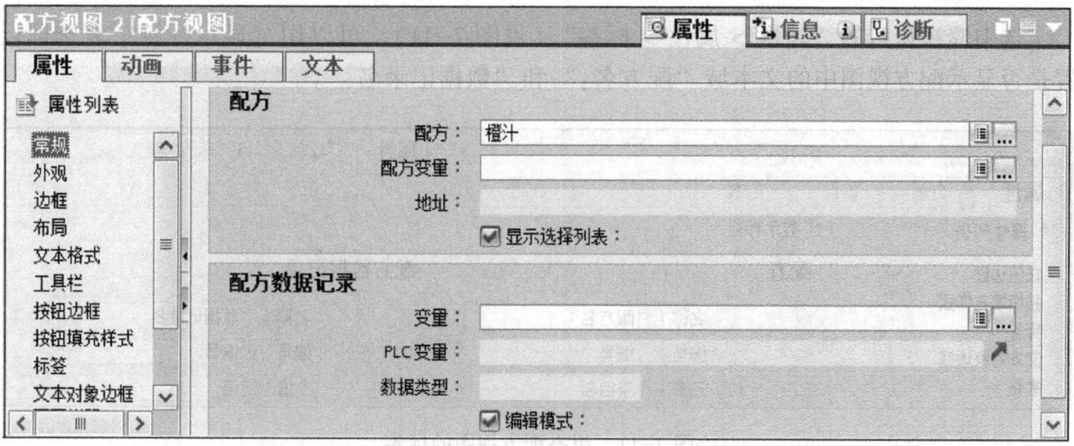

图 7-9　配方视图的常规组态

如果为配方和数据记录组态了图 7-9 中的 "配方变量" 和 "变量"，在 HMI 设备上选择的配方和数据记录的编号或名称将在运行时写入这些变量。例如，可以将存储在这些变量中的配方和数据记录的编号/名称作为函数和脚本的参数，以保存当前的数据记录。反之，通过输入相应的值可以用变量选择配方或配方数据记录。由变量的数据类型决定是存储名称还是编号，如果想要存储名称，必须指定数据类型为 String（字符型）的变量。

如果在图 7-9 中没有勾选"显示选择列表"复选框，将不会显示图 7-10 中的"配方名："选择列表。如果只允许用户用配方视图查看配方数据，禁止用户对配方数据记录的修改，应去掉图 7-9 中的"编辑模式"复选框中的勾。即使禁用了编辑模式，仍然可以使用工具栏上的按钮。

选中配方视图以后，再选中巡视窗口的"属性 > 属性 > 外观"，可以用复选框设置是否显示配方视图中的"编号"和显示视图下面的状态栏。

选中巡视窗口的"属性 > 属性 > 工具栏"，可以用复选框设置显示工具栏上的哪些按钮，图 7-10 给出了各按钮的名称（没有"另存为"按钮）。

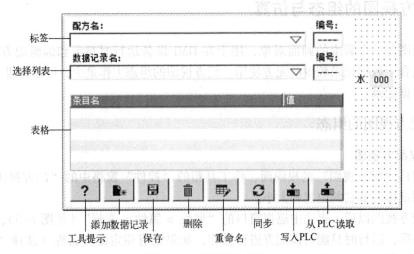

图 7-10   高级配方视图

选中巡视窗口的"属性 > 属性 > 标签"（见图 7-11），可以用"显示标签"复选框设置是否显示配方视图中的文本域"配方名："和"数据记录名："。

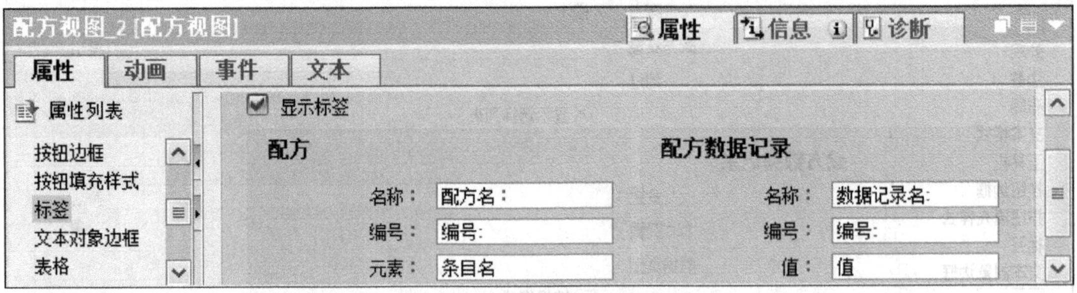

图 7-11   组态配方视图的标签

选中巡视窗口的"属性 > 属性 > 表格"，可以用右边窗口中的"显示表格"复选框，设置是否显示"条目名"下面的表格。配方视图的其他参数一般可以采用默认的设置。

如果需要，选中巡视窗口的"属性 > 属性 > 安全"，为配方视图分配访问权限，使配方视图只能由授权的人员操作。

2. 配方视图中的按钮

配方视图中按钮的排列见图7-10，该图未使用"另存为"按钮。各按钮的功能如下。

"工具提示"按钮 ?：显示配方视图组态时输入的操作员注意事项。

"添加数据记录"按钮 ：创建一个新的数据记录，使用配方组态时的"默认值"（见图7-3）预置配方记录值。

"保存"按钮 ：将配方视图中改变的值写入组态的存储介质中。

"删除数据记录"按钮 ：从HMI设备的数据介质中删除显示的配方数据记录。

"重命名数据记录"按钮 ：修改显示的配方数据记录的名称。

"同步配方变量"按钮 ：使用此功能前，应在配方属性中激活"同步配方变量"复选框（见图7-6）。该按钮比较配方视图显示的值和配方变量中的值。系统将始终用最新的配方变量数值对配方视图的当前值进行更新。当配方视图显示的数值比当前的配方变量值更新时，系统将把该值写入配方变量。

"写入PLC"按钮 ：将当前显示在配方视图中的配方数据记录传送到PLC。

"从PLC读取"按钮 ：在配方视图中显示从PLC读取的配方数据记录值。

7.2.2 配方视图的仿真

选中项目树中的"PLC_1"，单击工具栏的"开始仿真"按钮 ，启动S7-PLCSIM，将程序下载到仿真PLC，将CPU切换到RUN-P模式。选中项目树中的"HMI_1"，单击工具栏的"开始仿真"按钮 ，编译成功后，出现图7-12中仿真面板的根画面。

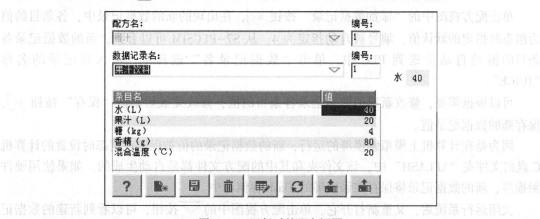

图7-12 运行时的配方视图

因为本项目只有一个名为"橙汁"的配方，组态时可以不显示配方的选择列表。该图在组态时设置为不显示状态栏和"另存为"按钮。

刚刚启动运行系统时，因为配方视图还没有获取配方数据记录的编号，最上面的"数据记录名"和它的"编号"没有显示信息，表格中显示的是图7-3中配方条目的默认值。

1. 配方视图与PLC直接连接

在组态时激活了"同步配方变量"复选框（见图7-6），但是未激活"变量离线"和

"协调的数据传输"复选框。图7-7中的两对触点均接通，配方视图、配方变量和PLC都是连通的。在S7-PLCSIM中监视保存数据记录的条目值的MW10~MW18。

（1）切换数据记录

图7-12右边的I/O域用于配方条目"水"，它对应于HMI设备中的配方变量。

单击"数据记录名"选择列表右边的 ⏷ 按钮，在出现的列表中选择数据记录"果汁饮料"，显示的配方条目的值如图7-12所示，S7-PLCSIM中的配方变量值与配方视图中的相同。在配方视图中将数据记录由"果汁饮料"切换为"浓缩果汁"，配方视图中的条目值、S7-PLCSIM中的配方变量值和I/O域中的配方变量"水"的数值也立即产生相同的变化。

（2）修改数据记录的条目值

单击配方视图中条目"水"（MW10）的值，将它修改为新的值以后按回车键确认。

在配方视图中修改的元素值不能直接传送到PLC和图7-12右边的I/O域，可以通过单击配方视图中的"保存"按钮 💾、"写入PLC"按钮 🔼 或"同步配方变量"按钮 🔃，将修改后的值从配方视图传送到画面中的I/O域和S7-PLCSIM。可能需要单击两次配方视图，第1次是激活它，在一个有闹钟图形的小正方形出现和消失后，数据被成功地传送。使用保存按钮时需要确认。

修改S7-PLCSIM中配方条目"水"（MW10）的值，修改后一定要按回车键确认。修改的结果立即被画面中的I/O域显示出来。但是不能直接传送到配方视图，需要单击配方视图中的"保存"按钮 💾、"从PLC读取"按钮 🔼 或"同步配方变量"按钮 🔃，才能将修改后的值从PLC传送到配方视图中。

（3）新建和删除数据记录

单击配方视图中的"添加数据记录"按钮 ➕，在出现的新的数据记录中，各条目的值为组态时指定的默认值，编号被自动指定为4。从S7-PLCSIM可以看到，新的数据纪录各条目的值被自动传送到PLC中。单击"数据记录名"选择框，输入新记录的名称"JUICE"。

可以根据需要，修改新建的数据记录各条目的值，修改完成后单击"保存"按钮 💾，保存新的数据纪录值。

因为是在计算机上模拟触摸屏的运行，新的数据记录的值被保存在组态时设置的计算机C盘的文件夹"\FLASH"中，该文件夹和其中的配方文件都是自动生成的。如果使用硬件触摸屏，新的数据记录将保存在触摸屏的Flash存储器中。

关闭运行系统后，又重新打开它，单击配方视图中的 ⏷ 按钮，可以看到新建的数据记录"JUICE"依然存在。

显示出数据记录JUICE后，单击"删除"按钮 🗑，弹出的对话框询问"确实要删除配方橙汁中的数据记录JUICE吗?"，单击"是"按钮确认，该数据记录被删除。删除后单击"数据记录名:"选择框的 ⏷ 按钮，可以看到数据记录JUICE已被删除。

图7-12右边的I/O域用于配方条目"水"，修改该I/O域的值以后，S7-PLCSIM中"水"对应的MW10的值立即变化，但是配方视图中的条目没有改变。单击"从PLC读取"按钮 🔼，或单击"同步配方变量"按钮 🔃，I/O域中的值被传送到配方视图的"水"条目中。

2. 激活"变量离线"时的仿真运行

退出运行系统，选中配方编辑器中的"橙汁"，同时勾选图 7-6 中的"同步配方变量" "变量离线"和"协调的数据传输"复选框。激活"变量离线"功能后，图 7-7 中的常闭触点断开，PLC 与配方变量的连接被断开。

将程序下载到仿真 PLC 以后，将 CPU 切换到 RUN-P 模式。选中项目树中的"HMI_1"，单击工具栏的"开始仿真"按钮，编译成功后，出现仿真面板（见图 7-12）。

打开数据记录"果汁饮料"后，配方中的条目值不会自动传送到 S7-PLCSIM。

因为同时勾选了图 7-6 中的"变量离线"和"协调的数据传输"复选框，配方视图与 PLC 之间的数据传送需要同时满足两个条件：

1) 在 S7-PLCSIM 中，将"数据记录"区域指针第 4 个字（传送状态字 MW26）置为 0，允许传送。

2) 单击配方视图中的"写入 PLC"按钮，将配方数据下载到 PLC。或者单击配方视图中的"从 PLC 读出"按钮，将 PLC 中的配方数据上传到 HMI 设备。上述传送过程是通过图 7-5 最左边的"直通"通路完成的。

满足上述条件时，在配方视图中修改条目"水"的值后，单击配方视图的"写入 PLC"按钮，配方号和数据记录号被传送到 S7-PLCSIM 中的 MW20 和 MW22（"数据记录"区域指针的第 1 和第 2 个字）。成功传送后，状态字 MW26 被 PLC 的 CPU 置为 4。

在 S7-PLCSIM 中修改条目"水"MW10 的值，将状态字 MW26 修改为 0，按回车键确认，才能用"从 PLC 读出"按钮，将 PLC 中的配方数据记录传送到配方视图。传送成功后状态字 MW26 变为 4。切换配方数据记录后，需要将状态字清 0，才能用"写入 PLC"按钮，将条目"水"MW10 的值写入 PLC。

此时不能用"同步配方变量"按钮实现 PLC 和 HMI 之间的配方数据记录传送。

如果在组态配方时，选中图 7-6 中的"同步配方变量"和"变量离线"复选框，但是未选中"协调的数据传输"复选框，配方数据记录是否能上载或下载与状态字 MW26 的值无关。

7.3 配方画面的组态与仿真

配方视图和配方画面都是用来在 HMI 设备上查看、编辑、创建、保存和传送配方的数据记录。

与配方视图相比，使用配方画面有以下优点：

1) 可以在配方画面中自定义配方的输入界面。输入界面是用 I/O 域和其他画面对象创建的。可以用图形画面对象（例如棒图）生动地显示它们。用按钮（或功能键）和系统函数实现配方功能，例如保存、装载、上载和下载配方数据记录。

2) 可以根据要求将包含多个条目的大型配方的数据记录中的参数分布在多个画面中。例如，可以将制造桌面的过程分成多个过程画面，包括横切、焊缝、剪切、钻孔、打磨以及包装操作。可以将配方数据记录中的参数分散到各相关的画面中，在运行时可以避免经常切换画面。对于显示屏较小的 HMI 设备，这种处理方式使配方的组态更为方便灵活。

3) 可以使用图形画面对象，在过程画面中真实地模拟机械设备。将与配方有关的 I/O 域放在机械设备的部件（例如坐标轴或导轨）旁边，可以更生动地显示有关参数的意义。

7.3.1 配方画面的组态

1. 组态配方视图

将项目"配方视图"另存为"配方画面"（见随书光盘中的同名例程），这两个项目具有相同的变量表和配方组态。在新项目的根画面中生成配方画面。

可以用 I/O 域、符号 I/O 域、文本域和文本列表来显示和切换配方和配方数据记录，但是组态的工作量较大，也不是很形象直观。下面组态一个精简的配方视图，来显示和切换配方和配方数据记录。

将工具箱的"控件"窗格中的"配方视图"拖拽到画面中，用鼠标调节它的位置和大小。选中配方视图后，再选中巡视窗口的"属性 > 属性 > 常规"（见图 7-13），因为只有一个配方"橙汁"，不勾选切换配方的复选框"显示选择列表"，不显示切换配方的选择框。不选择"编辑模式"，禁止用户用配方视图修改配方数据记录。

分别将图 7-13 中的"配方变量"和"变量"连接到 PLC 变量"配方号"（MW20）和"数据记录号"（MW22），用这两个变量来传送配方编号和数据记录编号。

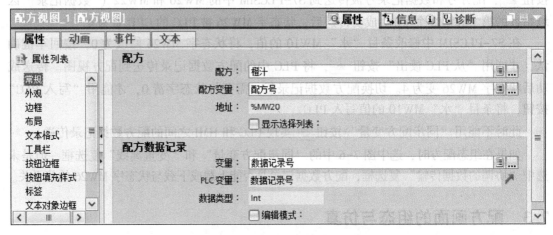

图 7-13 组态配方视图的常规属性

选中巡视窗口的"属性 > 属性 > 外观"，勾选复选框"显示编号"，不勾选复选框"显示状态栏"。选中巡视窗口的"属性 > 属性 > 文本格式"，将字形改为"正常"，大小改为 13 个像素点。选中巡视窗口的"属性 > 属性 > 工具栏"，禁用所有的按钮。选中巡视窗口的"属性 > 属性 > 表格"，不勾选"显示网格"复选框。其他参数采用默认的设置。

通过上述组态，配方视图仅保留了显示和切换数据记录名和数据记录编号的功能（见图 7-14）。

2. 组态显示和设置配方变量的对象

为了使配方画面更加形象，用两个不同颜色的矩形组成一个混合池。打开工具箱的"图形"窗格的"\WinCC 图形文件夹\Automation equipment\Mixers\4Colors\"文件夹，将其中的一个搅拌器拖拽到混合池内。

在混合池的上方，放置 4 个棒图元件，各棒图元件的上方分别放置一个输入/输出域，棒图和 I/O 域分别与配方中的 4 个配方变量连接（见图 7-14）。

在各棒图元件的下面分别放置一个阀门图形元件，阀门元件来自工具箱的"图形"窗格的"\WinCC 图形文件夹\Automation equipment\Valves\4 Colors"文件夹。

在画面的右边组态一个与配方变量"温度"连接的 I/O 域。上述 5 个 I/O 域用于显示和修改配方数据记录中变量的数值。

3. 组态操作配方的按钮功能

在配方画面中生成 4 个按钮，按钮上的文本分别为"保存""装载""上载"和"下载"。前两个按钮用于配方画面中的数据与 HMI 设备的配方存储器之间的数据传送，后两个按钮用于配方画面中的数据与 PLC 存储区之间的数据传送。

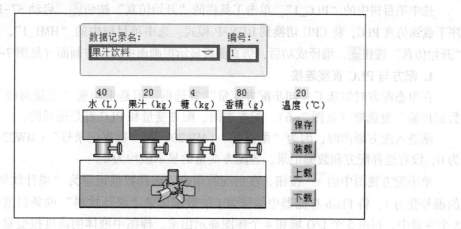

图 7-14　配方画面

选中"保存"按钮后，再选中巡视窗口的"属性 > 事件 > 单击"（见图 7-15），组态单击该按钮时调用系统函数"保存数据记录"。"配方号"（MW20）和"数据记录号"（MW22）是 PLC 变量表中的变量。系统函数的参数"覆盖"的选项为"确认后"，表示只有经用户确认后才会覆盖配方数据记录。"输出状态消息"为"开"，表示要输出状态消息。可选的参数"处理状态"为 2 表示系统函数正在执行，为 4 表示已经成功完成，为 12 表示因为出现了错误，系统函数未执行。

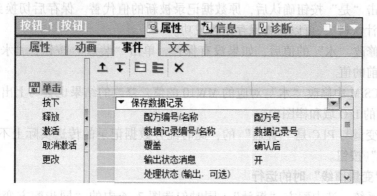

图 7-15　组态按钮的事件功能

单击"装载"按钮时调用系统函数"装载数据记录",从 HMI 设备的配方存储器中加载所选择的配方数据记录,并在配方画面中显示。

单击"上载"按钮时调用系统函数"从 PLC 获取数据记录",将 PLC 中的当前配方数据记录传送到配方变量中,并在 HMI 设备上显示。

单击"下载"按钮时调用系统函数"将数据记录设置为 PLC",画面中显示的配方变量将被传送到 PLC。

上述 3 个系统函数的参数及其意义与"保存数据记录"的相同,有的函数的参数个数比"保存数据记录"少一些。

7.3.2 配方画面的仿真

选中项目树中的"PLC_1",单击工具栏的"开始仿真"按钮■,启动 S7-PLCSIM,将程序下载到仿真 PLC,将 CPU 切换到 RUN-P 模式。选中项目树中的"HMI_1",单击工具栏的"开始仿真"按钮■,编译成功后,仿真面板显示根画面中的配方画面(见图 7-14)。

1. 配方与 PLC 直接连接

在组态配方时勾选了"同步配方变量"复选框,但是未勾选"变量离线"和"协调的数据传输"复选框(见图 7-6),配方视图、配方变量和 PLC 都是连通的。

刚进入配方画面时,因为"配方号"(MW20)和"数据记录号"(MW22)的初始值均为 0,没有选择配方和数据记录,各配方变量的显示值均为 0。

单击配方视图中的 ▽ 按钮,在出现的列表中选择数据记录为"果汁饮料",数据记录的编号变为 1,将 Flash 存储器中编号为 1 的数据记录"果汁饮料"的条目值装载到对应的 5 个变量中,再由 5 个 I/O 域和 4 个棒图显示出来。棒图中液体的高度按变量值与棒图显示的最大值的比例显示出来。

因为没有激活"变量离线"功能,HMI 中的变量与 PLC 是"直通"的,选择"果汁饮料"后,在配方画面的 I/O 域中的数值改变的同时,S7-PLCSIM 对应的地址的值也同步变化。

此时 S7-PLCSIM 的 MW22 中是配方数据记录的编号,状态字 MW26 为 0,不会变化。

单击配方变量"水"对应的 I/O 域,用出现的小键盘修改配方条目的值,确认后修改的条目值马上传送到 S7-PLCSIM 中。单击"保存"按钮,弹出的对话框询问是否需要覆盖数据记录,单击"是"按钮确认后,原数据记录被新的值代替。保存后切换到"纯果汁",再返回到"果汁饮料",可以检查保存是否成功。

在画面中修改"水"的值后,如果没有保存,单击"装载"按钮,"水"对应的 I/O 域将显示修改前的值。

在 S7-PLCSIM 中修改"水"对应的 MW10 的值,修改的结果也会马上出现在配方画面中"水"对应的 I/O 域和棒图中。

由于配方变量与 PLC 是"直通"的,此时配方数据记录的传送实际上不需要"下载"按钮和"上载"按钮。

2. 激活"变量离线"时的运行

关闭运行系统,选中配方"橙汁",同时勾选图 7-6 中的"同步配方变量""变量离线"和"协调的数据传输"复选框。激活"变量离线"功能后,PLC 与配方变量的连接被断开, I/O 域输入的数值只是保存在 HMI 设备的配方变量中, 不会直接传送到 PLC。

选中项目树中的 "HMI_1", 单击工具栏的 "开始仿真" 按钮█, 出现的仿真面板显示图 7-14 中的配方画面。

用配方视图选中 "果汁饮料" 后, 数据记录编号 MW22 变为 1, "果汁饮料" 的条目值装载到对应的 5 个配方变量中, 用 5 个 I/O 域和 4 个棒图显示出来。但是此时配方的条目值不会自动传送到 PLC 中。

因为在图 7-6 中激活了 "变量离线" 和 "协调的数据传输", 应在 S7-PLCSIM 中将 "数据记录" 区域指针中的第 4 个字 MW26 (传送状态字) 清零, 允许传送, 然后单击配方画面中的 "下载" 按钮, 才能将配方数据下载到 PLC。

单击 "下载" 按钮后, 配方号和数据记录号被同时传送到 MW20 和 MW22 ("数据记录" 区域指针的第 1 和第 2 个字)。传送结束后, 状态字 MW26 被 PLC 的 CPU 置为 4, 传送被禁止。将状态字修改为 0 后按回车键, 才能再次进行传送。

在配方画面中用 I/O 域修改配方变量 "水" 的值, 单击 "保存" 按钮, 确认 "覆盖" 后, 打开别的数据记录。再返回 "果汁饮料", 可以看到保存是成功的。单击 "下载" 按钮, 修改后的配方数据被下载到 PLC。

在 S7-PLCSIM 中修改配方变量 "水" 对应的 MW10 的值, 修改的结果不会出现在配方画面 "水" 对应的 I/O 域中。将状态字 MW26 清零后, 单击配方视图中的 "上载" 按钮, 才能将 PLC 中的配方数据上载到 HMI 的配方变量中。上载时出现的对话框询问是否要覆盖数据记录, 单击 "是" 按钮确认。上载后 "水" 对应的 I/O 域的值没有变化, 需要单击 "装载" 按钮, 上载的数据才能用 "水" 对应的 I/O 域显示出来。

7.4 习题

1. 使用配方有什么好处?

2. 配方有哪些存储方式?

3. 配方数据有哪些传送方式? 怎样控制配方数据的传送方式?

4. 怎样实现配方的协调数据传输?

5. 配方由什么组成? 配方的数据记录由什么组成?

6. 配方视图中的按钮各有什么作用?

7. 怎样组态才能使配方视图与 PLC 直接连接? 直接连接时怎样将配方视图修改后的值传送到 PLC?

8. 怎样用配方视图新建和删除数据记录?

9. 配方视图和配方画面分别适用于什么场合?

10. 通过组态, 显示出图 7-14 中的配方视图。

11. 怎样用配方画面实现配方的协调数据传输?

选中项目树中的"HMI_1"，单击工具栏上的"开始仿真"按钮，出现的仿真面板见图 7-14 中的那个画面。

根据上面的规则做测试，例如在输入变量的"控制值"列，将第 5 和第 11 位设为 1，将 I/O 域的值设为 5（见图 7-9），则 I/O 域和 4 个模拟表示灯都变为 1 状态，未被启动的是和 PLC 中。

图为在图 7-9 中需要同时"开始监视"和"加载周期的数据变化"，才能看到数据的变化。图 5 为 I/O 域和 4 个模拟指示灯为绿色状态，未被启动的是和 PLC 中。

"改变位"区域内的位数为 HW30（未起 0 到 31），置 1 位为高亮显示，固定中间"下载"按钮，随后对话框关闭，操作列 PLC。

单击"开始"按钮，将问题"调整"数据问话框。随后打开对话框。

在图表以打开 I/O 域建立对应关系。将目标 HW26 和 PLC 变量建立对应。

更改测试数据一 I/O 域建立对应关系，等。

第 8 章　HMI 应用的其他问题

8.1　报表系统

8.1.1　报表系统概述

1. 报表的作用

报表用于记录过程数据和处理的生产周期信息。可以创建包含生产数据的轮班报表，或者对生产过程进行归档，以便进行质量控制。

在报表编辑器中创建和编辑报表文件，组态报表布局，确定输出哪些数据。可以将用于数据输出的各种画面对象添加到报表文件中。可以在指定的时间或者在定义的时间间隔，或者由其他事件来触发报表数据的输出。例如在轮班结束时打印出包含整个生产过程的数据和出错事件的轮班报表。

可以创建输出生产记录数据的报表，或者创建输出某一类别的报警信息的报表。

2. 报表的结构

WinCC 的报表具有相同的基本结构，它们被分为不同的区域（见图 8-1），各个区域用于输出不同的数据，可以包含常规对象和报表对象。

（1）标题页和封底

标题页（封面）包含有关报表内容的重要信息，用来输出项目标题和项目的常规信息。

封底是报表的最后一页，用于输出报表的摘要或者报表末尾需要的其他信息。标题页和封底分别在单独的页面上输出，它们都只占一页，没有页眉和页脚。

（2）详情页面

运行系统的数据在"详情页面"区域中输出，详情页面可以插入用于输出运行系统数据的对象。

（3）页眉和页脚

组态时页眉和页脚在详情页面之前和之后。它们用于输出页码、日期或者其他常规信息。

3. 创建报表

将第 8 章中的项目"配方视图"另存为"报表组态"（见随书光盘中的同名例程），在项目树中双击"\HMI_1\报表"文件夹中的"添加新报表"，报表编辑器被自动打开，创建的新报表的默认名称为"报表_1"。两次单击项目树中的"表报_1"，选中它以后将其更名为"配方报表"。

4. 页面的快捷菜单

可以关闭或打开单个报表区域，以便在工作区域中获得更好的视图效果。单击图 8-1 中报表各区域左侧的 + 按钮，该区域被打开，打开后该按钮变为 - ，单击带减号的按钮，该区域被折叠（关闭）。

图 8-1　报表编辑器

用右键单击展开的详情页面的空白处，可以用出现的快捷菜单创建页面（见图 8-1）。页眉和页脚的快捷菜单没有图 8-1 中的"页面"选项。

使用出现的快捷菜单中的"展开所有页面"和"隐藏所有页"命令，可以同时显示或隐藏所有的区域（见图 8-2）。

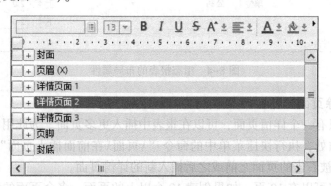

图 8-2　隐藏所有页的报表

5. 组态报表的常规属性

同时隐藏所有的区域后，单击图 8-2 "封底"下面的空白处，选中了"配方报表"，再选中巡视窗口的"属性 > 属性 > 常规"（见图 8-3），可以选择是否启用页眉和页脚、是否启用报表的标题页（封面）和封底，还可以设置页眉和页脚的高度。如果没有启用页眉，页眉的标题变为"页眉（X）"。本节组态的"配方报表"没有启用封面和封底。

6. 组态报表的布局属性

选中巡视窗口的"属性 > 常规 > 布局"（见图 8-4），可以设置页面的格式，如果用下拉式列表设置"页面格式"为"用户自定义"，应在"页面宽度"和"页面高度"域中输入自定义的值。

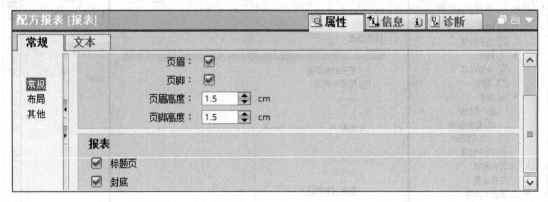

图 8-3　组态报表的常规属性

页面方向可以选择纵向或横向，单位可选公制和美制。"边距"域用于设置页边距的大小。可以修改页边距，但是设置的页边距不能小于为打印机设置的页边距，一般采用默认的页边距。

图 8-4　组态报表的布局属性

7. 插入与删除页面

新建的报表只有一个详情页面，可以在报表中插入更多页面。为此用右键单击某一打开的详情页面的空白处，执行快捷菜单中的命令"\页面\在前面插入页面"或"\页面\在后面插入页面"，在被右击的页面之前或之后插入新的详情页面。

每个报表最多可以有 10 页。如果创建 10 个以上的页面，多余页面的编号会用尖括号括起（例如详情页面<11>），系统不会输出多余的页面。快捷菜单中的"\页面\删除详情页面"命令用于删除选定的详情页面。

8. 更改页面的顺序

可以用下面的例子来说明更改页面顺序的方法。工作区中的详情页面 1~3 按从上到下的顺序排列，在这 3 页中分别插入文本域 1、2、3。用鼠标右键单击展开的详情页面 3，执行弹出式菜单中的命令"\页面\上移一页"，工作区中详情页面 1~3 的排列次序不变，但是页面 2 中的文本域变为 3，页面 3 中的文本域变为 2，说明原来的第 3 页和第 2 页被"上移一页"命令互换。

9. 使用工具箱

打开报表编辑器时，工具箱中的对象用于组态报表的输出数据。可以用拖拽功能将工具箱的窗格中的对象插入报表。某些对象在报表中使用时功能受到限制，例如 I/O 域只能用作输出域。工具箱中有哪些可用于报表的对象与 HMI 设备的型号有关，工具箱只显示那些可以在报表中使用的对象。越高档的 HMI 设备，其工具箱中可用于报表的对象越多。

精智面板的工具箱的"元素"窗格有 I/O 域、图形 I/O 域、符号 I/O 域和日期时间域，增加了"页码"对象。"控件"窗格中有"配方报表"和"报警报表"对象。

10. 修改报表对象的默认属性

WinCC 为工具箱中的各种对象预置了默认的属性。将对象从工具箱插入报表时，对象采用这些默认属性。

可以修改报表对象的默认属性来满足项目的要求。选中报表中的某个对象，根据项目的需要，用下面的巡视窗口来调整对象的默认属性。

8.1.2 组态配方报表

1. 组态报表

单击页眉左侧的 [+] 按钮，将它打开后，插入文本域"班次配方报表"，选中它以后，选中巡视窗口的"属性 > 属性 > 文本格式"，将它的字体大小设置为 15 个像素点，字形为"正常"。

将工具箱的"简单对象"窗格中的"日期时间域"对象拖拽到页眉中。用相同的方法将工具箱的"元素"窗格的"页码"对象拖拽到页脚中。

将"配方报表"对象从工具箱的"控件"窗格拖拽到报表的详情页面 1 中。

2. 配方报表的常规设置

单击选中"配方报表"对象，再选中巡视窗口的"属性 > 属性 > 常规"（见图 8-5），为报表选择要打印的配方和数据记录。

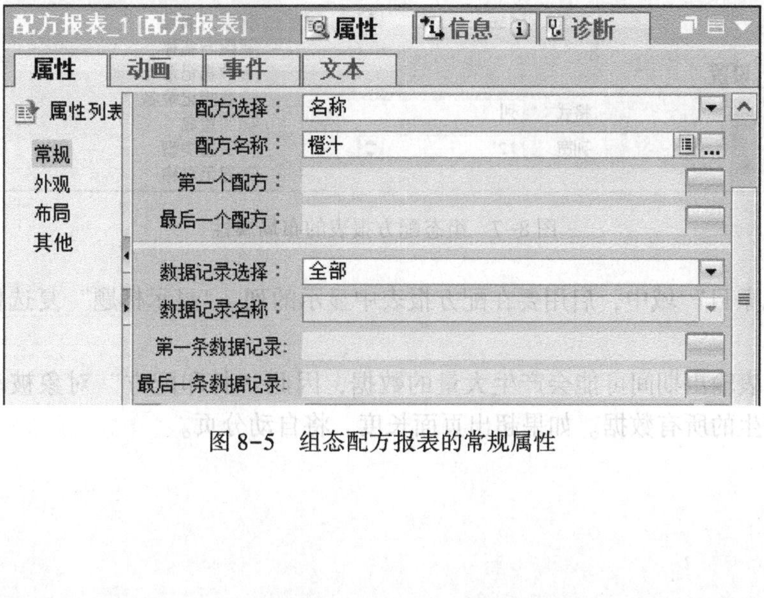

图 8-5　组态配方报表的常规属性

打印配方有 3 种选择：

1）选择"名称"，只打印一个配方，需要设置配方的名称。

2）选择"全部"，打印所有的配方。

3）选择"编号"，打印连续的若干个配方，此时需要设置开始打印的第一个配方和最后一个配方。

可以用同样的方法选择需要打印的数据记录，一般选择"全部"。

3. 配方报表的外观设置

选中配方报表以后，选中巡视窗口的"属性 > 属性 > 外观"，除了设置报表的文本的颜色和字体外，还可以设置背景的格式和是否采用边框等（见图 8-6）。

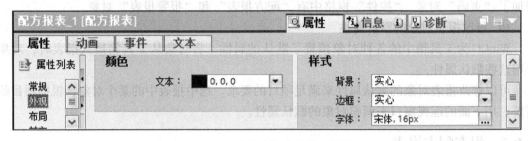

图 8-6　组态配方报表的外观属性

4. 配方报表的布局设置

选中配方报表以后，选中巡视窗口的"属性 > 属性 > 布局"，用"格式"选择框选择数据是按"列"输出（以表格形式输出，见图 8-7 和图 8-8），还是按"线（Line，行）"输出（逐行输出，见图 8-9）。如果以表格形式输出，在"列宽"域指定列宽的字符数，设置的宽度影响表格所有的列。图 8-8 和图 8-9 中显示的是组态时配方报表的框架，而不是实际输出的配方报表。

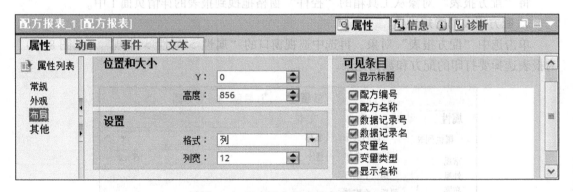

图 8-7　组态配方报表的布局属性

在"可见条目"域中，启用要在配方报表中显示的列。"显示标题"复选框用于启用列标题显示。

由于在报表输出期间可能会产生大量的数据，因此"打印配方"对象被动态扩展，以便可以输出产生的所有数据。如果超出页面长度，将自动分页。

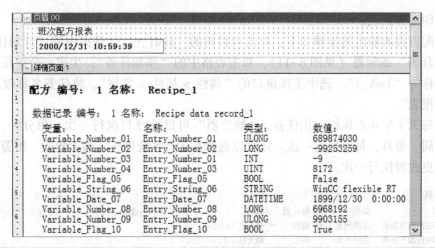

图 8-8 "列"格式的配方报表

5. 用事件控制报表输出

WinCC 可以用两种方法输出报表。可以在变量值改变、记录溢出、画面中组态的按钮被激活时输出报表，也可以用脚本来输出报表。

下面介绍用按钮来激活报表的输出。在根画面添加一个按钮，按钮上的文本为"打印配方"，选中该按钮，再选中巡视窗口的"属性 > 事件 > 单击"（见图 8-10），在单击该按钮时，执行系统函数"打印报告"，打印名为"配方报表"的报表。

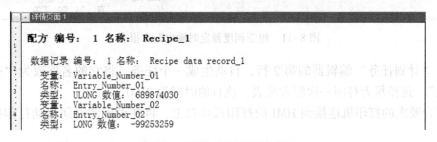

图 8-9 "线"格式的配方报表

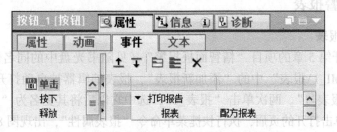

图 8-10 组态打印配方报表的按钮的事件属性

如果 HMI 设备连接了一个符合要求的打印机，单击这个按钮，就能输出配方报表了。

6. 按时间控制报表输出

使用调度程序可以将任务组态为在后台独立运行，而无需画面支持。只需将系统函数或脚本链接到触发器，就可以创建任务。发生触发事件时将调用链接的函数。

通过一个任务可以自动执行以下操作：在报警缓冲区溢出时打印输出报警报表，在轮班结束时打印配方报表。

组态配方报表输出的步骤如下：双击项目树的"HMI_1"文件夹中的"计划任务"，打开"计划任务"编辑器（见图8-11），双击表格中的"添加任务"，生成一个新任务，默认的任务名称为"Task_1"。选中巡视窗口的"属性 > 属性 > 常规"，将任务名称改为"打印白班配方报表"。

设置每天下午4点执行一次任务。"触发器"可以选择只执行一次、每分钟、每小时、每日、每周、每月、每年执行一次。还可以选择在运行系统停止、画面更改、报警缓冲区溢出、用户更改时执行一次。

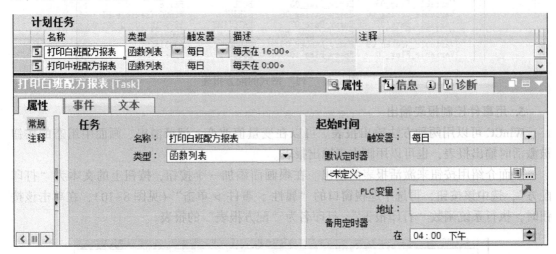

图 8-11　组态调度器定时输出配方报表

双击"计划任务"编辑器的第2行，自动生成一个任务，将它的名称改为"打印中班配方报表"。选择每天打印一次配方报表，执行的时间为0:00。

将符合要求的打印机连接到HMI的打印机接口上，将在设定的时间启动打印机输出配方报表。

8.1.3　组态报警报表

1. 创建报警报表

在博途中打开第5章的项目"精智面板报警"（见随书光盘中的同名例程），双击项目树的文件夹"\HMI_1\报表"中的"添加新报表"，报表编辑器被自动打开，创建的新报表的默认名称为"报表_1"。两次单击"报表_1"，选中它以后将其更名为"报警报表"。

用鼠标右键单击打开的页眉，执行快捷菜单命令"报表属性"，出现图8-3中所示报表的巡视窗口，选中"属性 > 常规 > 常规"，勾选"标题页"（封面）和"封底"，启用它们。

单击封面左侧的 + 按钮，打开封面后，插入文本域"报警报表"。选中它以后，再选中巡视窗口中的"属性 > 属性 > 文本格式"，将字体大小设置为27个像素点，粗体。

单击页眉左侧的 + 按钮，打开页眉，添加一个日期时间域，在页脚中添加一个页码对象。

将"报警报表"对象从工具箱的"控件"窗格拖拽到报表的详情页面1中（见图8-12），

用它输出来自报警缓冲区或报警记录中的报警消息。图中显示的是报警报表的框架，而不是实际输出的报警报表。

如果在一个实际的项目中同时组态了配方和报警，可以在同一个报表中组态"配方报表"和"报警报表"对象。

2. 组态报警报表的常规属性

用鼠标单击报警报表的详情页面，再选中巡视窗口中的"属性 > 属性 > 常规"（见图 8-12），用"源"选择框选择在报表中输出下列报警信息之一：

1）报警缓冲区：报警缓冲区中的当前报警。

2）报警记录：来自报警记录的报警。

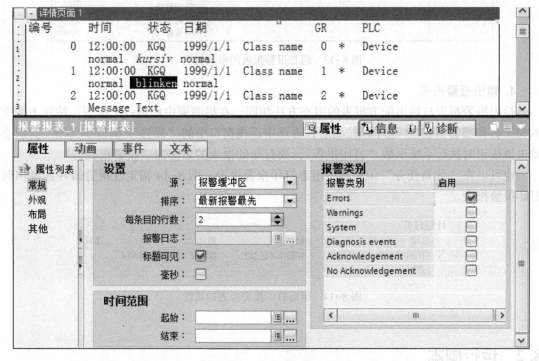

图 8-12　组态报警报表

使用"排序"选择框，可以选择"最新报警最先"或"最早报警最先"。

在"每条目的行数"域中输入每个报警的行数。需要的行数与输出时选择的列的数目和宽度，以及使用的字体和打印机的纸张格式有关。

可以用"报警类别"域中的复选框指定要输出哪些报警类别。可以选择是否输出图 8-12 中的错误（Errors）、警告（Warnings）、系统（System）、诊断事件（Diagnosis events）、需要确认（Acknowledgement）和不需确认（No Acknowledgement）类别的报警。

为了将报警输出限制在特定的时间范围，可以在"时间范围"域设置指定时间范围的开始和结束的日期时间的变量。

3. 组态报警报表的外观与布局属性

报警报表的巡视窗口中的"属性 > 属性 > 外观"与配方报表的基本上相同（见图 8-6），可以组态报表的文本的颜色、背景的格式和是否采用边框，以及设置字体。

选中巡视窗口中的"属性 > 属性 > 布局"（见图8-13），组态"报警报表"对象的位置和大小。在"可见列"域中，选择要在报表中输出的列。

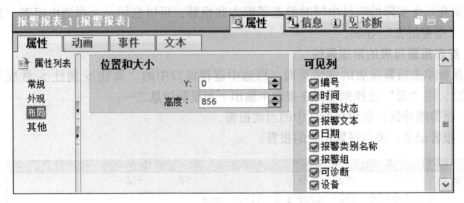

图8-13　组态报警报表的布局属性

4. 输出报警报表

输出报警报表与输出配方报表的组态方法相同，在根画面中添加一个按钮，按钮上的文本为"打印报警报表"，选中该按钮后，再选中巡视窗口中的"属性 > 事件 > 单击"，组态单击该按钮时执行系统函数"打印报告"，要打印的报表的名称为"报警报表"。

也可以在"计划任务"编辑器中组态打印报警报表，图8-14指定在报警缓冲区溢出时打印报警报表。

图8-14　组态打印报警报表的属性

8.2　运行脚本

8.2.1　创建与调用运行脚本

1. 运行脚本的基本概念

WinCC提供了预定义的系统函数，用于常规的组态任务。可以用它们在运行系统中完成许多任务，前面各章已经给出了一些使用系统函数的例子。可以用运行脚本来解决更复杂的问题。

微软的Visual Basic（VB）是一种广泛应用的可视化程序设计语言。WinCC支持VB脚本（Visual Basic Script，VBS）功能，VBS又称为运行脚本，实际上就是用户自定义的函数，VBS用来在HMI设备需要附加功能时创建脚本。运行脚本具有编程接口，可以在运行时访问部分项目数据。运行脚本功能是针对具有VB和VBS知识的项目设计者开发的。

可以在脚本中保存自己的 VB 脚本代码。可以像调用系统函数一样，在项目中直接调用脚本。在脚本中可以访问项目变量和 WinCC 运行时的对象模块。

可以在脚本中使用脚本编辑器提供的所有标准的 VBS 函数，在脚本中可以调用其他脚本和系统函数。可以根据条件执行脚本中的系统函数和脚本。

脚本存储在项目数据库中，在系统函数列表的"脚本"文件夹中列出了可以使用的脚本，在项目视图的"脚本"文件夹中也列出了项目中的脚本。

如果在脚本中使用了组态的 HMI 设备不能使用的系统函数，将出现一条警告消息，脚本中对应的系统函数将以蓝色的波浪下划线标出。

脚本的使用方法与系统函数相同，可以为脚本定义调用参数和返回值。与系统函数的执行相同，在运行时，当组态的事件（例如单击按钮）发生时，就会执行脚本。

如果在运行时需要额外的功能，可以创建运行脚本，例如：

1）数值转换：可以在不同的度量单位之间使用脚本来转换数值。

2）生产顺序过程的自动化：脚本可以通过将生产数据传送到 PLC，控制生产顺序过程。如果需要，可以使用返回值检查过程状态和启动相应的措施。

WinCC RT Advanced 和面板能使用的脚本只有自定义 VB 函数，WinCC RT Professional 还可以使用自定义 C 函数、局部 VB 脚本和局部 C 脚本。本书只介绍自定义 VB 函数。

2. 组态函数类型的脚本

某温度变送器的输入信号范围为 $-10 \sim 100\,℃$，输出信号为 $4 \sim 20\,\mathrm{mA}$，模拟量输入模块将 $4 \sim 20\,\mathrm{mA}$ 的电流转换为 $0 \sim 27648$ 的数字量，设转换后得到的数字为 N，希望求出以 $0.1\,℃$ 为单位的温度值 T。

$4 \sim 20\,\mathrm{mA}$ 的模拟量对应于数字量 $0 \sim 27648$，即温度值 $-100 \sim 1000$（单位为 $0.1\,℃$）对应于数字量 $0 \sim 27648$，根据比例关系，得出温度 T 的计算公式为

$$\frac{T-(-100)}{N}=\frac{1000-(-100)}{27648} \tag{8-1}$$

$$T=\frac{(1000-(-100))\times N}{27648}+(-100)\,(0.1\,℃) \tag{8-2}$$

为了使编写的脚本具有通用性，可以用于解决同类问题，用 4 个变量来表示式（8-2）中的输入量 N、输出量 T 和温度的上、下限值（单位为 $0.1\,℃$），式（8-2）可以改写为

$$温度值=\frac{(温度上限-温度下限)\times \mathrm{AD}\,转换值}{27648}+温度下限 \tag{8-3}$$

（1）创建脚本和生成变量

在博途中创建一个名为"脚本应用"的项目（见随书光盘中的同名例程），PLC_1 为 CPU 315-2 PN/DP，HMI_1 为 4in 的精智系列面板 KTP400 Comfort。

在 HMI 默认的变量表中生成 6 个变量（见图 8-15），其中的 Temp1 和 Temp2 分别是计算出的温度值，单位为 $0.1\,℃$。

可以通过创建一个新脚本或者打开一个现有的脚本来自动打开脚本编辑器。

双击项目树的文件夹"\HMI_1\脚本\VB 脚本"中的"添加新 VB 函数"，生成一个新的脚本，同时脚本编辑器被打开。在脚本编辑器中编写脚本的程序代码。

选中脚本以后，选中巡视窗口的"属性 > 常规 > 常规"（见图 8-16），设置生成的脚本

的名称为 GetAnalogValue1（求模拟量值）。脚本名称和脚本参数的名称的第一个字符必须是英语字母，后面的字符必须是英语字母、数字或下划线，不能使用汉字。

名称 ▲	地址	数据类型	连接	PLC变量	访问模式	采集周期	注释
AD转换1	%IW256	Int	HMI_连接_1	AD转换1	<绝对访问>	1 s	
AD转换2	%IW258	Int	HMI_连接_1	AD转换2	<绝对访问>	1 s	
Temp1		Int	<内部变量>	<未定义>		1 s	
Temp2		Int	<内部变量>	<未定义>		1 s	
温度上限		Int	<内部变量>	<未定义>		1 s	
温度下限		Int	<内部变量>	<未定义>		1 s	

图 8-15　HMI 默认的变量表

图 8-16　脚本编辑器

脚本有两种类型：函数（Function）和子程序（Sub）。二者的唯一区别在于函数有一个返回值，子程序类型脚本作为"过程"引用，没有返回值。选择脚本 GetAnalogValue1 的类型为 Function。

（2）组态脚本的接口参数和编写脚本的代码

单击"常规"属性的"参数"列表中的<添加>（见图 8-16），输入脚本函数的参数"UpValue"（量程上限值）。为脚本函数设置的其他两个参数 DownValue 和 AD_Value 分别对应于量程的下限值和 A-D 转换得到的数值。此外该函数还有一个自动生成的返回值，不需要在"参数"列表中对它组态。

根据式（8-3）和为脚本设置的参数名称，在工作区编写出计算温度值的语句

GetAnalogValue1 =（UpValue-DownValue）* AD_Value / 27648+DownValue

（3）检查语法错误

编程时在后台进行代码测试，语法错误将被标记上红色波浪线。在"脚本"编辑器中检查语法，以识别出代码中的所有错误并输出相应的错误消息。

也可以单击工具栏上的"检查脚本的语法错误"按钮，或者用鼠标右键单击工作区，执行快捷菜单命令"检查语法"。检查结果用巡视窗口的"信息 > 编译"选项卡显示，输出的语法错误带有行号。需要更正检查出来的错误。

脚本组态结束后，在系统函数列表中将会看到新生成的脚本 GetAnalogValue1（见图 8-21）。

（4）组态检验脚本运行结果的画面

在创建项目时自动生成的根画面中（见图 8-17），生成下列 I/O 域：

1）输入域"量程上限"和"量程下限"，它们显示 3 位整数和 1 位小数，分别与图 8-15 中的变量"温度上限"和"温度下限"连接。

2）一个显示 5 位整数的输入域"A-D 转换 1"，它与变量"AD 转换 1"连接。

3）一个有 3 位整数和 1 位小数的输出域，用来显示脚本计算出来的温度值 Temp1。它的左边是文本域"温度值 1"。

此外，还有用于下一个脚本的输入域"A-D 转换 2"和输出域"温度值 2"。它们连接的变量分别为"AD 转换 2"和"Temp2"。

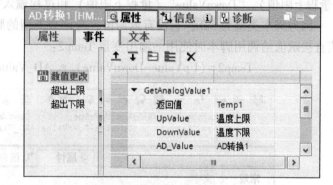

量程上限 100.0℃   量程下限 -10.0℃

A-D转换1 27648   A-D转换2 10000

温度值1 100.0℃   温度值2 29.8 ℃

图 8-17 验证脚本运行的画面   图 8-18 组态调用脚本的事件属性

（5）组态触发脚本执行的事件

打开 HMI 默认的变量表，单击选中变量"AD 转换 1"。选中巡视窗口的"属性 > 事件 > 数值更改"（见图 8-18），组态在脚本的输入变量"AD 转换 1"的值发生变化时，调用脚本函数 GetAnalogValue1。

单击右边窗口第一行的右端，打开系统函数列表，选中新生成的脚本函数 GetAnalogValue1。单击第 2 行的右端，在出现的变量列表中设置变量"Temp1"为参数"返回值"（即脚本函数的返回值）的实参（实际参数）。此外为脚本函数的其他参数设置了实参。

（6）离线仿真运行

选中项目树中的 HMI_1 站点后，执行菜单命令"在线"→"仿真"→"使用变量仿真器"，开始离线仿真运行。

分别用输入域"量程上限"和"量程下限"输入数值 100 和 -10，按回车键确认。输入后显示 100.0℃和 -10.0℃，送给脚本函数计算的值实际上是以 0.1℃为单位的整数 1000 和 -100。用输入域"A-D 转换 1"输入数值 27648，因为它的值由 0 变为 27648，触发了为它组态的"数值更改"事件，脚本函数 GetAnalogValue1 被调用，运算的结果（100.0℃）用输出域"温度值 1"显示出来（见图 8-17）。

用输入域将变量"AD 转换 1"的值修改为 0，按回车键后，输出域"温度值 1"显示出脚本函数的运算结果为 -10.0℃。

用输入域将变量"AD 转换 1"的值改为 10000，输入结束后，显示出脚本函数的运算结果为 29.8℃，与用计算器计算的结果相符。

上述离线仿真运行验证了脚本函数 GetAnalogValue1 的设计是成功的。

3. 组态子程序类型的脚本

脚本的条件和要求与脚本函数 GetAnalogValue1 的相同，区别在于脚本的类型为没有返回值的子程序（Sub）。双击项目视图中的"脚本"文件夹中的"新建脚本"，生成一个新的脚本，在巡视窗口中（见图 8-19），设置生成的脚本的名称为 GetAnalogValue2，选择脚本的类型为 Sub。

HMI 默认的变量表中脚本 GetAnalogValue2 的输入变量为"AD 转换 2"，输出变量为"Temp2"（见图 8-15），后者的单位为 0.1℃。

在图 8-19 的"参数"文本框中，输入与脚本 GetAnalogValue1 相同的参数"UpValue"（量程上限值）、"DownValue"（量程下限值）和过程输入变量"AD_Value"。

因为脚本类型为 Sub，它没有返回值，与函数类型的脚本相比，需要将计算出来的温度值直接赋值给调用脚本时使用的输出变量 Temp2：

$$Temp2 = (UpValue - DownValue) * AD\_Value/27648 + DownValue$$

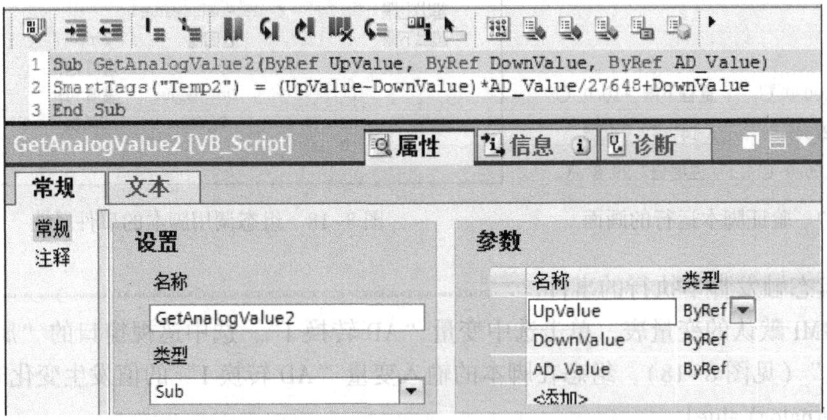

图 8-19 组态子程序类型的脚本的常规属性

脚本组态结束后，在系统函数列表中将会看到新生成的脚本 GetAnalogValue2（见图 8-21）。在图 8-17 的画面中文本域"A-D 转换 2"的右边，是一个显示 5 位整数的输入域，它与变量"AD 转换 2"连接。在文本域"温度值 2"的右边，是一个有 3 位整数和 1 位小数的输出域，用来显示脚本计算出来的温度值 Temp2。

组态在脚本的输入变量"AD 转换 2"的值发生变化时，调用脚本函数 GetAnalogValue2。与调用函数类型的脚本 GetAnalogValue1 相比（见图 8-18），因为脚本的输出变量已经在脚本中指定为 Temp2，调用子程序（Sub）类型的 GetAnalogValue2 时只需要设置 3 个输入参数"UpValue""DownValue"和"AD_Value"，没有图 8-18 中的输出参数"返回值"。

完成上述的组态任务后，选中项目树中的 HMI_1 站点后，执行菜单命令"在线"→"仿真"→"使用变量仿真器"，开始离线仿真运行。

用根画面中的输入域分别给变量"量程上限"和"量程下限"输入数值 100 和 -10（见图 8-17），用输入域给变量"AD 转换 2"分别输入数值 27648、0 和 10000，可以看到，输入结束后输出域"温度值 2"显示的脚本函数的运算结果 Temp2 与 GetAnalogValue1 的运算结果 Temp1 的对应值相同。

8.2.2 脚本组态与应用的深入讨论

1. 工具栏

脚本编辑器中的工具栏各按钮的意义见图 8-20。"高级编辑"工具栏包括代码缩进的增大和减小、跳转到代码某一行以及与书签和注释有关的按钮。脚本的创建得到语法强调和"智能感知"的支持。图 8-20 右边的 8 个按钮组成了"智能感知"工具栏,用于显示选择列表,例如某对象模型下所有对象的列表、可以使用的系统函数列表或 VBS 常数列表。打开某个选择列表,单击表中的某个条目,该条目将插入工作区内光标所在的位置。

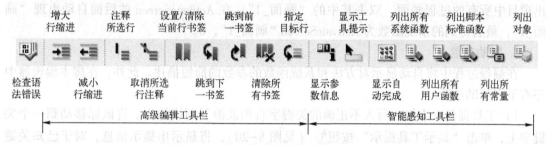

图 8-20　脚本编辑器的工具栏

在访问 VBS 对象模型的对象（Object）、方法（Method）或属性（Property）时,由智能感知工具栏提供支持,对象具有的方法和属性可以在选择列表中选择。

2. 代码模板与函数列表

打开脚本编辑器后,单击博途最右边垂直条上的"指令"按钮（见图 8-21）,打开"指令"任务卡。其中的"代码模板"窗格列出了 VB 常用的语句。双击某条语句,该语句的框架将出现在工作区的光标所在处,用户可以在语句框架中填写自己的代码。例如双击代码模板向导中的"If…Then",工作区光标所在处将会出现下面的语句:

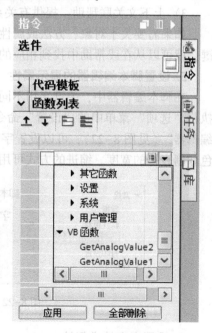

图 8-21　任务卡中的函数列表

```
If_condition_Then
    'statements
End If
```

用户在编程时将上述的"condition"修改为实际的条件表达式,在注释"'statements"之前输入满足条件时要执行的语句,用实际的注释代替"statements"。

打开任务卡中的"函数列表"窗格,它与组态按钮的"事件"属性时的函数列表的使用方法相同。单击<添加函数>右边的▼按钮,在打开的函数列表中可以

选择分类放置的某个系统函数和用户自定义的脚本,用来设置选中的函数的参数。单击

"应用"按钮，打开的系统函数或自定义的函数被传送到脚本编辑器工作区光标所在处。也可以直接输入系统函数。在脚本中使用系统函数的英文名称。

如果函数列表中使用的系统函数不适用于所选的 HMI 设备，这些系统函数将用颜色进行标识。如果用户自定义函数所用的系统函数不能用于所选的 HMI 设备，将发出警告。同时有关的系统函数将用蓝色的波浪下划线标注。

3. 对象列表

使用〈Ctrl〉+〈J〉键可以打开对象列表。例如选中函数列表窗格中的系统函数"画面"文件夹中的"激活屏幕"，单击"应用"按钮，在脚本编辑器中光标所在处出现系统函数"ActivateScreen，0"后，想通过画面列表引用现有的过程画面，将光标放在"ActivateScreen"（激活屏幕）的后面，按组合键〈Ctrl〉+〈J〉后打开画面列表，表中将列出项目中所有的过程画面，双击其中的"画面_1"，在 ActivateScreen 的后面自动出现"画面_1"，最后得到的系统函数为 ActivateScreen "画面_1"，0。

4. 帮助功能

在编程过程中将自动显示对方法和系统函数的参数的简短描述。此外，在脚本编辑器中还有下列帮助功能。

1）工具提示：未知或写入不正确的关键字将用波浪下划线标出。将鼠标移动到一个关键字上，单击"显示工具提示"按钮（见图 8-20），将显示出提示信息。对于已知关键字，工具提示显示出关键字的类型。

2）参数信息：单击智能感知工具栏上的"显示与参数相关的信息"按钮，将显示出光标所在处的对象的参数信息，提供关于系统函数或 VBS 标准函数的语法和参数的信息。

3）上下文关联帮助：提供有关系统函数、VBS 语言元素、对象等信息。

如果需要关于对象、方法或属性的信息，将鼠标指针移动到相应的关键字，按下〈F1〉键，就可以从在线帮助中找到相应的参考描述。

5. 设置脚本编辑器的显示属性

在脚本编辑器中，关键字用不同的颜色着重标记。可以自定义脚本编辑器的显示属性。执行"选项"菜单中的"设置"命令，选中出现的"设置"窗口中的"常规 > 脚本/文本编辑器"（见图 8-22），可以设置字体和以像素点为单位的字的大小、各种用途的字体的颜色和制表符的宽度。缩进的方式可用单选框选"无""段落"和"智能"。

图 8-22　脚本/文本编辑器的字体设置

6. 设置专有技术保护

鼠标右键单击项目树的"脚本"文件夹中要设置专有技术保护的用户自定义函数，执行快捷菜单中的"专有技术保护"命令。打开"专有技术保护"对话框，单击"定义"按钮，两次输入密码后，单击"确定"按钮。项目树中被保护的函数图标上有一把小锁，双击打开它时需要输入密码。

用鼠标右键单击设置了专有技术保护的用户自定义函数，执行快捷菜单中的"专有技术保护"命令。打开"专有技术保护"对话框。去掉复选框"隐藏代码（专有技术保护）"中的勾，输入密码后，单击"确定"按钮，专有技术保护被解除。

7. 在脚本中创建局部变量

可以在脚本中访问在变量编辑器中创建的外部变量和内部变量。变量值可以在运行时读取或改变。此外，可以在脚本中创建局部变量，作为循环次数计数器或缓冲区存储器使用。

可以使用 Dim 语句在脚本中定义局部变量。局部变量只能在脚本中使用，例如在下面的程序中，局部变量 Count 在脚本的 For…Next 语句中作为循环次数计数器使用。局部变量不会出现在"变量"编辑器中。[instruction] 用来表示循环程序中具体的指令。

```
'VBS_Example_05
Dim Count
For Count = 1 To 10
[instruction]
Next
```

8. 在脚本中调用系统函数和其他脚本

可以在脚本中调用系统函数和其他脚本。下面是调用不带返回值的系统函数或脚本（Sub 类型）的格式：

<函数名称>[参数1]，[参数2]，… [参数N]

下面是通过分配给表达式的方法来调用带返回值的系统函数或脚本的格式：

<表达式>=<函数名称>[参数1]，[参数2]，… [参数N]

8.3 移植 WinCC flexible 2008 的项目

WinCC flexible 是西门子 HMI 上一代的组态软件。本节介绍将 WinCC flexible 2008 的项目移植到博途的方法。

1. 移植的必要条件

1）安装了用于移植的软件。安装 TIA Portal V13 时，典型的设置是不安装 WinCC flexible 2008 SP2/SP3 的移植（Migration）软件。在安装时应勾选"Migration"（移植）复选框，安装该移植软件（见图 8-23）。

如果在移植失败时出现错误信息"TIA Portal 中未安装移植"，应重新运行 WinCC V13 SP1 的安装软件，选中"修改/升级"，在选择要安装的产品配置的图 8-23 中，勾选"Migration"复选框，安装移植软件。

2）只能移植 WinCC flexible 2008 SP2 和 SP3 生成的项目。

3）如果要移植的项目包含受选件包 SINUMERIK 支持的组件，必须安装该选件包才能成功地移植。移植操作不支持选件包 ProAgent 和开放式平台程序 OPP。

图 8-23 安装用于移植的软件

2. 移植非集成的 WinCC flexible 2008 项目

现在一般使用的是 WinCC flexible 2008 的最高版本 SP4，用它打开要移植的名为"脚本"的项目。执行"项目"菜单中的"另存为版本"命令，在打开的对话框中将项目另存为名为"脚本_SP3"（见随书光盘中的同名例程）的 SP3 的版本。

打开 TIA Portal V13 SP1，执行菜单命令"项目"→"移植项目"，单击打开的"移植项目"对话框中的"源路径"输入框右边的 ... 按钮（见图 8-24），打开保存项目"脚本_SP3"的源路径，双击其中的项目文件"脚本_SP3. hmi"。将目标项目名称修改为"脚本_V13"，单击"移植"按钮，开始移植项目。

图 8-24 "移植项目"对话框

移植成功后，双击巡视窗口中的"信息 > 常规"选项卡的"移植已完成但存在警告信息"，在工作区打开日志文件，单击"汇总"左边的 ▶（见图 8-25），该行下面出现具体的警告信息。在项目树中可以看到移植生成的 HMI 设备，该设备包含移植的数据，例如画面、报警和变量。

成功地移植 WinCC flexible 项目后，应根据日志中的警告信息，修改 HMI 设备的组态，消除可能出现的错误，编译成功后再下载到 HMI 设备中。

3. 移植集成了 WinCC flexible 项目的 STEP 7 项目

项目"INTEG_S7"（见图 8-26）中有一个 S7-300 站点和一个 HMI 站点，PLC 和 HMI 通过网络组态连接到一起，用于 HMI 组态的 WinCC flexible 项目集成在 STEP 7 的项目中。

要完整地移植这样的项目，计算机上应安装 STEP 7 V5.5 和 WinCC flexible 2008。

作者用 STEP 7 V5.5 SP4 打开项目"INTEG_S7"，选中左边窗口的 HMI 站点中的"画面"，双击右边工作区中的"起始画面"，打开集成在 STEP 7 中的 WinCC flexible 项目。WinCC flexible 2008 SP4 被打开，工作区显示 HMI 的起始画面。WinCC flexible 项目的连接表

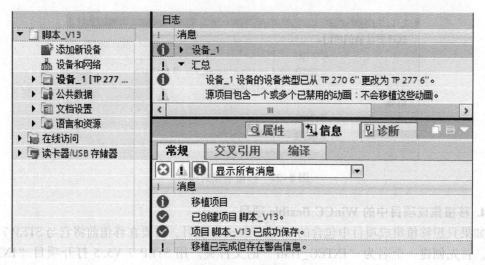

图 8-25　移植日志

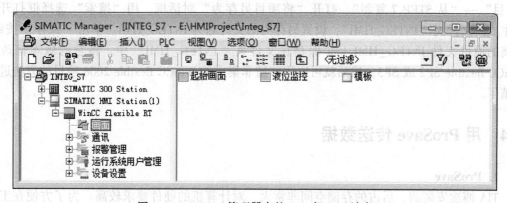

图 8-26　STEP 7 管理器中的 PLC 与 HMI 站点

中"激活的"列应设置为"开"。

执行"项目"菜单中的"另存为版本"命令，将项目另存为 WinCC flexible SP3 的版本（见随书光盘中的例程"INTEG_S7"），项目名称不变。操作结束后关闭 WinCC flexible 和 STEP 7。

打开 TIA Portal V13 SP1，执行菜单命令"项目"→"移植项目"，勾选打开的"移植项目"对话框中的"包含硬件组态"复选框（见图 8-27）。单击"源路径"输入框右边的按钮，打开保存项目"INTEG_S7"的源路径 INTEG_S7，双击其中的项目文件 INTEG_S7.s7p"。单击"移植"按钮，开始移植项目。移植后的 TIA Portal V13 SP1 的项目在目标文件夹"\INTEG_S7_V13"中。

移植成功后，双击巡视窗口中的"信息 > 常规"选项卡的警告信息，在工作区打开日志文件，可以查看具体的警告信息。

移植集成的项目时，将会移植包括 WinCC flexible 和 STEP 7 组件在内的整个项目，PLC 和 HMI 之间的连接保持不变。TIA 博途不支持对较老固件版本的硬件的移植，如果遇到这种情况，可在移植前更换为新的固件版本的硬件。

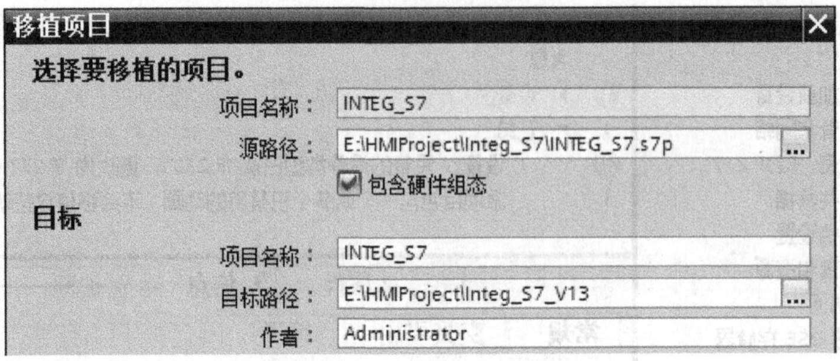

图 8-27 移植集成的项目

4. 移植集成项目中的 WinCC flexible 项目

如果只想移植集成项目中包含的 WinCC flexible 项目，需要在移植前将它与 STEP 7 项目分离。首先创建一个名为"INTEG_HMI"的文件夹。用 STEP 7 V5.5 打开项目"INTEG_S7"，在 SIMATIC 管理器中打开 WinCC flexible 项目。在 WinCC flexible 中，执行菜单命令"项目"→"从 STEP 7 复制"，打开"将项目另存为"对话框。用"搜索"选择框打开先前生成的文件夹"INTEG_HMI"，设置另存为的文件名为 INTEG_HMI。单击"保存"按钮，分离的项目文件 INTEG_HMI.hmi 保存在文件夹"INTEG_HMI"中。将它的版本修改为 WinCC flexible SP2 或 SP3，然后就可以用移植非集成的 WinCC flexible 2008 项目的方法进行移植了。

8.4 用 ProSave 传送数据

1. ProSave

TIA 博途安装前、后占的存储空间非常大，对计算机的硬件要求较高。为了方便在工业现场实现计算机和 HMI 设备之间的数据传送，可以单独安装 WinCC 或 WinCC flexible 中的组件 ProSave，该软件的 V13 版安装前只有 200 多 MB。可以在西门子的网站下载 ProSave，也可以用 WinCC V13 SP1 安装前的文件夹 \Support 中的 SIMATIC_ProSave_V13_SP1.exe 来安装。

ProSave 提供了计算机和 HMI 设备之间传送数据所需的全部功能，包括数据备份和恢复，传送授权（Windows 7 不支持），安装及移除驱动程序和选件，以及更新操作系统。

安装了 ProSave 以后，可以用桌面上的图标启动它。安装了 TIA 博途中的 WinCC 后，打开 Windows 的"开始"菜单，选中"所有程序"，打开文件夹 \Siemens Automation \SIMATIC \ProSave，双击其中的 SIMATIC ProSave，也可以打开 ProSave。

作者做实验的 HMI 为 KTP600 Basic color PN，其 IP 地址为 192.168.0.2。设置计算机的以太网接口的 IP 地址中的子网地址为 192.168.0。IP 地址的第 4 个字节不能与子网中其他设备的 IP 地址重叠。打开 ProSave 后，在"常规"选项卡设置设备类型和 HMI 的通信参数（见图 8-28）。

2. 备份数据

备份数据操作将 HMI 设备中的组态数据和操作系统保存为 Temp.psb 文件。在更换 HMI 设备时，将备份的数据传送到 HMI，称为恢复数据。Temp.psb 只能下载到同型号的 HMI 设

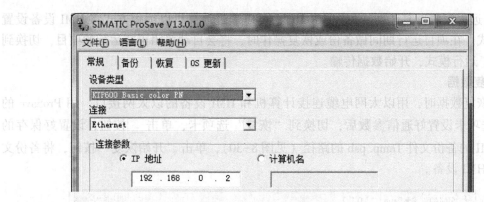

图 8-28　ProSave 的常规选项卡

备，并且不能用组态软件打开和编辑它。

用以太网电缆连接计算机和 HMI 设备的以太网接口，将 ProSave 切换到"备份"选项卡，"数据类型"可选"完全备份""配方"和"用户管理"。输入保存备份文件的路径，图 8-29 采用的是默认的路径。单击 ⋯ 按钮，可以设置用户选择的路径。单击"开始备份"按钮，出现的小对话框依次显示"正在准备与设备建立连接""正在从设备中获取信息"，和正在传送组态数据、操作系统和设置，并用进度条显示传送的进度。传送结束后，小对话框消失，显示"传送成功"。

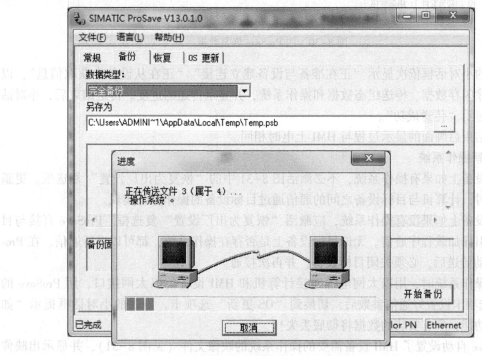

图 8-29　用 ProSave 备份数据

组态 HMI 时，如果选中了精智面板的操作系统的"Transfer Settings"（传输设置）对话框中的"Automatic"（见图 2-56，采用自动传输模式），或者勾选了精彩面板的"Remote

Control"（远程控制）复选框（见图 10-16），可以通过计算机以远程方式将 HMI 设备设置为传送模式。在项目运行期间做备份或恢复操作时，将会自动关闭正在运行的项目，切换到"Transfer"运行模式，开始数据传输。

3. 恢复数据

需要恢复数据时，用以太网电缆连接计算机和 HMI 设备的以太网接口，用 ProSave 的"常规"选项卡设置好通信参数后，切换到"恢复"选项卡，单击 ___ 按钮，设置好保存的同型号 HMI 的备份文件 Temp. psb 的路径（见图 8-30），单击"开始恢复"按钮，将备份文件下载到 HMI 设备。

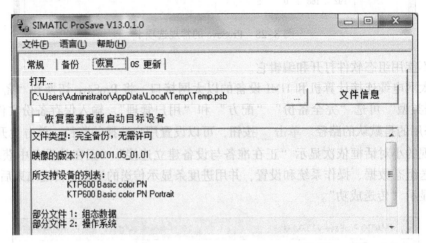

图 8-30　用 ProSave 恢复数据

出现的小对话框依次显示"正在准备与设备建立连接""正在从设备中获取信息"，以及正在清除闪存数据、传送组态数据和操作系统，并显示传送的进度。传送结束后，小对话框消失，显示"传送成功"。

传输结束后画面的显示过程与 HMI 上电时相同。

4. 更新操作系统

目标设备上如果有操作系统，不必激活图 8-31 中的"恢复为出厂设置"复选框。更新操作系统时，计算机与目标设备之间的通信通过目标设备的操作系统实现。

目标设备上如果没有操作系统，应激活"恢复为出厂设置"复选框。ProSave 直接与目标设备的引导加载程序通信。无论目标设备上是否存在操作系统，都可以进行通信。在 ProSave 中启动传送后，必须关闭目标设备，并再次接通。

更新操作系统时，用以太网电缆连接计算机和 HMI 设备的以太网接口，用 ProSave 的"常规"选项卡设置好通信参数后，切换到"OS 更新"选项卡，出现的小对话框提示"如果执行此功能，所有安装的数据将彻底丢失！"。

ProSave 自动设置了 HMI 设备需要的操作系统的映像文件（见图 8-31），并显示出映像的版本和支持的设备。单击"设备状态"按钮，将会读取和显示目标设备的型号、引导装载程序、闪存、RAM 的参数，以及操作系统的当前版本。单击"更新 OS"按钮，将操作系统映像文件下载到 HMI 设备。传送结束后，小对话框消失，显示"传送成功"。

传送操作系统将会删除目标设备上的所有数据，包括现有的授权和许可证密钥。因此应首

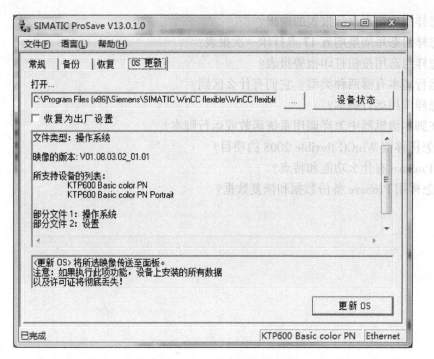

图 8-31　用 ProSave 更新操作系统

先将授权或许可证密钥保存到许可证磁盘或返回到许可证密钥的存储位置。将保存的配方数据和保存在内部闪存中的用户管理数据导出到外部数据存储器中，待传送完操作系统后再将它们重新装载到 HMI 设备中。

5. 恢复为出厂设置

如果操作系统的传送在完成前中断，目标设备上将不再有操作系统。在这种情况下，加载操作系统的唯一方法就是通过启用"恢复为出厂设置"功能进行加载。第二代精简面板对此来说是一个例外，即使操作系统的传送中断，目标设备上也加载有完整的操作系统。

ProSave 的帮助文件给出了重新加载操作系统的详细操作方法。

6. 用 TIA 博途实现数据传送

TIA 博途的菜单"在线"→"设备维护"中的命令包含了 ProSave 的功能。首先应打开一个项目，项目中的 HMI 的型号和订货号应与实际的 HMI 相同。与 HMI 设备建立起在线连接后，选中 TIA 博途项目中的 HMI，执行菜单命令"在线"→"设备维护"→"备份"。设置好出现的"创建备份"对话框中的通信参数，单击"尝试连接"按钮，出现的在线状态信息显示与指定的 IP 地址的设备连接成功后，单击"创建"按钮，出现与图 8-29 类似的备份对话框，就可以进行备份操作了。

8.5　习题

1. 报表用于哪些场合？
2. 报表由哪些部分组成？怎样组态报表的结构？
3. 怎样添加报表的详情页？怎样添加"页码"对象？

4. 怎样用按钮来激活报表的输出？

5. 怎样组态每周星期五 17 点打印一次报表？

6. 怎样组态用按钮打印报警报表？

7. 运行脚本有哪两种类型？它们有什么区别？

8. 怎样调用运行脚本？

9. 在脚本编辑器中怎样调用系统函数或运行脚本？

10. 怎样移植 WinCC flexible 2008 的项目？

11. ProSave 有什么功能和特点？

12. 怎样用 ProSave 备份数据和恢复数据？

第9章 人机界面应用实例

9.1 控制系统功能简介与 PLC 程序设计

1. 系统功能与结构

某物料控制系统按一定的比例将 2~4 种颗粒状的物料混合在一起，物料的流动性较好。4 种物料分别放在 4 个金属仓内，每个仓的底部安装了一个气缸控制的插板阀（见图 9-1），气缸杆带动阀杆左右移动，产生开、关阀的动作。控制气缸的电磁阀线圈通电时插板阀打开，物料流出。电磁阀线圈断电时插板阀关闭，物料停止流出。

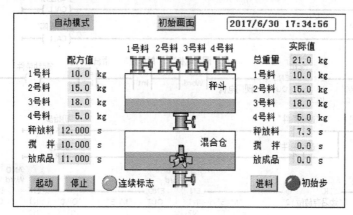

图 9-1 运行时的主画面

秤斗是一个底部为圆锥形的金属料斗，用称重传感器测量物料和秤斗的总重量。

秤斗的下面是混合仓，它也是一个底部为圆锥形的金属料斗，混合仓外的电动机带动仓内的搅拌器的搅浆，搅动混合仓内的物料颗粒。秤斗和混合仓底部的插板阀用于放出物料，它们也用气缸和电磁阀来控制。

2. 创建项目

在博途中创建一个名为"HMI 综合应用"的项目（见随书光盘中的同名例程）。PLC_1 为 CPU 315-2PN/DP，HMI_1 为 4in 的精智系列面板 KTP400 Comfort。在网络视图中创建一个名为"HMI_连接_1"的连接。在 PLC 机架的 4 号槽放置 DI 16/DO 16 模块，其起始地址为 IB0 和 QB0。在 5 号槽放置 AI 2x12BIT 的模块，其通道 0 的地址为 IW272。

3. 主程序的设计

因为 PLC 的程序较长，本章仅给出程序设计的一些思路和部分程序，以及仿真调试 PLC 和触摸屏的方法。

根据自动/手动开关 I0.0 的状态，在 OB1 中调用自动程序 FC2 或手动程序 FC1（见图 9-2）。

起动自动运行的条件如下：各电磁阀关闭和搅拌器电动机停机（Q0.2～Q1.0均为0状态）；秤斗和混合仓中的物料均被排空（"总重量"MW60和"混合仓料位"MW44为0）。满足上述条件时变量"起动条件"（M1.2）为1状态。在手动模式时如果满足自动运行的起动条件，将顺序功能图的初始步对应的变量"初始步"（M5.0）置位为1，允许起动自动运行。反之将M5.0复位为0，禁止起动自动运行。

从自动模式切换到手动模式时（即自动/手动开关的下降沿），用字逻辑与指令（AND）将顺序功能图中各步对应的M5.0～M5.7清零，同时用AND指令将Q0.2～Q1.0清零，关闭各电磁阀，搅拌器电动机停机。

为了在仿真调试时模拟进料过程，按下主画面或手动画面中的"进料"按钮（见图9-1和图9-7），变量"进料标志"（M6.7）被置位，释放该按钮时M6.7被复位。打开任意一个进料阀时，每单击一次该按钮，变量"总重量"的值如果小于600（其单位为0.1kg），它将增大1kg（见图9-2）。

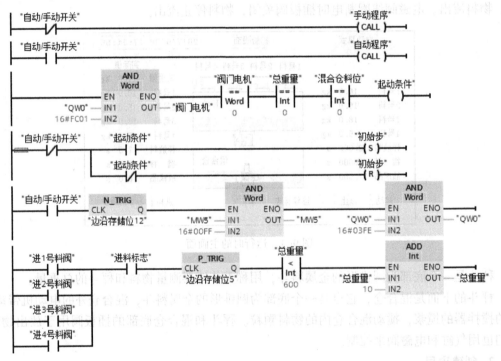

图9-2 主程序OB1（程序段1～6）

为了累加物料值，在手动模式和自动模式相互切换时，以及在自动模式关闭"放成品阀"时，程序段7将4种物料的重量值分别与其累加值相加，并将4种物料的重量值清零。

从手动模式切换到自动模式时，程序段8将手动模式用于显示操作时间的C0～C2的当前值清零。

在出现缺料信号、外部故障信息（MW2的第0～4位非零），以及出现搅拌器电动机转速过高的故障时，程序段9用字逻辑与指令（AND）将Q0.2～Q1.0清零（关闭各阀门和电动机），将MB5清0（复位图9-3中的活动步），将M6.6（连续标志）清0，并通过报警视图发出报警信号。

4. 实际的物料总重量的计算

图 9-2 中的"总重量"仅用于程序的模拟调试。实际的程序应删除图 9-2 中"总重量"MW60 的控制电路。

假设电子秤的量程为 0~60 kg，AI 模块的量程为 DC±10 V。将 AI 模块输出的数字值 N 转换为秤斗总重量（单位为 0.1 kg）的公式为

$$秤斗总重量 = 600 \times N / 27648$$

秤斗总重量减去秤斗本身的重量，得到物料总重量。当前物料总重量减去进上一种料结束时的物料总重量，得到正在进的料的重量。

5. 自动程序的设计

物料混合系统的自动控制程序属于典型的顺序控制程序，用顺序功能图（见图 9-3）和顺序控制设计法来设计自动控制程序。

满足起动条件时，初始步 M5.0 为 1 状态。单击主画面中的"起动"按钮 M1.0 或外接的起动按钮 I0.1，"连续标志"M6.6 变为 1 状态，从初始步切换到步 M5.1。主画面中的 1 号进料阀变为红色，该阀打开。进料达到配方设定的值时，1 号料停止进料，自动改为进 2 号料，直到进完所有的料。所有的料进料结束后，秤斗底部的秤放料阀自动打开，将物料放入秤斗下面的混合仓。与此同时定时器 T0 开始定时。

定时结束时 T0 的常开触点闭合，切换到步 M5.6，秤放料阀关闭，搅拌器搅拌混合仓内的物料。经过 T1 设定的时间后，搅拌器停止运行，混合仓底部的放成品阀打开，放出混合好的物料。经过 T2 设定的时间后，关闭放成品阀。因为"连续标志"M6.6 为 1 状态，转换条件 M6.6 * T2 满足，返回步 M5.1，开始下一工作周期的工作。

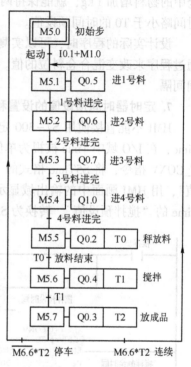

图 9-3 顺序功能图

单击触摸屏上的"停止"按钮或外部的停止按钮后正常停机，"连续标志"M6.6 变为 0 状态，但是不会马上停止运行，要等到完成最后一次的流程（包括进料、秤斗放料、搅拌和混合仓放料），在步 M5.7 转换条件 $\overline{M6.6 * T2}$ 满足，返回初始步 M5.0 后停机。

6. 显示秤斗与搅拌仓中料位的程序

秤斗与搅拌仓中的物料料位用棒图功能来显示，秤斗中的料位与变量"总重量"成正比。因为没有检测混合仓中的料位，通过程序来计算混合仓的料位。

在组态 PLC 硬件时，双击项目树的文件夹"PLC_1"中的"设备组态"，打开 PLC 的设备视图，选中 CPU 模块后，再选中巡视窗口中的"属性 > 常规 > 时钟存储器"（见图 9-4），勾选复选框"时钟存储器"，设置"存储器字节"为 4，即设置 MB4 为时钟存储器。其中的 M4.1（符号地址为"200 ms 时钟"）的周期为 200 ms，M4.5（符号地址为"1 s 时钟"）的周期为 1 s。

图 9-4　组态时钟存储器

主画面中秤斗和混合仓的高度相同，棒图满量程对应的物料重量为 60 kg。在秤斗向混合仓放料的过程中，秤斗中物料大于等于 1 kg 时，每 200 ms 令秤斗中的物料减少 1 kg，混合仓中的物料增加 1 kg，就能保持两个仓料位之间的协调变化。应通过实验，使秤斗放完料的时间略小于 T0 的时间预设值。

设计实际的程序时，可以实测混合仓进料时料位增加的速度和放料时料位减少的速度，通过程序来改变混合仓料位的值。使用循环中断组织块可以方便地设置改变混合仓料位的时间间隔。

7. 定时器时间预设值的设置和当前值的显示

HMI 不能直接使用 S7-300 定时器的数据类型 S5Time，只能使用数据类型为 32 位的 Time，在 I/O 域中 Time 被视为单位为 ms 的双整数。以搅拌定时器为例，需要用下图左边的 T_CONV 指令，将 S5Time 格式的"搅拌剩余时间"，转换为数据类型为 Time 的"搅拌当前值"，用 HMI 画面中的输出域显示。右边的 T_CONV 指令将通过 I/O 域输入的数据类型为 Time 的"搅拌预设值"，转换为 S5Time 格式的"搅拌预设时间"，供搅拌定时器使用。

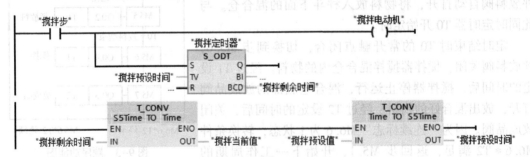

图 9-5　定时器时间转换程序

数据类型为 Time 的时间以 ms 为单位，用 HMI 显示的位数太多。为此用 HMI 变量的线性标定功能（见图 9-6），将 PLC 中的"搅拌当前值"缩小 100 倍后用于 HMI 的显示。缩小后时间的单位为 100 ms。搅拌时间的设定值小于 99 s，显示搅拌当前值的输出域的"样式格式"组态为 9999，小数部分位数为 1，小数点也占 1 位。显示值以 s 为单位，显示格式为 xx.x s（见图 9-1 中的"实际值"列的时间显示值）。

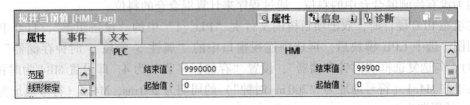

图 9-6　组态变量的线性标定

8. 手动程序设计

函数 FC1 是手动程序，在主程序 OB1 中，用变量"自动/手动开关"的常闭触点调用 FC1。在手动模式时单击手动画面中的"进1号料"按钮（见图9-7），手动程序中的变量"进1号料按钮2"变为1状态（见图9-8），"进1号料阀"的线圈通电并自保持，该阀门打开，画面中该阀门变为红色。单击"停止"按钮，变量"停止按钮2"的常闭触点断开，"进1号料阀"的线圈断电，画面中的阀门变为灰色。4 个进料阀和秤放料阀之间有连锁，同时只能打开一个阀门。

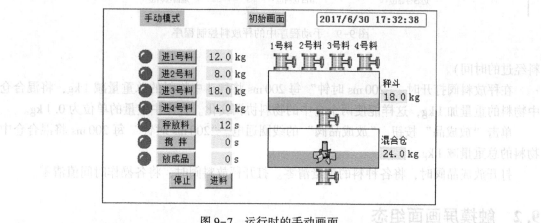

图9-7 运行时的手动画面

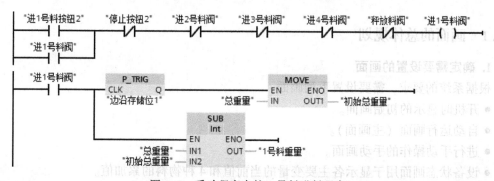

图9-8 手动程序中的1号料进料程序

刚打开进1号料阀时，用 MOVE 指令将当时的物料总重量记忆在变量"初始总重量"中。在进1号料的过程中，用减法指令 SUB 计算出来的当前总重量与初始总重量之差即为1号料的重量。其余3种料的进料控制程序与1号料的类似。

S7-300/400 的定时器为减定时器，定时期间其当前值不断减1。为了显示出手动时各段时间从零逐渐增大的值，分别用计数器 C0~C2 和1s时钟脉冲来累计3段时间，它们使用加计数器线圈指令 CU。C0~C2 的符号地址分别为"秤放料计数器"（见图9-9）、"搅拌计数器"和"放成品计数器"。

单击画面中的"秤放料"按钮，"秤放料阀"的线圈通电（见图9-9）。两个放料阀和搅拌电动机之间设置了连锁。

"1s时钟"（M4.5）的常开触点每秒钟通、断一次，使秤放料计数器 C0 的当前值加1。C0 的当前值的单位为1s。在手动画面中，以秒为单位用输出域显示 C0 的当前值（即秤放

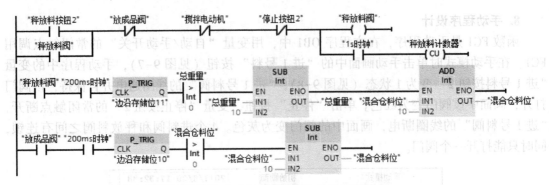

图 9-9　手动程序中的秤放料控制程序

料经过的时间）。

在秤放料阀打开时，"200 ms 时钟"每 200 ms 将秤斗中物料的总重量减 1 kg，将混合仓中物料的重量加 1 kg，这样能使两个仓中的物料协调变化。程序中重量的单位为 0.1 kg。

单击"放成品"按钮，"放成品阀"的线圈通电。"200 ms 时钟"每 200 ms 将混合仓中物料的总重量减 1 kg。

打开放成品阀时，将各种料的重量清零。打开秤放料阀时，将各操作时间值清零。

9.2　触摸屏画面组态

9.2.1　画面的总体规划

1. 确定需要设置的画面

根据系统的要求，需要设置下列画面：

- 开机时显示的初始画面。
- 自动运行画面（主画面）。
- 进行手动操作的手动画面。
- 设备状态画面用于显示各主要变量的当前值和 4 种物料的累加值。
- 用户管理画面用于用户的登录、注销和用户的管理。
- 配方画面用于选择配方的数据记录，用户可以修改配方的条目，增、减配方数据记录，以及打印配方报表。
- 报警画面用于查看报警的历史记录，以及打印报警报表。
- 趋势视图画面用于显示搅拌器电动机转速的趋势视图。

2. 画面切换关系与初始画面

因为画面个数不多，以初始画面为中心，采用"单线联系"的星形切换方式。开机后显示初始画面，在初始画面中设置切换到其他画面的画面切换按钮（见图 9-10），从初始画面可以切换到所有的其他画面，其他画面只能用固定窗口的"初始画面"切换按钮返回初始画面。

初始画面之外的画面不能相互切换，需要经过初始画面的"中转"来切换。这种画面组织方式的层次少，除初始画面外，其他画面使用的画面切换按钮少，操作简单。如果需

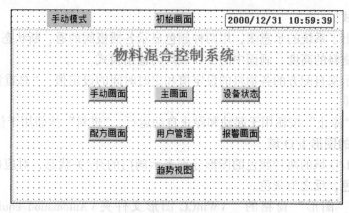

图 9-10　初始画面

要，也可以建立初始画面之外的其他画面之间的切换关系。

生成主画面后，只需要将项目树中的"主画面"拖拽到初始画面，就可以在初始画面中生成切换到"主画面"的画面切换按钮，按钮上的文本"主画面"是自动生成的。用鼠标调节按钮的位置和大小，可以在巡视窗口批量修改按钮的背景色和文本的参数。

3. 组态固定窗口

将画面最上面隐藏的水平线往下拖动，水平线上面为固定窗口（见 3.1.2 节）。在固定窗口中放置各画面共享的日期时间域、切换到初始画面的按钮和一个符号 I/O 域。后者与变量"自动/手动开关"连接（见图 9-11），用于显示系统的工作模式。设置符号 I/O 域的模式为"双状态"，自动/手动开关为 1 状态时显示"自动模式"，为 0 状态时显示"手动模式"。

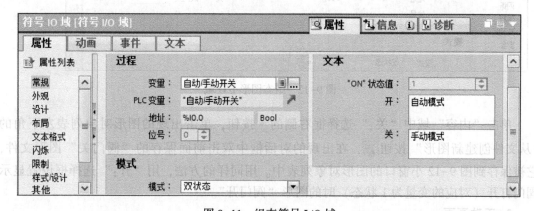

图 9-11　组态符号 I/O 域

9.2.2　画面组态

1. 自动画面

系统有自动和手动两种运行方式，运行方式由外接的自动/手动开关来选择。监控自动模式运行的画面称为自动画面，它是使用得最多的画面，所以又称为主画面（见图 9-1）。

开机后进入初始画面，单击"主画面"按钮，进入主画面，永久性窗口中的符号 I/O

域显示"手动模式"。

主画面中给出了系统的示意图，用两种颜色显示各插板阀的通、断状态，用棒图显示秤斗内和混合仓内物料的高度，画面中的 I/O 域均为输出模式。

在画面中显示来自配方的各物料的设定值和定时时间的设定值。"总重量"是电子秤秤斗内物料的总重量。

"起动"和"停止"按钮用于起动和停止自动运行，"进料"按钮用于仿真调试。

2. 生成阀门的图形 I/O 域

用组成图形 I/O 域的两种颜色的图形分别表示阀门的开/关状态，对应的位变量为 1 状态时，阀门为红色，反之为灰色。

将工具箱的"图形"窗格的"\ WinCC 图形文件夹 \ Automation equipment \ Valves \ 4Colors \"文件夹中选择的阀门拖拽到画面中适当的地方。复制后删除它，再粘贴到 Windows 的"画面"工具中。将它另存为 JPEG 格式的图形文件"阀门关"。根据原始的阀门图形各部分的灰度，用"画面"工具的填充功能，替换为不同深浅的红色。将它另存为 JPEG 格式的图形文件"阀门开"。

将工具箱的"元素"窗格中的"图形 I/O 域"拖拽到主画面中。单击选中它以后，再选中巡视窗口的"属性 > 属性 > 常规"，设置它的模式为"双状态"（见图 9-12）。

图 9-12　组态图形 I/O 域

单击"内容"域中"关:"选择框右侧的 ▾ 按钮，单击出现的图形对象列表左下角的"从文件创建新图形"按钮 ▨，在出现的对话框中双击前面保存的"阀门关"图形文件，它被保存到图 9-12 小窗口的图形对象列表中。用同样的方法，用"开:"选择框设置显示阀门打开（对应的变量为 1 状态）时的图形"阀门开"。

3. 手动画面

自动/手动开关在手动位置时（I0.0 为 0 状态），永久性窗口中的符号 I/O 域显示"手动模式"。运行时单击初始画面的"手动画面"按钮，打开手动画面（见图 9-7）。在手动模式，用手动画面中的按钮分别打开 1~4 号料的进料阀、秤斗放料阀、放成品阀，以及启动搅拌器电动机。用 PLC 的程序实现操作的保持功能。按"停止"按钮将停止当前被起动的操作。

各按钮左侧的指示灯用来显示 PLC 对应的输出信号的状态，按钮右侧的输出域是进料的重量和各段运行时间的当前值，操作人员用这些输出域的值来判断应该在什么时候用停止按钮停止当前正在执行的操作。"进料"按钮用于仿真调试。

4. 设备状态画面

运行时按初始画面的"设备状态"按钮，打开设备状态画面（见图9-13）。除了显示4种物料的当前重量和3段运行时间的值之外，还显示4种物料的累加值和搅拌器的转速。

图9-13　运行时的设备状态画面

"清累加值"按钮用于清除4种物料的累加值。在单击该按钮时，用系统函数"设置变量"分别将4种物料的累加值清零。

5. 用户管理画面

运行时单击初始画面的"用户管理"按钮，打开用户管理画面（见图9-14），在用户管理画面中组态了用户视图，以及"登录用户""注销用户"按钮。

图9-14　运行时的用户管理画面

本系统中比较重要的操作是对配方的操作和清除4种物料的累加值。在组态用户组时，设置了"访问配方画面"和"清累加值"权限（见图9-15）。

在用户组编辑器中，设置各组用户的权限。管理员组拥有所有的权限，操作员组仅有清累加器的权限，班组长组有访问配方画面和清累加值权限。在组态用户时，设置操作员组的LiMing的密码为1000，班组长组的WangLan的密码为2000，管理员组的Admin的密码为9000。

<table>
<tr><th colspan="5">组</th></tr>
<tr><td></td><td>名称</td><td>编号</td><td>显示名称</td><td>密码时效</td></tr>
<tr><td>👥</td><td>Administrator group</td><td>1</td><td>管理员组</td><td>☐</td></tr>
<tr><td>👥</td><td>Users</td><td>2</td><td>班组长</td><td>☐</td></tr>
<tr><td>👥</td><td>Operator</td><td>3</td><td>操作员组</td><td>☐</td></tr>
</table>

<table>
<tr><th colspan="5">权限</th></tr>
<tr><td></td><td>激活</td><td>名称</td><td>显示名称</td><td>编号</td></tr>
<tr><td>🔑</td><td>☐</td><td>User administration</td><td>用户管理</td><td>1</td></tr>
<tr><td>🔑</td><td>☑</td><td>Monitor</td><td>访问配方画面</td><td>2</td></tr>
<tr><td>🔑</td><td>☑</td><td>Operate</td><td>清累加值</td><td>3</td></tr>
</table>

图 9-15 组态用户组的权限

为了防止未经授权的人访问配方画面，在组态初始画面时，选中"配方画面"按钮，再选中巡视窗口的"属性 > 属性 > 安全"，将访问配方画面的权限"Monitor"分配给该按钮。

在组态"设备状态"画面时（见图 9-13），选中"清累加值"按钮，将清累加器的权限"Operate"分配给该按钮。

6. 组态配方和配方画面

物料混合系统用配方来提供生产工艺参数，图 9-16 是 1 号产品对应的配方的元素，该配方有 3 个配方数据记录（见图 9-17）。每个数据记录包含 4 种物料的重量，重量为零表示产品不使用该物料。除此之外，配方中还有单位为 ms 的秤斗放料、搅拌和放成品的时间预设值。

配方	名称	显示名称	编号	版本	路径	类型	最大数据记录数	通信类型	工具提示
🖥	1号产品	1号产品	1	2006-1-28 21:05:55	\Flash\Re...	...	200	变量	

元素 | 数据记录

名称	显示名称	变量	数据类型	数据长度	默认值	最小值	最大值	小数位数
1号原料	1号原料（kg）	1号料配方值	Int	2	120			1
2号原料	2号原料（kg）	2号料配方值	Int	2	120			1
3号原料	3号原料（kg）	3号料配方值	Int	2	150			1
4号原料	4号原料（kg）	4号料配方值	Int	2	60			1
搅拌预设值	搅拌预设值（ms）	搅拌预设值	Time	4	12000	-2147483648	2147483647	0
秤放料预设值	秤放料预设值（ms）	秤放料预设值	Time	4	10000	-2147483648	2147483647	0
放成品预设值	放成品预设值（ms）	放成品预设值	Time	4	10000	-2147483648	2147483647	0

图 9-16 组态配方的元素

元素 | **数据记录**

名称	显示名称	编号 ▲	1号原料	2号原料	3号原料	4号原料	搅拌预设值	秤放料预设值	放成品预设值
1号数据记录	1号数据记录	1	100	150	180	50	10000	11000	10000
2号数据记录	2号数据记录	2	120	80	130	0	15000	8000	7000
3号数据记录	3号数据记录	3	150	120	150	70	12000	11000	10000

图 9-17 组态配方的数据记录

选中图 9-16 上面的配方"1 号产品"，再选中巡视窗口的"属性 > 常规 > 同步"（见图 7-6），选中"同步配方变量"复选框，未选中"变量离线"和"协调的数据传输"复选框。图 9-18 是运行时的配方画面，在配方画面中组态了配方视图，以及"打印配方报表"按钮。

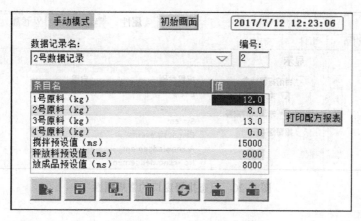

图 9-18 运行时的配方画面

7. 组态报警画面与报警窗口

秤斗上的 1~4 号料的料斗无料时，PLC 发出缺料报警消息，将"事故信息"字 MW2 的第 0 位~第 3 位中的对应位置 1。为了检测是否缺料，可以安装料位传感器。也可以设置延时，如果在设定的时间内流入秤斗的物料不能达到设定的重量，可以间接判断该料斗缺料。在出现外部故障时，"事故信息"字 MW2 的第 4 位变为 1 状态。

双击项目树的"HMI_1"文件夹中的"HMI 报警"，打开"HMI 报警"编辑器。图 9-19 是在"离散量报警"选项卡中组态的离散量报警。

离散量报警					
ID ▲	报警文本	报警类别	触发变量	触发位	触发器地址
1	缺1号料	Errors	事故信息	0	%M3.0
2	缺2号料	Errors	事故信息	1	%M3.1
3	缺3号料	Errors	事故信息	2	%M3.2
4	缺4号料	Errors	事故信息	3	%M3.3
5	外部故障	Errors	事故信息	4	%M3.4

图 9-19 组态离散量报警

搅拌器电动机用变频器驱动，用模拟量输入模块检测搅拌器电动机的转速，变量"搅拌转速测量值"大于 1500 转/min 时发出"转速过高"报警。在"HMI 报警"编辑器的"模拟量报警"选项卡组态"转速过高"报警。

运行时报警画面用于查看报警的历史记录，以及打印报警报表。在报警画面组态报警视图，选中它以后再选中巡视窗口的"属性 > 属性 > 常规"，用单选框选中"报警缓冲区"，启用报警类别 Error（错误）、Warning（警告）和 System（系统），报警视图将显示所选报警类别当前的和过去的报警。

在全局画面中放置一个报警窗口和一个报警指示器，选中报警窗口后再选中巡视窗口的"属性 > 属性 > 常规"，用单选框选中"当前报警状态"（见图 9-20），用复选框选中"未决报警"和"未确认的报警"，仅启用了报警类别 Error（错误）。

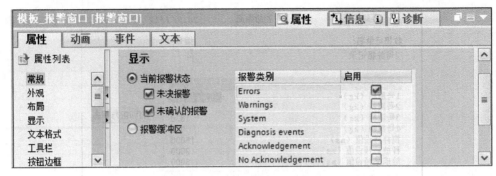

图 9-20　组态报警窗口的常规属性

9.3　系统的仿真调试

9.3.1　使用变量仿真器调试

比较复杂的系统可以首先使用变量仿真器进行调试，检查 HMI 设备的某些功能。例如在变量仿真器中生成 Bool 变量"进 1 号料阀"，将它的值设为 1 或 0，观察画面中对应的阀门颜色的变化情况。

1. 检查画面切换功能

选中项目树中的 HMI_1 站点，执行菜单命令"在线"→"仿真"→"使用变量仿真器"，打开仿真面板。在初始画面单击各画面切换按钮（见图 9-10），观察是否能切换到对应的画面。在非初始画面单击上面的永久性窗口中的"初始画面"按钮，观察是否能返回初始画面。

2. 检查用户管理功能

单击初始画面的"用户管理"按钮，打开用户管理画面（见图 9-14）。单击"登录用户"按钮，在"用户登录"对话框中，输入管理员 Admin 的用户名和密码 9000，单击"确定"按钮。如果登录成功，在用户视图中将会出现所有用户的用户信息。观察管理员此时是否能修改其他用户的名称和密码，修改后的密码是否起作用。

在用户管理画面退出登录后，检查"设备状态"画面的"清累加值"按钮的保护功能，具有"清累加器"权限的用户登录成功后，才能对该按钮进行操作。

3. 检查配方功能

具有相应权限的用户登录成功后，单击初始画面的"配方画面"按钮，打开配方画面（见图 9-18）。用数据记录选择框选中某一条配方数据记录，返回初始画面后切换到主画面，观察画面左边的 I/O 域中是否是选中的配方数据记录中的值。

4. 检查趋势视图

趋势视图画面用来记录搅拌机转速的测量值，它大于 1500 r/min 时，将会出现报警窗口，影响对趋势曲线的观察。在变量仿真器中将搅拌机转速测量值的"模拟"方式设置为"增量"（见图 9-21），最大值和最小值分别为 1200 r/min 和 1400 r/min，周期为 10 s，其波形为锯齿波。图 9-22 是仿真运行时的趋势视图。

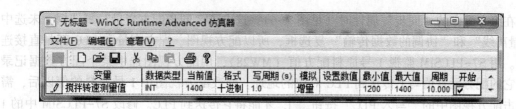

图 9-21 变量仿真器

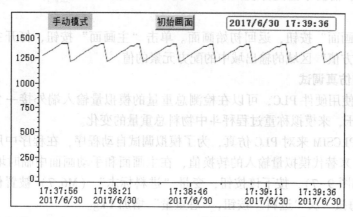

图 9-22 运行时的趋势视图

9.3.2 集成仿真调试

本例中的某些触摸屏功能需要与 PLC 的用户程序配合才能验证。如果没有硬件 PLC，用仿真软件 S7-PLCSIM 来模拟 S7-300/400 的功能，用 WinCC 的运行系统模拟触摸屏的功能。

打开 Windows 7 的控制面板，切换到"所有控制面板项"显示方式。双击打开"设置 PG/PC 接口"对话框，设置应用程序访问点为"S7ONLINE（STEP 7）→PLCSIM. TCPIP.1"（见图 2-48）。

选中项目树中的"PLC_1"，单击工具栏的"开始仿真"按钮，启动 S7-PLCSIM，将程序下载到仿真 PLC，将 CPU 切换到 RUN-P 模式。选中项目树中的"HMI_1"，单击工具栏的"开始仿真"按钮，编译成功后，出现仿真面板，显示图 9-10 中的初始画面。此时 I0.0 为 0 状态，系统处于手动模式。单击初始画面中的"主画面"按钮，打开主画面。因为满足了起动条件，顺序功能图的初始步 M5.0 为 1 状态，主画面中的"初始步"指示灯亮。

1. 配方画面的调试

单击 S7-PLCSIM 中 I0.0 对应的小方框，令自动/手动开关为 1 状态，系统处于自动模式，首先调试自动程序。为了实现自动运行，需要用配方画面将 HMI 中的某个配方数据记录传送到 PLC。开机时各配方元素的值均为 0，单击主画面的"起动"按钮将会出错。为此单击"初始画面"按钮，返回初始画面。再单击其中的"配方画面"按钮，出现登录对话框，输入用户名"WangLan"和密码 2000，单击"确定"按钮，返回初始画面。再次单击"配方画面"按钮，打开配方画面，选择一个配方数据记录。

209

在组态配方的"同步"属性时（见图7-6），选中了"同步配方变量"复选框，未选中"变量离线"和"协调的数据传输"复选框，所以配方视图、配方变量和PLC都是直接连通的。用S7-PLCSIM监视1号原料配方值（MW28），用配方视图选中某个配方数据记录后，它的配方元素值马上传送到PLC对应的地址。修改配方视图中1号原料的值以后，需要单击配方视图中的"写入PLC"按钮 🛅，才能将它传送到PLC。修改S7-PLCSIM中的1号原料的值以后，需要单击配方视图中的"从PLC读取"按钮 🛅，才能将它传送到配方视图。

单击"初始画面"按钮，返回初始画面。单击"主画面"按钮，打开主画面，可以看到画面左边"配方值"区域的输出域中的配方元素的值。

2. 主画面的仿真调试

如果调试时使用硬件PLC，可以在检测总重量的模拟量输入端外接一个电位器，输入DC 0~10V的电压，来模拟称重过程秤斗中物料总重量的变化。

如果用S7-PLCSIM来对PLC仿真，为了模拟调试自动程序，在程序中用变量名为"总重量"的MW60来替代模拟量输入的转换值，在主画面和手动画面中临时增设"进料"按钮（见图9-1和图9-7），按下该按钮，变量"进料标志"（M6.7）被置位，释放该按钮M6.7被复位。每按一次"进料"按钮，"总重量"增加1 kg。

单击画面中的"起动"按钮，"连续标志"（M6.6）指示灯亮，1号进料阀打开（变为红色）。多次单击"进料"按钮，变量"总重量"和"1号料"的值不断增大。1号料进入料斗的重量达到配方给出的设定值时，1号进料阀自动关闭（变为灰色），2号进料阀自动打开。4种料都按设定值进完后，秤斗放料阀自动打开，"秤放料"定时器开始定时，其剩余时间值不断减小。程序中的"200 ms时钟"（M4.1）使变量"总重量"的值每200 ms减1 kg，混合仓中的物料每200 ms加1 kg，画面上秤斗中的物料"流入"混合仓。

"秤放料"定时器定时时间到时，秤放料阀关闭，开始搅拌。"搅拌"定时器定时时间到时，打开放成品阀，"放成品"定时器开始定时。程序中的"200 ms时钟"使变量"混合仓料位"的值每200 ms减1 kg，画面中混合仓的物料不断减少。2号配方数据记录中的4号原料的重量为0，在进料时将会跳过4号原料。混合仓的物料放完后，又开始进1号料。

单击画面中的停止按钮后正常停机，"连续标志"（M6.6）指示灯熄灭。但是不会马上停止运行，要等到完成最后一次的流程（包括进料、秤斗排料、搅拌和混合仓排料）后停机。最后返回初始步，"初始步"指示灯亮。

正在自动运行时，如果出现外部故障信号、缺料信号和转速超限，立即将Q0.2~Q1.0清零，将代表各步的MB5和"连续标志"（M6.6）清零，同时出现报警窗口。

在调试时应逐一检查是否能实现上述的顺序控制流程，对各种故障的处理是否合乎要求。

3. 手动运行的仿真调试

令自动/手动开关I0.0为0状态，系统处于手动模式。为了模拟物料进入秤斗的过程，与调试主画面相同，在手动画面中临时添加一个增加物料总重量的"进料"按钮（见图9-7）。

单击图9-7手动画面中某个指示灯右边的按钮，该指示灯应亮，并且有保持功能。按下"停止"按钮，点亮的指示灯熄灭，对应的电磁阀线圈或电动机断电。

单击"进1号料"按钮，1号进料阀变红，按钮左边的指示灯亮。单击一次"进料"按钮，按钮右边的输出域显示的1号料的重量增加1 kg。

单击"秤放料"按钮，它左边的指示灯亮，秤斗下面的放料阀变红。程序中的200 ms时钟脉冲每200 ms将秤斗中的物料减1 kg，混合仓中的物料加1 kg。同时每秒钟秤放料计数器加1，"秤放料"按钮右侧的输出域显示操作经过的时间值。秤斗中的物料放完时，单击"停止"按钮，点亮的指示灯熄灭，秤放料阀关闭，阀门变为灰色，放料计数器停止加1。

单击"搅拌"按钮，按钮左侧的指示灯亮，按钮右侧的输出域显示搅拌过程的时间值。单击"停止"按钮，停止搅拌。单击"放成品"按钮，按钮左侧的指示灯亮，混合仓下面的放成品阀变红，混合仓中的物料每200 ms减少1 kg，每秒钟放成品计数器加1。单击"停止"按钮，放成品阀关闭。

打开放成品阀时，各种料的重量被清零。打开秤放料阀时，原有的各操作时间值被清零。

4. 报警功能的仿真调试

返回初始画面后切换到报警画面，可以看到报警视图中的"已建立连接……"等系统报警消息。

在S7-PLCSIM中生成变量"事故信息"MW2的低位字节MB3的视图对象，以及变量"搅拌转速测量值"（MW10）的视图对象。

单击M3.0对应的小方框，将它的值置位为1，当前打开的画面中出现报警窗口和闪动的报警指示器（见图9-23），报警消息为"到达 缺1号料"。

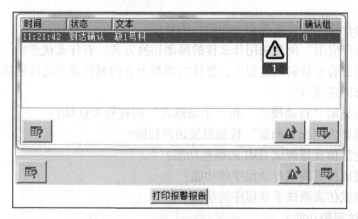

图9-23　运行时的报警窗口

单击报警窗口右下角的确认按钮 ，报警指示器停止闪动，报警状态变为"到达确认"。将M3.0复位为0，报警消息"缺1号料"消失，报警窗口和报警指示器同时消失。

打开报警视图（见图9-24），可以看到"缺1号料"的事件出现（到达）、被确认（（到达）确认）和消失（（到达确认）离开）的报警消息。

在S7-PLCSIM中将变量"搅拌转速测量值"MW10的值设置为1501 r/min，出现的报警窗口显示报警消息"到达 转速过高"。将转速值改为1500 r/min，报警窗口出现状态为"（到达）离开"的报警消息。报警指示器继续闪动，其中的数字变为0。单击报警窗口中

	手动模式		初始画面	2017/6/30 17:28:09

时间	日期	状态	文本
17:28:02	2017/6/30	(到达)离开)确认	转速过高
17:28:00	2017/6/30	(到达)离开	转速过高
17:27:53	2017/6/30	到达	转速过高
17:27:30	2017/6/30	(到达确认)离开	缺1号料
17:27:28	2017/6/30	(到达)确认	缺1号料
17:27:25	2017/6/30	到达	缺1号料
17:21:03	2017/6/30	到达	已建立连接: HMI_连接_1, 站 192..
17:21:01	2017/6/30	到达	已成功导入数据记录.
17:21:01	2017/6/30	到达	开始导入数据记录.
17:20:59	2017/6/30	到达	切换为'在线'操作模式.

打印报警报告

图 9-24　运行时的报警视图

的确认按钮 ，报警窗口消失。图 9-24 中的报警画面的报警视图提供了上述报警事件的信息。

在自动模式出现故障报警时，可以看到当前步被驱动的阀门或搅拌电动机关闭，连续标志 M6.6 和 MB5 中当前的活动步对应的位被清零。

出现故障后，应切换到手动模式，用手动完成当时剩余的操作，满足自动运行的起动条件后，主画面中的"初始步"指示灯亮，再切换到自动模式。

9.4　习题

1. 程序中为什么需要设置起动自动运行的条件？
2. "HMI 综合应用"例程采用什么样的画面切换方式？有什么优点？
3. 在秤斗向混合仓放料的过程中，怎样实现两个仓的料位显示之间的协调变化？
4. 怎样组态固定窗口？
5. 怎样组态显示"自动模式"和"手动模式"的符号 I/O 域？
6. 为什么需要为"配方画面"按钮设置访问权限？
7. 可以用变量仿真器调试 HMI 的哪些功能？
8. 怎样用集成仿真调试自动程序的功能？
9. 怎样用集成仿真调试手动程序的功能？
10. 怎样调试报警功能？

第10章 精彩系列面板的组态与应用

10.1 精彩系列面板

1. SMART LINE V3 触摸屏

SMART LINE V3 被称为精彩系列面板，包括 Smart 700 IE V3 和 SMART 1000 IE V3（见图 10-1），它们是专门与 S7-200 SMART 配套的触摸屏，宽屏显示器的对角线分别为 7in 和 10in。其分辨率分别为 800×480 和 1024×600，64 K 色真彩色显示，节能的 LED 背光，高速外部总线，数据存储器 128 MB，程序存储器 256 MB。电源电压为 DC 24 V。支持硬件实时时钟、趋势视图、配方管理、报警功能、数据记录和报警记录功能。支持 32 种语言，其中 5 种可以在线转换。

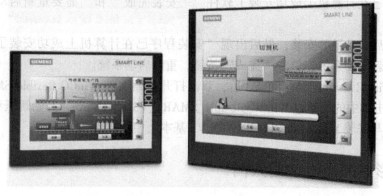

图 10-1　SMART LINE V3

集成的以太网端口和串口（RS-422/485）可以自适应切换，用以太网下载项目文件方便快速。串口通信速率最高 187.5 kbit/s，通过串口可以连接 S7-200 和 S7-200 SMART，串口还支持三菱、欧姆龙和 Modican 的 PLC。

SMART LINE V3 集成了 USB 2.0 host 接口，可连接鼠标、键盘、Hub 以及 USB 存储器，还可以通过 U 盘对人机界面的数据记录和报警记录进行归档。

Smart 700 IE V3 经济实用，具有很高的性能价格比，是 S7-200 SMART 首选的人机界面。

SMART LINE V3 的组态软件 WinCC flexible SMART V3 是 WinCC flexible 的精简版，占用的硬盘空间比原来的组态软件 WinCC flexible 2008 SP4 小得多。

在网上搜索"精彩系列面板 - SMART LINE"，打开西门子自动化 SMART LINE 的网页，可以下载软件 WinCC flexible SMART V3 及其 Update3 更新包，以及 WinCC flexible 2008 SP4。

2. 安装 WinCC flexible SMART V3

WinCC flexible SMART V3 可以在 32 位或 64 位的 Windows 7 SP1（包括 Windows 7 Home

Premium SP1）操作系统下安装。

建议在安装 WinCC flexible SMART 之前关闭或卸载杀毒软件和 360 卫士之类的软件。双击文件 WinCC_flexible_SMART_V3.exe，解压后安装软件。

安装开始时可能会出现显示"必须重新启动计算机，然后才能运行安装程序。要立即重新启动计算机吗？"的对话框，重新启动计算机后再安装软件，还是出现上述信息。解决的方法见 2.1.1 节。

安装软件时，采用"安装语言"对话框默认的安装语言简体中文。单击各对话框的"下一步(N)>"按钮，进入下一个对话框。

在"许可证协议"对话框，用鼠标勾选复选框"我接受上述的许可证协议的条款……"。

在"要安装的程序"对话框，建议采用默认的"完整安装"和 C 盘中默认的安装路径。单击"浏览"按钮，可以设置安装软件的目标文件夹。

在"系统设置"对话框，勾选复选框"我接受对系统设置的更改"。单击"下一步"按钮，开始安装，出现显示安装过程的对话框。

首先安装微软的 Microsoft .Net Framework 4.0，安装完微软的软件后，出现的对话框显示"安装程序已在计算机上成功安装了软件""安装完成"和"需要重新启动系统"的对话框。

重新启动后自动继续安装，最后出现"安装程序已在计算机上成功安装了软件"的对话框，要求重新启动系统。单击"完成"按钮，重新启动系统。

安装好 WinCC flexible SMART V3 后，双击打开压缩文件 WinCC flexible SMART V3 Update3.zip，双击其中的更新包 WinCC_flexible_SMART_V3_Upd3.exe，开始解压和安装该更新包。安装过程与安装 WinCC flexible SMART V3 基本上相同。

10.2 精彩系列面板使用入门

10.2.1 WinCC flexible SMART V3 的用户接口

双击打开随书光盘中的例程"精彩面板以太网通信"，图 10-2 是 WinCC flexible SMART V3 的界面，双击项目视图中的某个对象，将会在中间的工作区打开对应的编辑器。

1. 项目视图

图 10-2 左边的窗口是项目视图，项目中的各组成部分在项目视图中以树形结构显示，分为 4 个层次：项目、HMI 设备、文件夹和对象。项目视图的使用方式与 Windows 的资源管理器相似。作为每个编辑器的子元件，用文件夹以结构化的方式保存对象。生成项目时自动创建了一些元件，例如名为"画面_1"的画面和模板等。

双击项目视图中的某个对象，将会在中间的工作区打开对应的编辑器。

2. 工作区

用户在工作区编辑项目对象，除了工作区之外，可以对其他窗口（例如项目视图和工具箱等）进行移动、改变大小和隐藏等操作。单击工作区右上角的 ⊗ 按钮，将会关闭当前显示的编辑器。同时打开多个编辑器时，单击工作区上面的编辑器标签，将会在工作区显示

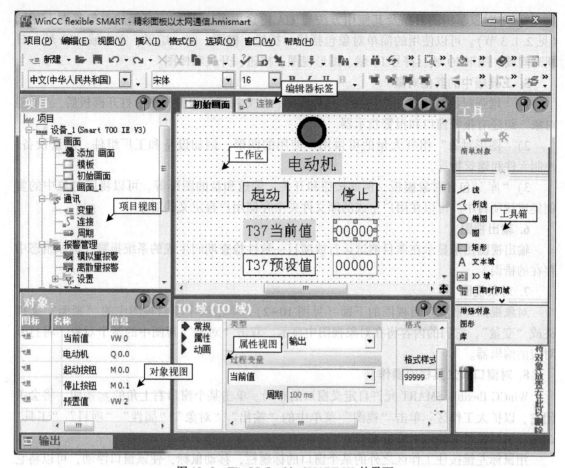

图 10-2　WinCC flexible SMART V3 的界面

对应的编辑器。如果不能全部显示被同时打开的编辑器的标签，可以用 ◀ 和 ▶ 按钮来左右移动编辑器标签。

3. 属性视图

属性视图用来设置选中的工作区中的对象的属性，输入参数后按回车键生效。属性视图一般在工作区的下面。双击某个画面对象，将会关闭或打开它的属性视图。

属性视图的左侧区域有多个类别，可以从中选择各种子类别。属性视图的右侧区域显示用于对选中的属性类别进行组态的参数。

在编辑画面时，如果未激活画面中的对象，或者单击一下画面的空白处，属性视图将显示该画面的属性，可以对画面的属性进行编辑。

出现输入错误时，将显示出提示信息。例如允许输入的最大画面编号为 32767，若超出 32767，将会用小方框显示"值域为 1 到 32767"。按回车键，输入的数字将自动变为 32767。

4. 工具箱中的简单对象

工具箱包含过程画面中需要经常使用的各种类型的对象。例如图形对象或操作员控制元件，工具箱还提供许多库，这些库包含许多对象模板和各种不同的面板。

根据当前激活的编辑器，"工具箱"包含不同的对象组。打开"画面"编辑器时，工具箱提供的对象组有简单对象、增强对象、图形和库。不同的人机界面可以使用的对象也不同。

"简单对象"中的对象及其使用方法与 TIA 博途中 WinCC 的工具箱的对象基本上相同（见 2.1.3 节）。可以使用的简单对象包括线、折线、椭圆、圆、矩形、文本域、IO 域、日期时间域、图形 IO 域、符号 IO 域、图形视图、按钮、开关和棒图。

5. 工具箱中的其他对象

1）"增强对象"组有用户视图、趋势视图、配方视图和报警视图，打开模板后，"增强对象"组还有报警窗口和报警指示器。

2）"图形对象"组有大量的可供用户使用的图形，例如设备和工厂组件、测量设备、控制元件和建筑物等。

3）"库"包含对象模板，例如按钮和开关，管道和泵的图形等。可以将库对象中的实例集成到项目中。可以在用户生成的库文件夹中存储用户自定义的对象。

6. 输出视图

输出视图用来显示在项目测试运行或项目一致性检查期间生成的系统报警，例如组态中存在的错误。

7. 对象视图

对象视图一般在项目视图的下面（见图 10-2）。单击选中项目视图中的"画面"文件夹或"变量"，它们的内容将在对象视图中显示。双击"对象"视图中的某个对象，将打开对应的编辑器。

8. 对窗口和工具栏的操作

WinCC flexible SMART 允许自定义窗口的布局。单击某个窗口右上角的 ⊗ 按钮，将会关闭它，以扩大工作区。单击"视图"菜单中的"输出""对象""属性""项目""工具"命令，可以显示或隐藏对应的窗口。

用鼠标左键按住工作区之外的某个窗口的标题栏，移动鼠标，使该窗口浮动，可以将它拖拽到画面中任意的位置，或者用鼠标改变它的大小。

单击输出视图右上角的 📌 按钮，按钮中的"操作杆"的方向将会变化。位于垂直方向时，窗口不会隐藏。位于水平方向时，单击输出视图之外的其他区域，该视图被隐藏，同时在屏幕左下角出现标有"输出"的矩形（见图 10-2）。单击它将会重新出现输出视图。

执行"视图"菜单中的"重新设置布局"命令，窗口的排列将会恢复到生成项目时的初始状态。

9. 帮助功能的使用

当鼠标指针移动到 WinCC flexible SMART 中的某个对象（例如工具栏上的某个按钮）上时，将会出现该对象最重要的提示信息方框。如果提示信息中有一个 ❷ 图标，单击提示信息方框，将出现该对象进一步的帮助信息。光标如果在该对象上多停留几秒钟，将会自动出现该对象的帮助信息。可以用这种方法来快速了解工具栏上各个按钮和各种对象的功能。

也可以通过"帮助"菜单中的命令获取帮助信息。

10. 组态界面设置

执行菜单命令"选项" → "设置"，打开"设置"对话框（见图 10-3），可以设置 WinCC flexible SMART 的用户界面。如果安装了几种语言，可以切换用户界面语言。项目视图可设置为显示主要项和显示所有项。

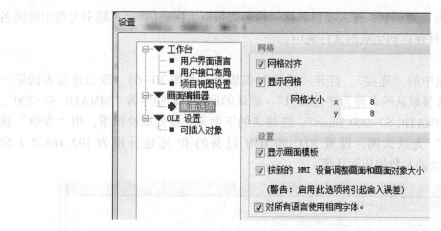

图 10-3 "设置"对话框

10.2.2 生成项目与组态变量

1. PLC 的程序

HMI 的初始画面见图 10-2,图 10-4 是随书光盘的 S7-200 SMART 例程 "HMI 例程"中的程序和符号表 "表格 1"中的变量。首次扫描时 SM0.1 的常开触点接通,设置 T37 的预设值 VW2 的初始值为 100(单位为 100 ms)。起动按钮 M0.0 和停止按钮 M0.1 的信号由画面中的按钮提供。用起动按钮和停止按钮控制电动机 Q0.0,Q0.0 的状态用画面中的指示灯显示。T37 和它的常闭触点组成了一个锯齿波发生器,运行时 T37 的当前值在 0 到预设值之间反复变化。用 MOVE 指令将 T37 的当前值传送给 VW0,SM0.0 的常开触点一直闭合。

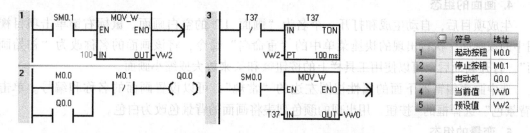

	符号	地址
1	起动按钮	M0.0
2	停止按钮	M0.1
3	电动机	Q0.0
4	当前值	VW0
5	预设值	VW2

图 10-4 S7-200 SMART 的梯形图与符号表

用编程软件的系统块设置 S7-200 SMART 的 IP 地址和子网掩码分别为 192.168.2.1 和 255.255.255.0,设置 "CPU 启动后的模式"为 RUN。

2. 创建 WinCC flexible SMART 的项目

安装好 WinCC flexible SMART V3 后,双击桌面上的图标█,打开 WinCC flexible SMART V3 的首页,单击其中的选项 "创建一个空项目"。在出现的 "设备类型"对话框中(见图 10-5),双击文件夹 "Smart Line"中 7in 的 Smart 700 IE V3,创建一个名为 "项目.hmismart"的文件。

在某个指定的位置生成一个名为 "精彩面板以太网通信"的文件夹。执行菜单命令 "项目" → "另存为",打

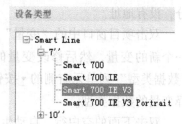

图 10-5 "设备类型"对话框

开"将项目另存为"对话框，键入项目名称"精彩面板以太网通信"（见随书光盘中的同名例程），将项目文件保存到生成的文件夹中。

3. 组态连接

单击项目视图中的"连接"，打开"连接"编辑器（见图 10-6），双击连接表的第一行，自动生成的连接默认的名称为"连接_1"，默认的通信驱动程序为"SIMATIC S7-200"，也可以设置为"SIMATIC S7-200 Smart"。连接表的下面是连接的属性视图，用"参数"选项卡设置"接口"为以太网，设置 PLC 和 HMI 设备的 IP 地址分别为 192.168.2.1 和 192.168.2.2，其余的参数使用默认值。

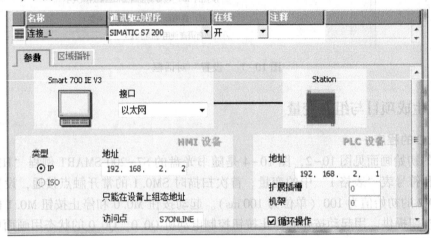

图 10-6 "连接"编辑器

4. 画面的组态

生成项目后，自动生成和打开一个名为"画面_1"的空白画面。鼠标右键单击项目视图中的该画面，执行出现的快捷菜单中的"重命名"命令，将该画面的名称改为"初始画面"。打开画面后，可以使用工具栏上的按钮 🔍 和 🔍 来放大或缩小画面。

选中画面编辑器下面的属性视图左边的"常规"，可以设置画面的名称和编号。单击"背景色"选择框的 ▼ 按钮，用出现的颜色列表将画面的背景色改为白色。

5. 变量的组态

HMI 的变量分为外部变量和内部变量。外部变量是 PLC 的存储单元的映像，其值随 PLC 程序的执行而改变。人机界面和 PLC 都可以访问外部变量。内部变量存储在人机界面的存储器中，与 PLC 没有连接关系，只有人机界面能访问内部变量。内部变量用名称来区分，没有地址。

双击项目窗口中的"变量"图标，打开变量编辑器。双击变量表的第一行，自动生成一个新的变量，然后修改变量的参数。单击变量表的"数据类型"列单元右侧的 ▼ 按钮，在出现的列表中选择变量的数据类型。

双击下面的空白行，自动生成一个新的变量，新变量的参数与上一行变量的参数基本上相同，其地址与上面一行按顺序排列。图 10-7 是项目"HMI 以太网通

名称	连接	数据类型	地址 ▲	采集周期
起动按钮	连接_1	Bool	M 0.0	100 ms
停止按钮	连接_1	Bool	M 0.1	100 ms
电动机	连接_1	Bool	Q 0.0	100 ms
当前值	连接_1	Int	VW 0	100 ms
预设值	连接_1	Int	VW 2	100 ms

图 10-7 变量表

信"的变量编辑器中的变量,与S7-200 SMART的符号表中的变量相同。"连接_1"表示该变量是与HMI连接的S7-200 SMART中的变量。

10.2.3 组态指示灯与按钮

1. 组态指示灯

指示灯用来显示Bool变量"电动机"的状态(见图10-2)。单击打开右边工具箱中的"简单对象"组,单击选中其中的"圆",按住鼠标左键并移动鼠标,将它拖拽到画面中希望的位置。可以用鼠标调节它的位置和大小。

选中圆以后,选中画面下面的属性视图左边窗口的"外观"(见图10-8上图),设置圆的边框为黑色,边框宽度为4个像素点(与指示灯的大小有关),填充色为深绿色,通过外观动画功能,使指示灯在位变量"电动机"的值为0和1时的填充色分别为深绿色和浅绿色(见图10-8下图)。

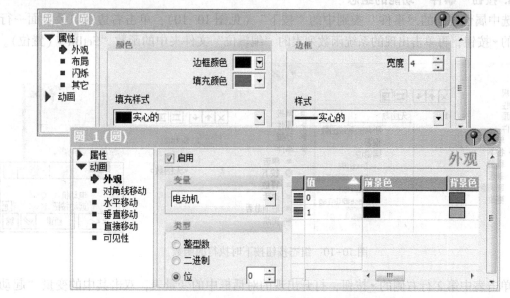

图10-8 组态指示灯的外观与动画属性

2. 生成按钮

画面中的按钮与接在PLC输入端的物理按钮的功能相同,用来将操作命令发送给PLC,通过PLC的用户程序来控制生产过程。

单击工具箱中的"简单对象"组,将其中的"按钮"拖拽到画面中,用鼠标调整按钮的位置和大小。

3. 设置按钮的属性

单击生成的按钮,选中属性视图左边窗口的"常规",用单选框选中"按钮模式"域和"文本"域中的"文本"(见图10-9)。将"'OFF'状态文本"中的Text修改为"起动"。

如果勾选了"'ON'状态文本"复选框,可以分别设置按下和释放按钮时按钮上面的文本。一般不选中该复选框,按钮按下和释放时显示的文本相同。

选中属性视图左边窗口的"属性"类别中的"外观",可以在右边窗口修改它的前景(文本)色和背景色。还可以用复选框设置按钮是否有三维效果。

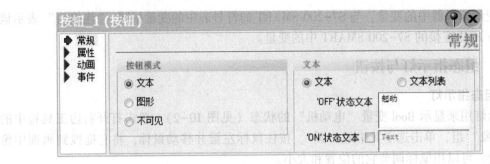

图 10-9　组态按钮的"常规"属性

选中属性视图左边窗口的"属性"类别中的"文本"，设置按钮上文本的字体为默认的宋体、16 个像素点。水平对齐方式为"居中"，垂直对齐方式为"中间"。

4. 按钮"事件"功能的组态

选中属性视图的"事件"类别中的"按下"（见图 10-10），单击右边窗口最上面一行右侧的 ▼ 按钮，再单击出现的系统函数列表的"编辑位"文件夹中的函数"SetBit"（置位）。

图 10-10　组态按钮按下时执行的函数

单击表中第 2 行右侧的 ▼ 按钮，打开出现的对话框中的变量表，双击其中的变量"起动按钮"（M0.0）。在运行时按下该按钮，将变量"起动按钮"置位为 1 状态。

用同样的方法，设置在释放该按钮时调用系统函数"ResetBit"，将变量"起动按钮"复位为 0 状态。该按钮具有点动按钮的功能，按下按钮时 PLC 中的变量"起动按钮"被置位，放开按钮时它被复位。

单击画面中组态好的起动按钮，先后执行"编辑"菜单中的"复制"和"粘贴"命令，生成一个相同的按钮。用鼠标调节它在画面中的位置，选中属性视图的"常规"类别，将按钮上的文本修改为"停止"。打开"事件"类别，组态在按下和释放按钮时分别将变量"停止按钮"置位和复位。

10.2.4　组态文本域与 IO 域

1. 生成与组态文本域

将工具箱中的"文本域"（见图 10-2）拖拽到画面中，默认的文本为"Text"。单击生成的文本域，选中属性视图的"常规"类别，在右边窗口的文本框中键入"T37 当前值"。

选中属性视图左边窗口"属性"类别中的"外观"(见图 10-11 上图),可以在右边窗口修改文本的颜色、背景色和填充样式。"边框"域中的"样式"选择框可以选择"无"(没有边框)或"实心"(有边框),还可以设置边框以像素点为单位的宽度和颜色,用复选框设置是否有三维效果。

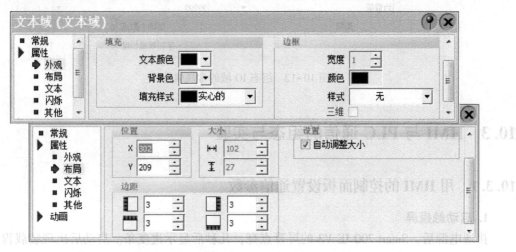

图 10-11 组态文本域的外观和布局属性

单击"属性"类别中的"布局"(见图 10-11 下图),选中右边窗口中的"自动调整大小"复选框。如果设置了边框,或者文本的背景色与画面背景色不同,建议将以像素点为单位的四周的"边距"设置为相等。

选中左边窗口"属性"类别中的"文本",设置文字的大小和对齐方式。

选中画面中生成的文本域,执行复制和粘贴操作,生成文本域"T37 预设值"和"电动机"(见图 10-2),然后修改它们的边框和背景色。

2. 生成与组态 IO 域

IO 域有 3 种模式:

1)输出域:用于显示变量的数值。

2)输入域:用于操作员键入数字或字母,并将它们保存到指定的 PLC 的变量中。

3)输入/输出域:同时具有输入域和输出域的功能,操作员可以用它来修改 PLC 中变量的数值,并将修改后 PLC 中的数值显示出来。

将工具箱中的"IO 域"(见图 10-2)拖拽到画面中,选中生成的 IO 域。单击属性视图的"常规"类别(见图 10-12),用"模式"选择框设置 IO 域为输出域,连接的过程变量为"当前值"。在"格式"域,采用默认的格式类型"十进制",设置"格式样式"为99999(5 位整数),不移动小数点。

IO 域属性视图的"属性"类别的"外观""布局"和"文本"子类别的参数设置与文本域的基本上相同。

选中画面中生成的 IO 域,执行复制和粘贴操作。放置好新生成的 IO 域后选中它,单击属性视图的"常规"类别,设置该 IO 域连接的变量为"预设值",模式为输入/输出,有边框,背景色为白色,其他参数不变。

图 10-12　组态 IO 域的常规属性

10.3　HMI 与 PLC 通信的组态与实验

10.3.1　用 HMI 的控制面板设置通信参数

1. 启动触摸屏

接通电源后，Smart 700 IE V3 的屏幕点亮，几秒后显示进度条。启动后出现装载程序对话框（见图 10-13）。"Transfer"（传输）按钮用于将触摸屏切换到传输模式。"Start"（启动）按钮用于打开保存在触摸屏中的项目，显示初始画面。如果触摸屏已经装载了项目，出现装载对话框后经过设置的延时时间，将会自动打开项目。

2. 控制面板

Smart 700 IE V3 用控制面板设置触摸屏的各种参数。单击图 10-13 的装载对话框中的 "Control Panel" 按钮，打开控制面板（见图 10-14）。

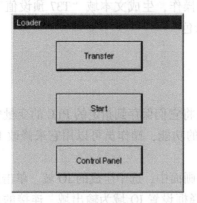

图 10-13　装载程序对话框

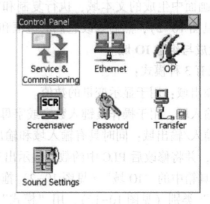

图 10-14　触摸屏的控制面板

3. 设置以太网端口的通信参数

双击控制面板中的 "Ethernet" 图标，打开 "Ethernet Settings" （以太网设置）对话框（见图 10-15）。选中单选框 "Specify an IP address" （用户指定 IP 地址）。用屏幕键盘在 "IP Address" 文本框中输入 IP 地址 192.168.2.2，在 "Subnet Mask"（子网掩码）文本框中输入 255.255.255.0（应与 WinCC flexible SMART 的连接表中设置的相同）。如果没有使用网关，不用输入 "Def. Gateway"（网关）。

单击"Mode"（模式）选项卡，在"Speed"文本框输入的以太网的传输速率可选 10 Mbit/s 或 100Mbit/s，可以在单选框中选择通信连接（Communication Link）为"Half-Duplex"（半双工）或"Full duplex"（全双工）。如果勾选复选框"Auto Negotiation"，（复选框中出现×）将自动检测和设置以太网的传输类型和传输速率。

单击"Device"（设备）选项卡，可以用"Station Name"（站名称）输入框输入 HMI 设备的网络名称。该名称可以包含字符"a"~"z"、数字"0"~"9"、特殊字符"-"和"."。

单击"OK"按钮，关闭对话框并保存设置。

4. 启用传输通道

必须启用一个数据通道才能将项目传送到 HMI 设备。双击控制面板中的"Transfer"图标，打开图 10-16 的"Transfer Settings"（传输设置）对话框，勾选以太网（Ethernet）的"Enable Channel"（激活通道）复选框。如果勾选了"Remote Control"（远程控制）复选框，自动传输被激活，下载时自动关闭正在运行的项目，传送新的项目。传送结束后新项目被自动启动。

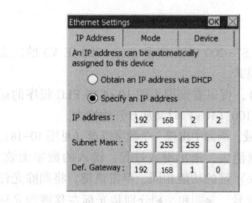

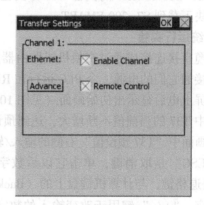

图 10-15　以太网设置对话框　　　　　　图 10-16　传输设置对话框

单击"Advanced"按钮，可以切换到以太网设置对话框。

完成项目传送后，可以通过锁定所有的数据通道来保护 HMI 设备，以避免无意中覆盖项目数据和 HMI 设备的操作系统。

5. 控制面板的其他功能

1）双击图 10-14 中的"Service & Commissioning"（服务与调试），在打开的对话框的"Backup"选项卡，可以将设备数据保存到 USB 存储设备（即 U 盘）中。在"Restore"选项卡，可以从 USB 存储设备中加载备份文件。

2）双击"OP"图标，可以更改显示方向、设置启动的延迟时间（0~60s）和校准触摸屏。

3）双击"Password"图标，可以设置控制面板的密码保护。

4）双击"Screen Saver"图标，可以设置屏幕保护程序的等待时间。输入"0"将禁用屏幕保护。屏幕保护程序有助于防止出现残影滞留，建议使用屏幕保护程序。

5）双击"Sound Settings"图标，可以设置在触摸屏幕或显示消息时是否产生声音反馈。

10.3.2　PLC 与触摸屏通信的实验

本节介绍 PLC 与 HMI 使用以太网通信的实现方法。

1. 设置 WinCC flexible SMART 与触摸屏通信的参数

用 WinCC flexible SMART 打开例程"精彩面板以太网通信",单击工具栏上的 ≞ 按钮,打开"选择设备进行传送"对话框,设置通信模式为默认的"以太网",Smart 700 IE V3 的 IP 地址为 192.168.2.2,应与 Smart 700 IE V3 的控制面板和 WinCC flexible SMART 的"连接"编辑器中设置的相同。

2. 将项目文件下载到 HMI

用以太网电缆连接计算机和 Smart 700 IE V3 的以太网接口,单击"选择设备进行传送"对话框中的"传送"按钮,首先自动编译项目,如果没有编译错误和通信错误,该项目将被传送到触摸屏。如果勾选了图 10-16 中的"Remote Control"(远程控制)复选框,Smart 700 IE V3 正在运行时,将会自动切换到传输模式,出现"Transfer"对话框,显示下载的进程。下载成功后,Smart 700 IE V3 自动返回运行状态,显示下载的项目的初始画面。

3. 将程序下载到 PLC

打开 S7-200 SMART 的例程"HMI 例程",主程序和符号表见图 10-4。用以太网将程序和系统块下载到 S7-200 SMART。

4. 系统运行实验

用电缆直接连接或通过交换机或路由器连接 S7-200 SMART 和 Smart 700 IE V3 的以太网接口,接通它们的电源,令 PLC 运行在 RUN 模式。

触摸屏上电后显示出初始画面(见图 10-17),可以看到因为图 10-4 中 PLC 程序的运行,画面中 T37 的当前值不断增大,达到预设值 100(10 s)时又从 0 开始增大。

单击画面中"T37 预设值"右侧的输入/输出域,画面中出现一个数字键盘(见图 10-18)。其中的"ESC"是取消键,单击它以后数字键盘消失,退出键入过程,键入的数字无效。"BSP"是退格键,与计算机键盘上的〈Backspace〉键的功能相同,单击该键,将删除光标左侧的数字。"+/-"键用于改变输入的数字的符号。 ← 和 → 分别是光标左移键和光标右移键, ←┘ 是确认键(回车键),单击它确认键入的数字,并在输入/输出域中显示出来,同时关闭键盘。

图 10-17 运行中的画面

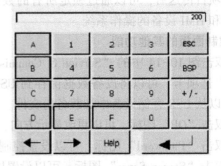

图 10-18 数字键盘

用弹出的小键盘键入 200,按确认键后传送给 PLC 中保存 T37 预设值的 VW2。屏幕显示的 T37 的当前值将在 0~200(20 s)之间变化。

单击画面中的"起动"按钮,PLC 的 M0.0(起动按钮)变为 1 状态后又变为 0 状态,由于 PLC 程序的运行,变量"电动机"(Q0.0)变为 1 状态,画面中与该变量连接的指示灯点亮。单击画面中的"停止"按钮，PLC 的 M0.1（停止按钮）变为 1 状态后又变为 0 状态，其常闭触点断开后又接通，由于 PLC 程序的运行，变量"电动机"变为 0 状态，画面中的指示灯熄灭。

5. 使用仿真器的仿真实验

S7-200 SMART 没有 PLCSIM 那样的仿真软件，因此不能像 S7-300/400/1200/1500 那样做 PLC 和 HMI 的集成仿真实验。但是可以用仿真器来检查人机界面的部分功能。

单击工具栏的"使用仿真器启动运行系统"按钮 ，首先对项目文件进行编译，并用输出视图提供编译的结果。如果有错误，将用输出视图中红色的行显示错误的原因和位置。应消除所有的错误后才能启动仿真器。仿真之前，一定要确保输出视图是打开的。如果启动仿真后没有出现输出视图，应执行"视图"菜单的"输出"命令打开输出视图。使用仿真器的仿真方法可以参考 2.3 节。

6. 使用硬件 PLC 的仿真实验

如果有 S7-200 SMART 的 CPU，在建立起计算机和 PLC 通信连接的情况下，可以用计算机模拟 SMART LINE V3 的功能。用以太网电缆连接 S7-200 SMART 和计算机的以太网接口。在计算机的操作面板中，打开"设置 PG/PC 接口"对话框（见图 2-51），选中"为使用的接口分配参数"列表中实际使用的计算机网卡和 TCP/IP 协议，设置好应用程序访问点。设置计算机的以太网接口的 IP 地址 192.168.2.x 和子网掩码（见图 2-52），其中的 x 不能与 PLC 和 HMI 的 IP 地址的最后一个字节相同。

用以太网将程序下载到 S7-200 SMART，PLC 运行在 RUN 模式。单击 WinCC flexible SMART 工具栏的"启动运行系统"按钮 ，启动 HMI 的运行系统，打开仿真面板。可能需要等待几秒钟，T37 的当前值开始增大，可以用画面中的按钮控制指示灯，用输入/输出域修改 T37 的预设值。

10.4 组态报警

在 WinCC flexible SMART V3 中创建一个名为"精彩面板报警"的项目（见随书光盘中的同名例程），HMI 为 Smart 700 IE V3。在"连接"编辑器中生成名为"连接_1"的连接。

1. 报警的设置

双击项目视图的"\报警管理\设置"文件夹中的"报警设置"，在打开的"报警设置"编辑器中可以进行与报警有关的参数的设置，一般使用默认的设置。

双击项目视图的"\报警管理\设置"文件夹中的"报警类别"（见图 10-19），打开"报警类别"编辑器。可以在表格单元中或在属性视图中编辑各类别报警的属性。

在运行时报警视图使用各报警类别的显示名称。系统默认的"错误"和"系统"类别的"显示名称"分别为字符"！"和"＄"，不太直观，图 10-19 中将它们改为"事故"和"系统"。"警告"类没有显示名称，设置"警告"类别的显示名称为"警告"。将"CD 颜色"（到达离开的背景色）改为白色。

选中表格中的某个类别，再选中下面的属性视图左边窗口中的"状态"（见图 10-19），将"已激活的"文本框中的 C 改为"到达"，"已取消"文本框中的 D 改为"离开"，"已确认"文本框中的 A 改为"确认"。不能更改灰色的文本框中的内容。

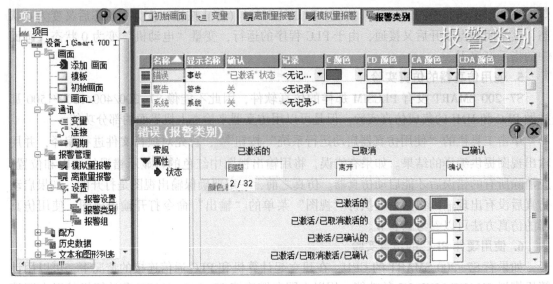

图 10-19　报警类别编辑器

在报警类别编辑器中，还可以设置报警在不同状态时的背景色。

2. 组态离散量报警

离散量报警用指定的字变量中的某一位来触发。在变量表中创建变量"事故信息"（见图 10-20），数据类型为 Word，绝对地址为 VW10。一个字有 16 位，可以组态 16 个离散量报警。在变量表中，变量"事故信息"的"采集模式"为"循环连续"。

双击项目视图中的"离散量报警"，单击离散量报警编辑器表格的第 1 行，输入报警文本"机组过速"（见图 10-21）。报警的编号用于识别报警，是自动生成的。用下拉式列表设置报警类别为"错误"，"触发变量"为 PLC 的符号表中定义的变量"事故信息"，"触发器位"为 0，即用 V11.0 触发错误"机组过速"。

	文本	类别	触发变量	触发器位	触发器地址	组
1	机组过速 <tag 转速>	错误	事故信息	0	V 11.0	确认组 1
2	过流保护	错误	事故信息	1	V 11.1	确认组 1
3	过压保护	错误	事故信息	2	V 11.2	<无组>
4	差压保护	错误	事故信息	3	V 11.3	<无组>
5	失磁保护	错误	事故信息	4	V 11.4	<无组>
6	调速器故障	错误	事故信息	5	V 11.5	<无组>

名称	连接	数据类型	地址
事故信息	连接_1	Word	VW 10
温度	连接_1	Int	VW 12
转速	连接_1	Int	VW 4

图 10-20　变量表　　　　　　　　图 10-21　离散量报警编辑器

发电机的机组过速、过流保护、过压保护、差压保护、失磁保护和调速器故障这 6 种事故分别使用变量"事故信息"的第 0 位~第 5 位。

3. 组态模拟量报警

模拟量报警用变量的限制值来触发。变量"温度"（VW12）为 PLC 的符号表中定义的变量，在 HMI 的变量表中，"温度"的"采集模式"为"循环连续"。某设备的正常温度范围为 650~750℃，750~800℃之间应发出警告信息"温度升高"，600~650℃之间应发出警告信息"温度降低"。大于 800℃为温度过高，小于 600℃为温度过低，应发出错误（或称事故）报警。

双击项目视图中的"模拟量报警",单击模拟量报警编辑器的第1行(见图10-22),输入报警"温度降低"的参数。用下拉式列表设置报警类别为"警告","触发变量"为"温度","触发模式"为"下降沿时"。为了和离散量报警的"错误"类别统一编号,将"温度过高"和"温度过低"的编号由3和4改为7和8。

编号 ▲	文本	类别	触发变量	限制	触发模式	滞后模式	滞后	滞后百分比	延迟	报警组
1	温度降低	警告	温度	650	下降沿时	关		关	0	<无组>
2	温度升高	警告	温度	750	上升沿时	关		关	0	<无组>
7	温度过高	错误	温度	800	上升沿时	"已激活"状态 5		开	2	<无组>
8	温度过低	错误	温度	600	下降沿时	关		关	0	<无组>

图 10-22　模拟量报警编辑器

参数"滞后"用于防止因产生报警的物理量的微小的振荡,在交界点附近多次发出报警消息。"滞后模式"可以选择"'已激活'状态""'已取消激活'状态"或"'已激活'和'已取消激活'状态",也可以设置没有滞后。

图 10-22 中选择报警"温度过高"在"'已激活'状态"滞后5%,温度值大于840℃(800×105%)时才能触发"温度过高"报警,温度小于等于800℃时"温度过高"报警消失。

"温度过高"的"延迟"时间为2ms,触发条件持续2ms之后,才触发报警。

4. 组态报警视图

报警视图用于显示当前出现的报警。单击工具箱的"增强对象",将报警视图拖拽到初始画面中(见图10-23)。用鼠标调节它的位置和大小。

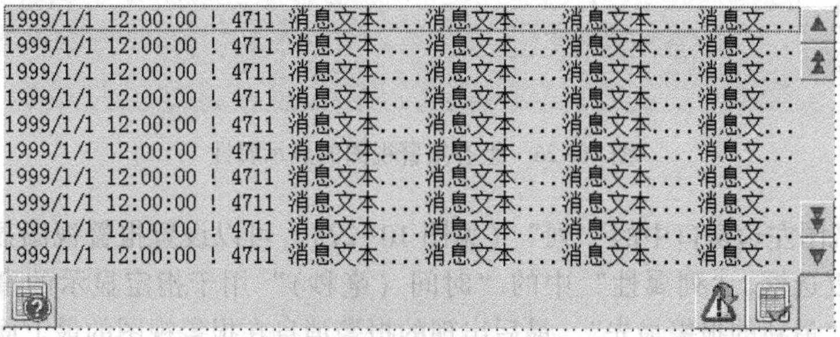

1999/1/1 12:00:00 ! 4711	消息文本....	消息文本....	消息文本....	消息文...
1999/1/1 12:00:00 ! 4711	消息文本....	消息文本....	消息文本....	消息文...
1999/1/1 12:00:00 ! 4711	消息文本....	消息文本....	消息文本....	消息文...
1999/1/1 12:00:00 ! 4711	消息文本....	消息文本....	消息文本....	消息文...
1999/1/1 12:00:00 ! 4711	消息文本....	消息文本....	消息文本....	消息文...
1999/1/1 12:00:00 ! 4711	消息文本....	消息文本....	消息文本....	消息文...
1999/1/1 12:00:00 ! 4711	消息文本....	消息文本....	消息文本....	消息文...
1999/1/1 12:00:00 ! 4711	消息文本....	消息文本....	消息文本....	消息文...
1999/1/1 12:00:00 ! 4711	消息文本....	消息文本....	消息文本....	消息文...

图 10-23　简单的报警视图

选中报警视图的属性视图左边窗口中的"常规",图10-24设置显示"报警事件",要显示的报警类别为"错误"和"警告"。

图 10-24　组态报警视图的常规属性

227

选中属性视图左边窗口的"外观",可以设置报警信息和报警视图的颜色。

选中属性视图左边窗口的"布局"(见图 10-25),只能选择视图的类型为"简单"。如果选中复选框"自动调整大小",将会根据"每个报警的行数"和"可见报警"个数的设置值,自动调整报警视图的高度。

图 10-25　组态报警视图的布局属性

选中属性视图左边窗口中的"显示",可以设置启用报警视图的哪些元件(见图 10-26)。

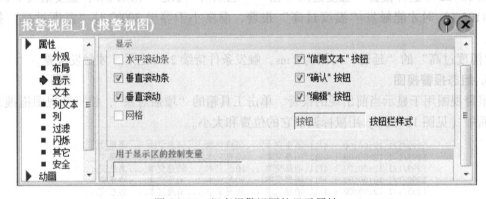

图 10-26　组态报警视图的显示属性

选中属性视图左边窗口中的"列"(见图 10-27),可以设置报警视图显示哪些列,应勾选"状态"复选框。"列属性"中的"时间(毫秒)"用于指定显示的事件是否精确到 ms。一般选中"最新的报警最先",最后出现的报警消息在报警视图的最上面显示。

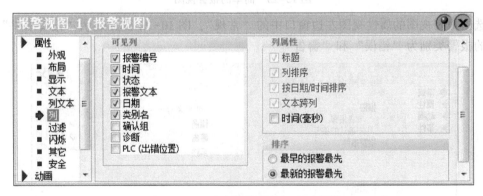

图 10-27　组态报警视图的"列"属性

5. 在报警文本中插入变量

单击离散量报警编辑器中"机组过速"的"文本"列的右端，单击出现的按钮▲（见图 10-28），在出现的对话框中插入一个名为"转速"的变量。

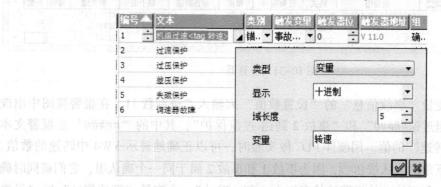

图 10-28　在报警文本中插入变量

6. 用"编辑"按钮触发事件

单击报警视图中的"编辑"按钮⚠（见图 10-23），可以执行设置的系统函数，例如跳转到指定的画面，然后执行与该报警有关的操作。

生成画面_1，选中离散量报警编辑器中的报警"机组过速"，选中它的属性视图左边窗口的"编辑"（见图 10-29），设置在运行时如果单击"编辑"按钮，执行系统函数列表的"画面"文件夹中的系统函数"ActivateScreen"（激活画面），要激活的画面为画面_1。

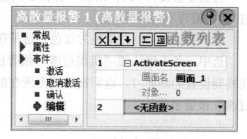

图 10-29　组态单击"编辑"按钮的事件

精彩系列面板的报警窗口和报警指示器在"模板"（相当于 TIA 博途 WinCC 中的全局画面）中组态，其组态方法与其他系列的面板基本上相同。

7. 报警的仿真调试

单击工具栏的"使用仿真器启动运行系统"按钮🏭，出现仿真面板和仿真器，图 10-30 是仿真面板的初始画面中的报警视图。在仿真器中生成变量"事故信息""转速"和"温度"（见图 10-31），设置转速值为 500。

图 10-30　运行中的报警视图

229

图 10-31 仿真器

在仿真器的变量"事故信息"的"设置数值"列输入二进制数 11，在报警视图中出现"事故 1 到达 机组过速#####"和"事故 2 到达 过流保护"，其中的"#####"是报警文本中插入的变量"转速"的值。用硬件 PLC 做实验时，可以正确地显示 VW4 中转速的数值。单击报警视图右下角的确认按钮，因为事故 1 和事故 2 属于同一个确认组，它们被同时确认，出现的事故 1 和事故 2 的报警的状态均为"到达确认"。令变量"事故信息"的"设置数值"为 0，出现的事故 1 和事故 2 的报警状态均为"到达确认离开"。

将变量"温度"的值设为 880，同时出现"警告 2 到达 温度升高"和"事故 7 到达 温度过高"。单击确认按钮，出现"事故 7 到达确认 温度过高"

将温度值设为 720，出现"警告 2 到达离开 温度升高"和"事故 7 到达确认离开 温度过高"。警告不需要确认。

事故到达报警的背景色为红色，这是在报警类别编辑器中组态的。

选中一条未确认的"机组过速"报警消息，单击报警视图中的"编辑"按钮，将会切换到设置的画面_1。返回报警视图所在的初始画面，可以看到在画面切换的同时，"机组过速"报警被确认。

10.5 组态用户管理

在 WinCC flexible SMART V3 中创建一个名为"精彩面板用户管理"的项目（见随书光盘中的同名例程），HMI 为 Smart 700 IE V3。在"连接"编辑器中生成连接。

在用户管理中，权限不是直接分配给用户，而是分配给用户组。组态时在"组"编辑器中为各用户组分配特定的访问权限。在"用户"编辑器中，将各用户分配到用户组，从而获得不同的权限。

1. 用户组的组态

双击项目视图中的"运行系统用户管理"文件夹中的"组"（见图 10-32），打开用户组编辑器。可以在"组"编辑器表格中或属性视图中改变组的名称和"组权限"表的权限名称。

操作员用户组和管理员用户组是自动生成的。用户组和组权限的编号由用户管理器自动指定，名称和注释则由组态者指定。

双击表格下面的空白行，将生成一个新的组，其名称是自动生成的，双击名称后，可以修改它们。组的编号越大，权限越高。

选择某个用户组以后，通过勾选"组权限"表中的复选框，为该用户组分配权限。"操作"、"管理"和"监视"权限是自动生成的,将"操作"改为"访问参数设置画面",新增了"输入温度设定值"权限。

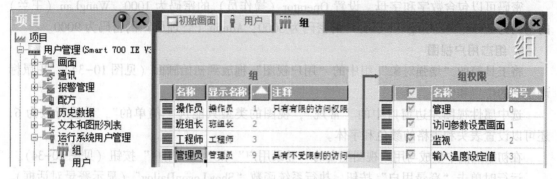

图 10-32 "组"编辑器

在图 10-32 中,"管理员"组的权限最高,拥有所有的操作权限。"工程师"组拥有用户管理之外的权限。"班组长"组只有"监视"和"输入温度设定值"的权限。"操作员"组的权限最低,只有"监视"权限。

用户在登录时,或者没有登录要进行需要权限的操作时,需要输入用户名和密码。

2. 用户的组态

在"用户"编辑器中(见图 10-33)管理用户,将他们分配给用户组,以便在运行时控制对数据和函数的访问。

图 10-33 "用户"编辑器

双击项目视图的"运行系统用户管理"文件夹中的"用户",打开"用户"编辑器。它用于确定已存在的用户属于哪个用户组,一个用户只能分配给一个用户组。用户的名称只能使用数字和字符,不能使用汉字,但是可以使用汉语拼音。选中"用户"表中的某一用户,在"用户组"表用单选框将该用户分配给某个用户组。

在用户编辑器中创建和选中用户"WangLan"(王兰),出现中间的深绿色箭头线,用单选框选择班组长组。用同样的方法设置 Operator(操作员)属于"操作员"组,LiMing(李明)属于工程师组。Admin 属于"管理员"组,他的名称用灰色显示,表示不可更改。

注销时间是指用户登录后,在设置的时间内没有访问操作时,用户权限被自动注销的时间。一般使用默认值(5 分钟)。

两次单击某个用户的"口令"列，用出现的对话框输入密码和确认密码。两次输入的值相同才会被系统接收。

密码可以包含数字和字母，设置 Operator（操作员）的密码为 1000，WangLan（王兰）的密码为 2000，"LiMing"（李明）的密码为 3000，Admin（管理员）的密码为 9000。

3. 组态用户视图

将工具箱的"增强对象"组中的"用户视图"拖放到初始画面（见图 10-34），用鼠标调整它的位置和大小。

选中属性视图左边窗口中的"常规"，视图的类型只能选"简单的"，设置行数为 6，还可以设置表头和表格的颜色和字体。

在初始画面中生成与用户视图配套的"登录用户"和"注销用户"按钮（见图 10-34）。

运行时单击"登录用户"按钮，执行系统函数"ShowLogonDailog"（显示登录对话框）。运行时单击"注销用户"按钮，执行系统函数"Logoff"，当前登录的用户被注销，以防止其他人利用当前登录的用户的权限进行操作。在文本域"当前登录用户"的右边生成了一个 IO 域，它不是在运行时必需的。选中它的属性视图左边窗口的"常规"，设置它的"模式"为输入/输出域，连接的过程变量为"用户名"。此外还生成了带有访问权限的"温度设定值"输入/输出域和画面切换按钮"参数设置"。

4. 访问保护的组态

访问保护用于控制对数据和函数的访问。将组态传送到 HMI 设备后，所有组态了访问权限的画面对象会得到保护，以避免在运行时受到未经授权的访问。

选中图 10-34 的"温度设定值"右边的输入/输出域，再选中它的属性视图左边窗口中的"安全"（见图 10-36），单击"权限"选择框右边的▼按钮，在出现的权限列表中（见图 10-35），选择"输入温度设定值"权限。如果没有勾选"启用"复选框，不能在运行系统中对该输入域进行操作。如果勾选了"隐藏输入"复选框，IO 域输入的数字或字符用星号显示。

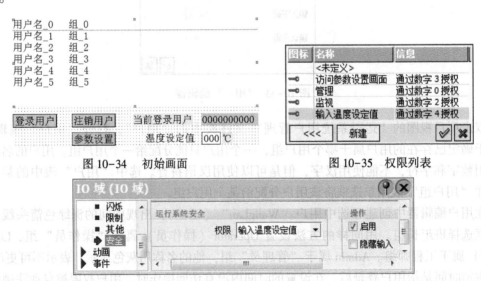

图 10-34　初始画面　　　　　　　　　　图 10-35　权限列表

图 10-36　组态安全属性

图 10-34 中的"参数设置"按钮用于切换到"参数设置"画面。在该画面中设置 PID 控制器的参数。为了防止未经授权的人员任意更改 PID 参数,在该按钮的"安全"属性视图中为它设置了"访问参数设置画面"权限。

在运行时用户单击画面中的对象,软件首先确认该对象是否受到访问保护。如果没有访问保护,执行为该对象组态的功能。如果该对象受到保护,软件首先确认当前登录的用户属于哪一个用户组,并将为该用户组组态的权限分配给该用户。

如果已登录的用户有访问该对象的授权,立即执行该对象组态的功能。如果用户没有登录,或者已登录的用户没有必需的授权,则显示登录对话框,登录后运行系统检查用户是否有必需的授权。如果有,再一次单击该对象时,立即执行组态的功能。如果登录不成功(用户名或密码输入错误),或者登录的用户没有访问该对象的权限,退出登录对话框后,还是不能访问该对象。

5. 组态调度器作业

在更改用户后,需要单击一下"当前登录用户"IO 域,才能显示新的用户名。为了解决这一问题,双击项目视图的"设备设置"文件夹中的"调度器",打开图 10-37 中的调度器。双击表格的第一行,新建一个名为"作业_1"的作业,用下拉式列表设置"事件"为"更改用户"。在出现更改用户事件时调用系统函数"GetUserName"(获取用户名),并用名为"用户名"的变量保存。初始画面中文本域"当前登录用户"右边的 IO 域用变量"用户名"来显示登录的用户。

图 10-37 调度器

6. 用户管理的仿真运行

单击工具栏的"使用仿真器启动运行系统"按钮 ,出现仿真面板和仿真器。

单击图 10-38 初始画面中的"温度设定值"IO 域,出现"登录"对话框(见图 10-39),单击"用户"输入域,用出现的键盘输入用户名 WangLan。单击"密码"输入域,输入她的密码 2000。单击"确定"按钮,登录对话框消失,输入过程结束。画面中"当前登录用户"IO 域出现登录的用户名 WangLan。登录成功后可以用 IO 域修改"温度设定值"。输入用户名时不区分大小写,密码要区分大小写。双击用户视图第一行隐藏的 WangLan,可以用出现的对话框修改她的密码和注销时间。

如果因为输入了错误的密码,登录没有成功,或者登录的用户没有输入温度设定值的权限,例如属于操作员组的用户,都不能修改温度设定值。

单击"参数设置"按钮,因为 WangLan 没有操作该按钮的权限,出现登录对话框。在登录对话框中输入拥有该权限的用户名"LiMing"和密码 3000。登录成功后,单击"参数设置"按钮，才能进入"参数设置"画面。参数修改完毕后，单击该画面中的"初始画面"按钮，返回初始画面。

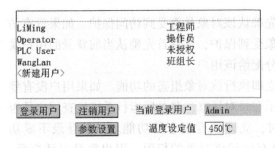

图 10-38　运行时的初始画面与用户视图

图 10-39　"登录"对话框

单击"注销用户"按钮，当前登录的用户被注销。用户视图中 LiMing 的信息消失。图 10-38 文本域"当前登录用户"右边的 IO 域中的用户名 LiMing 也同时消失。

7. 在运行系统中管理用户

在运行时可以用用户视图管理用户和用户组。拥有管理权限的管理员用户 Admin 可以不受限制地访问用户视图，管理所有的用户和添加新的用户。

单击"登录用户"按钮，在登录窗口中输入用户"Admin"和密码"9000"，单击"确定"按钮后，用户视图中出现所有用户的名称及其所属的用户组（见图 10-38，第一行的 Admin 被虚线方框遮住），此时可以对所有的用户进行操作（不包括 Admin 的用户名和所属的组）。单击用户 LiMing，再单击图 10-40 中的各输入框，可以用弹出的键盘来修改他的名称、密码和注销时间。单击"组"选择框，再单击选中出现的"组"列表中的"班组长"，按 ⬅ 按钮返回用户视图，Liming 被组态为属于"班组长"组。

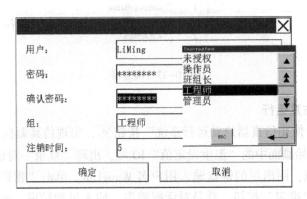

图 10-40　在运行时修改用户的参数

双击图 10-38 中的"〈新建用户〉"，在打开的对话框中设置好它的参数，可以生成一个新的用户。选中某个用户后，在出现的对话框中单击他的用户名，在出现的字符键盘中，用〈BSP〉（Back Space）按钮清除用户名，单击"确定"按钮，该用户被删除。

在用户视图中对用户管理进行的更改，在运行系统中立即生效。这种更改不会更新到工程组态系统中。

234

10.6 组态配方管理

WinCC flexible SMART 与 TIA 博途中的配方组态方法基本上相同，其主要区别在于
WinCC flexible SMART 只能使用简单的配方视图。

1. 生成配方变量

打开 S7-200 SMART 的编程软件，生成名为"配方"的项
目，其 IP 地址为 192.168.2.1。在符号表"表格 1"中生成与
配方有关的 5 个变量（见图 10-41）。

在 WinCC flexible SMART 中创建一个名为"精彩面板配方
视图"的项目（见随书光盘中的同名例程），HMI 为 Smart 700
IE V3。在"连接"编辑器中生成名为"连接_1"的连接。在
变量编辑器中生成配方使用的变量。

图 10-41 PLC 的符号表

2. 生成配方的元素

单击项目视图的"配方"文件夹中的"添加配方"，在"配方"编辑器中生成名为
"橙汁"的配方（见图 10-42 的上图）。单击"元素"选项卡中的空白行，生成配方的元
素。输入配方元素的名称和显示名称，单击"变量"列，在出现的变量列表中选择对应的
PLC 变量。

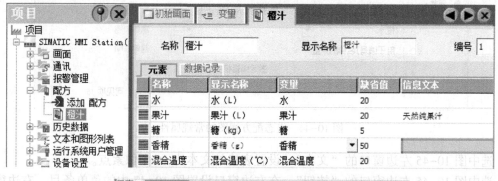

图 10-42 配方的元素与数据记录

3. 生成配方的数据记录

配方的数据记录对应于某个产品，对于果汁厂来说，需要在配方中为果汁饮料、浓缩果
汁和纯果汁分别创建一个配方数据记录。单击"配方"编辑器中的"数据记录"选项卡
（见图 10-42 的下图），输入数据记录的名称和显示名称后，逐一输入各配方元素的数值。
可以在 HMI 设备运行时生成和编辑配方数据记录。

4. 设置配方的属性

单击图 10-42 中最上面"橙汁"所在的行，在配方编辑器下面的配方属性视图中，设

置配方的属性。选中属性视图左边窗口的"传送"（见图 10-43 的左图），可以用"同步"复选框设置是否与名为"连接_1"的 PLC 同步。"同步"相当于图 7-6 中的"协调的数据传输"。如果勾选了"同步"复选框，在"连接"编辑器的"区域指针"选项卡设置用于"数据记录"的地址 VW20，并将"激活的"列设置为"开"（见图 10-43 的右图）。

图 10-43　配方的"传送"属性和区域指针组态

5. 配方视图的组态

将工具箱的"增强对象"组中的"配方视图"拖拽到初始画面中。选中属性视图左边窗口的"常规"，"视图类型"只能选"简单视图"（见图 10-44）。设置"可见项"为 5 项。勾选复选框"激活编辑模式"，才能在运行时修改配方视图中配方元素的值。

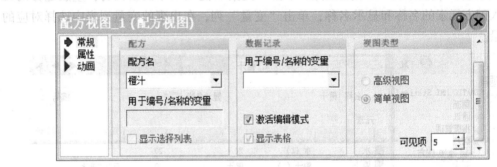

图 10-44　组态配方视图的常规属性

选中图 10-45 左边窗口的"文本"，设置表格的文本为 16 个像素点。

选中图 10-45 左边窗口的"按钮"，在右边窗口设置图 10-47 中的菜单条目。右边窗口"简单视图"区中的"命令菜单"和"'返回'按钮"分别对应于图 10-47 中的 →| 和 ←| 按钮。

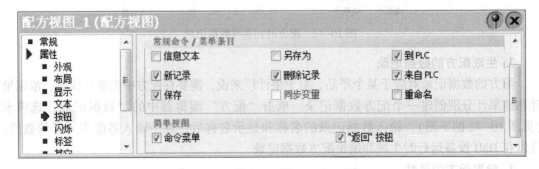

图 10-45　组态配方视图的按钮属性

选中图 10-46 左边窗口的"简单视图",设置每个配方项的行数为 1。域长度是指以字符为单位的配方条目值的列宽。

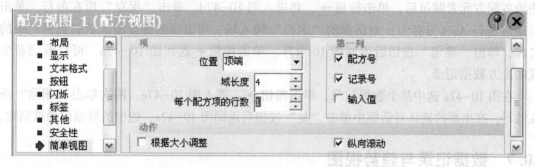

图 10-46 组态配方视图的"简单视图"属性

6. 配方数据传送的实验

配方实验需要使用硬件 PLC。用以太网电缆连接 S7-200 SMART 和计算机的以太网接口。在"设置 PG/PC 接口"对话框中(见图 2-51),选中"为使用的接口分配参数"列表中实际使用的计算机网卡和 TCP/IP 协议,设置好应用程序访问点。在计算机的操作面板中,设置计算机的以太网接口的 IP 地址 192.168.2.x 和子网掩码(见图 2-52),其中的 x 不能与 PLC 和 HMI 的 IP 地址的最后一个字节相同。

用以太网将程序下载到 S7-200 SMART,令 PLC 运行在 RUN 模式。打开监控各配方元素的状态图表,启动监控功能。单击 WinCC flexible SMART 工具栏的"启动运行系统"按钮🏃,打开仿真面板。

组态时未勾选配方的属性视图中的"同步"复选框,配方视图与 PLC 的数据传输是"直通"的。HMI 开机后,简单配方视图显示出配方数据记录列表(见图 10-47a)。单击图 10-47a 中的"果汁饮料",显示出该配方数据记录各元素的参数(见图 10-47b),单击按钮←,将返回图 10-47a。

打开数据记录后单击按钮→,进入图 10-47d。两次单击"至 PLC",数据记录中各配方元素的值传送给 PLC 中对应的地址(见图 10-41)。修改 PLC 中某配方元素的值,两次单击图 10-47d 中的"从 PLC",切换到图 10-47b,PLC 中各配方元素的值被上传到当前打开的配方中。

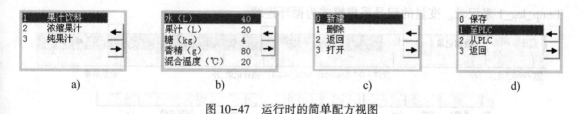

图 10-47 运行时的简单配方视图

如果想修改配方记录中的配方条目,两次单击图 10-47b 中的某个配方条目,例如"水",用出现的键盘输入新的数值后单击按钮 ⟵ ,返回图 10-47b。各条目修改完毕后,单击按钮←,将出现询问是否保存被修改的数据记录的对话框,确认后返回图 10-47a。

在图 10-47a 单击按钮 → ，将进入图 10-47c。单击"新建"所在的行，出现新的数据记录，它的各元素的数值为图 10-42 中的配方元素的缺省值（即默认值）。用前述的方法给各配方元素赋值后，单击按钮 → ，将进入图 10-47d，单击"保存"所在的行，单击出现的 Save As（另存为）对话框的"名称"输入域，用出现的键盘输入新的数据记录的名称，单击"确定"按钮后返回图 10-47b。单击按钮 ← 返回图 10-47a，可以看到新生成的配方数据记录。

在图 10-47a 选中某个数据记录，单击按钮 → ，进入图 10-47c。两次单击"删除"所在的行，在出现的确认对话框中单击"是"按钮后返回图 10-47a，选中的数据记录被删除。

10.7 数据记录与趋势视图

10.7.1 数据记录

数据记录的基本概念见 6.1.1 节。SMART LINE V3 只能使用一个数据记录和一个报警记录，每个数据记录最多可以有 5 个变量。

创建一个名为"精彩面板数据记录"的项目（见随书光盘中的同名例程），HMI 为 Smart 700 IE V3。在"连接"编辑器中生成名为"连接_1"的连接。

1. 组态数据记录

双击项目视图"历史数据"文件夹中的"数据记录"，打开数据记录编辑器（见图 10-48 的上图）。双击编辑器的第 1 行，自动生成一个数据记录，系统自动指定新的数据记录的默认值，然后对默认值进行修改和编辑。可以在数据记录编辑器表格或数据记录的属性视图中定义数据记录的属性。

数据记录的名称不能使用汉字，在"路径"列中选择相应的 USB 端口作为存储介质。

图 10-48 中"每个记录的数据记录数"指可以存储在数据记录中的最大数据条目数。

在"路径"列中选择 USB_X60.1，使用 USB 端口作为存储介质。"记录方法"为"循环记录"。"运行系统启动时激活记录"列设置为"开"，在运行系统启动时开始进行记录。

在"运行系统启动时响应"列，可以选择"记录清零"或"添加数据到现有记录的后面"。

打开变量编辑器（见图 10-48 的下图），设置变量"温度 1"和"温度 2"用数据记录 Temp_log_1 来记录。变量的记录采集模式为循环连续。

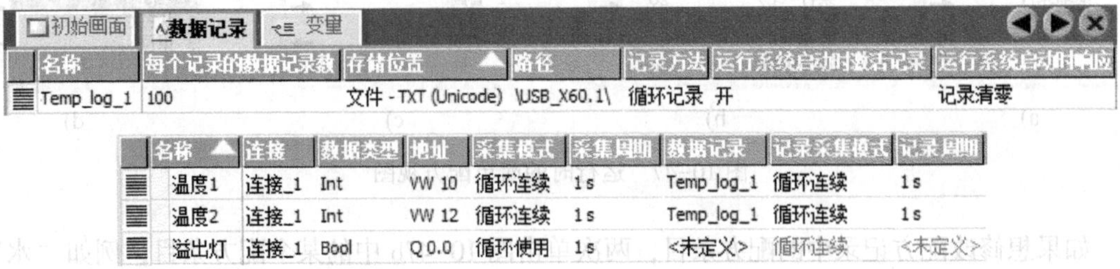

名称	每个记录的数据记录数	存储位置	路径	记录方法	运行系统启动时激活记录	运行系统启动时响应
Temp_log_1	100	文件 - TXT (Unicode)	\USB_X60.1\	循环记录	开	记录清零

名称	连接	数据类型	地址	采集模式	采集周期	数据记录	记录采集模式	记录周期
温度1	连接_1	Int	VW 10	循环连续	1 s	Temp_log_1	循环连续	1 s
温度2	连接_1	Int	VW 12	循环连续	1 s	Temp_log_1	循环连续	1 s
溢出灯	连接_1	Bool	Q 0.0	循环使用	1 s	<未定义>	循环连续	<未定义>

图 10-48 数据记录编辑器与变量表

数据记录的“记录方法”列有下列 4 个选项（见图 6-4）：

1)“循环记录”：当记录记满时，最早的条目将被覆盖。

2）“自动创建分段循环记录”：创建具有相同大小的指定记录数的记录，并逐个进行填充。当各段的记录被完全填满时，最早的记录将被覆盖。

3)“触发事件”：记录一旦填满，将触发“溢出”事件，执行组态的系统函数。

4)“显示系统报警”：达到定义的填充比例（默认值为 90%）时，将触发系统报警。

2. 变量的记录属性

在变量编辑器中创建 Int 型变量“温度 1”和“温度 2”（见图 10-48 的下图）。在变量表中指定变量的数据记录为 Temp_log_1。有 3 种记录采集模式可供选择：

1）变化时：HMI 设备检测到变量值改变（例如断路器的状态改变）时记录变量值。

2）根据命令：通过调用系统函数“LogTag”（记录变量）来记录变量值。

3）循环连续：根据设置的记录周期记录变量值。

3. 数据记录的仿真运行

（1）循环记录

图 10-48 设置的记录方法为“循环记录”，“运行系统启动时激活记录”列为“开”，运行系统启动时“记录清零”。单击工具栏的“使用仿真器启动运行系统”按钮，出现仿真面板和仿真器。在仿真器中生成变量“温度 1”和“温度 2”，设置它们的参数（见图 10-49），模拟方式均为正弦，范围为 0~100 和 0~50，周期为 50s。勾选“开始”列的复选框，变量开始变化。将设置的参数保存为仿真器文件“精彩记录”。

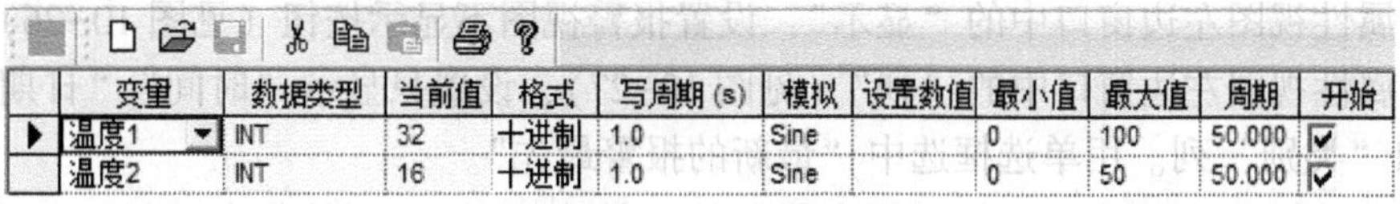

变量	数据类型	当前值	格式	写周期 (s)	模拟	设置数值	最小值	最大值	周期	开始
温度1	INT	32	十进制	1.0	Sine		0	100	50.000	☑
温度2	INT	16	十进制	1.0	Sine		0	50	50.000	☑

图 10-49　仿真器

记录一定的数据后关闭仿真器，图 10-50 是计算机的文件夹“C:\USB_X60.1\Temp_log_1\”的文本文件 Temp_log_10.txt 中的数据记录。“VarName”为变量的名称，“TimeString”为字符串格式的时间标记，“VarValue”为变量的值，有效性（Validity）为 1 表示数值有效，0 为表示出错。“Time_ms”是以 ms 为单位的时间标志。

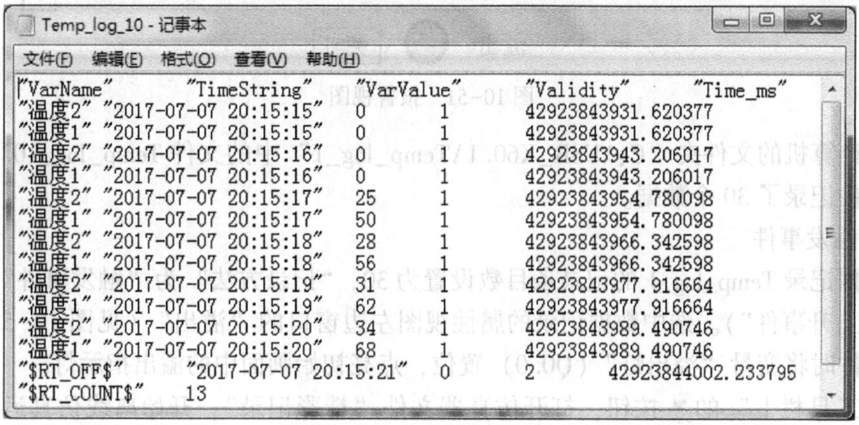

Temp_log_10 - 记事本

文件(F)　编辑(E)　格式(O)　查看(V)　帮助(H)

```
"VarName"   "TimeString"   "VarValue"   "Validity"   "Time_ms"
"温度2"  "2017-07-07 20:15:15"  0   1   42923843931.620377
"温度1"  "2017-07-07 20:15:15"  0   1   42923843931.620377
"温度2"  "2017-07-07 20:15:16"  0   1   42923843943.206017
"温度1"  "2017-07-07 20:15:16"  0   1   42923843943.206017
"温度2"  "2017-07-07 20:15:17"  25  1   42923843954.780098
"温度1"  "2017-07-07 20:15:17"  50  1   42923843954.780098
"温度2"  "2017-07-07 20:15:18"  28  1   42923843966.342598
"温度1"  "2017-07-07 20:15:18"  56  1   42923843966.342598
"温度2"  "2017-07-07 20:15:19"  31  1   42923843977.916664
"温度1"  "2017-07-07 20:15:19"  62  1   42923843977.916664
"温度2"  "2017-07-07 20:15:20"  34  1   42923843989.490746
"温度1"  "2017-07-07 20:15:20"  68  1   42923843989.490746
"$RT_OFF$"   "2017-07-07 20:15:21"   0   2   42923844002.233795
"$RT_COUNT$"   13
```

图 10-50　数据记录文件

将"运行系统启动时响应"列由"记录清零"改为"添加数据到现有记录的后面"，记录结束后打开记录文件，可以看到新记录的数据在上一次运行时记录的数据的下面。

（2）自动创建分段循环记录

将数据记录 Temp_log_1 的每个记录的记录条目数改为 10，记录方法改为"自动创建分段循环记录"，记录文件的最大编号为默认值 2，最小编号为 0。将"运行系统启动时响应"改为"记录清零"。单击工具栏上的 ![按钮] 按钮，打开仿真器文件"精彩记录"，超过 30 s 后退出运行系统。

打开计算机的文件夹"C:\USB_X60.1\Temp_log_1"，其中的文件为 Temp_log_10.txt、Temp_log_11.txt 和 Temp_log_12.txt。每个文件最多记录 10 个数据，3 个记录文件组成一个"环形"。某个记录文件记满后，将新数据存储在下一个文件中。

（3）显示系统报警

将数据记录 Temp_log_1 的记录条目数改为 30，重启时清空记录。记录方法改为"显示系统报警"（属性视图中为"显示系统事件于"），"填充量"为默认的 90%。在初始画面中组态一个报警视图（见图 10-51）。

选中报警视图的属性视图左边窗口中的"常规"，用单选框设置显示"报警事件"（见图 10-24），仅启用"报警类别"域中的"系统"类别。

选中属性视图左边窗口中的"布局"（见图 10-25），设置"每个报警的行数"为 1 行，"可见报警"个数为 6。视图类型只能选"简单"。

选中属性视图左边窗口中的"文本"，设置字体为 14 个像素点。

选中属性视图左边窗口中的"显示"，设置报警视图不显示按钮（见图 10-26）。

选中属性视图左边窗口中的"列"（见图 10-27），设置只显示"时间""日期""报警文本"和"类别"列。用单选框选中"最新的报警最先"。

单击工具栏上的 ![按钮] 按钮，打开仿真器文件"精彩记录"，开始仿真运行。记录了 27 个数据时，出现报警消息"记录 Temp_log_1 已有百分之 90，必须交换出来"（见图 10-51）。

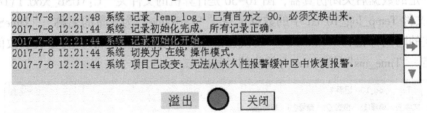

图 10-51 报警视图

打开计算机的文件夹"C:\USB_X60.1\Temp_log_1"中的文件 Temp_log_10.txt，可以看到该文件记录了 30 个数据。

（4）触发事件

将数据记录 Temp_log_1 的记录条目数设置为 30，"记录方法"为"触发事件"（属性视图中为"上升事件"）。选中数据记录的属性视图左边窗口的"溢出"（见图 10-52），设置有溢出事件时将变量"溢出灯"（Q0.0）置位，点亮初始画面中的溢出指示灯。

单击工具栏上"的 ![按钮] 按钮，打开仿真器文件"精彩记录"，开始离线仿真运行。在记录 Temp_log_1 记满设置的 30 个数据时，出现溢出，初始画面的"溢出"指示灯亮（见

图 10-51）。单击画面中的"关闭"按钮，"溢出"指示灯熄灭。

图 10-52　组态溢出事件

打开文件夹"C:\USB_X60.1\Temp_log_1\"中的文件 Temp_log_10.txt，可以看到该文件记录了 30 个数据。

10.7.2　报警记录

报警记录的基本原理见 6.2 节，SMART LINE V3 只能使用一个报警记录。

创建一个名为"精彩面板报警记录"的项目（见随书光盘中的同名例程），HMI 为 Smart 700 IE V3。在"连接"编辑器中生成名为"连接_1"的连接。

1. 组态报警记录

双击项目视图的"历史数据"中的"报警记录"，在报警记录编辑器中生成默认名称为 Alarm_log_1 的报警记录（见图 10-53），报警记录的名称不能使用汉字。在"路径"列中选择相应的 USB 端口作为存储介质。记录方法为"循环记录"。

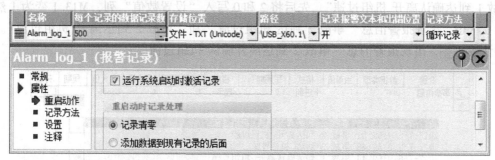

图 10-53　报警记录编辑器

双击项目视图的"\报警管理\设置"文件夹中的"报警类别"，将报警记录 Alarm_log_1 指定给报警类别"错误"（见图 10-54）。修改报警的"显示名称"和各类别 3 种状态的名称（见图 10-19）。将"CD（到达离开）颜色"改为白色。

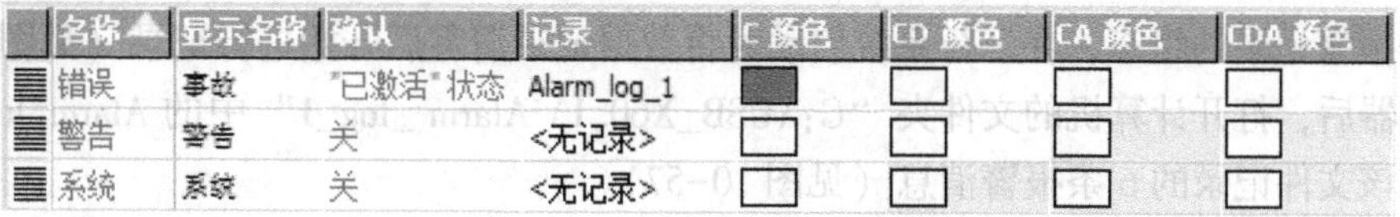

名称	显示名称	确认	记录	C 颜色	CD 颜色	CA 颜色	CDA 颜色
错误	事故	"已激活"状态	Alarm_log_1				
警告	警告	关	<无记录>				
系统	系统	关	<无记录>				

图 10-54　组态报警类别

2. 组态报警和报警视图

双击项目视图中的"离散量报警"，在离散量报警编辑器中生成 3 个报警（见图 10-55）。

编号	文本	类别	触发变量	触发器位	触发器地址	组	HMI 确认变量	HMI 确认位
1	机组过速	错误	事故信息	0	M 13.0	<无组>	<无变量>	<无位号>
2	机组过流	错误	事故信息	1	M 13.1	<无组>	<无变量>	<无位号>
3	机组过压	错误	事故信息	2	M 13.2	<无组>	<无变量>	<无位号>

图 10-55　离散量报警编辑器

将工具箱的"增强对象"组中的报警视图拖放到初始画面。选中报警视图的属性视图左边窗口的"常规",用单选框选择显示"报警事件"(见图 10-24)。勾选"报警类别"区中的"错误"和"警告"复选框。

选中属性视图左边窗口中的"布局"(见图 10-25),设置"每个报警的行数"为 1 行,"可见报警"个数为 10。视图类型只能选"简单"。

选中属性视图左边窗口中的"显示",设置报警视图显示的滚动条和按钮(见图 10-26)。

选中属性视图左边窗口中的"列"(见图 10-27),设置报警视图显示哪些列。用单选框选中"最新的报警最先"。

3. 仿真调试

单击工具栏的"使用仿真器启动运行系统"按钮，出现仿真器和仿真面板(见图 10-56)。在仿真器中生成变量"事故信息",在"设置数值"列输入 1,按回车键后写入 PLC 变量"事故信息"。MW12 的第 0 位(M13.0)变为 1 状态,报警视图显示报警消息"事故 1 到达 机组过速"。单击报警视图右下角的确认按钮，出现报警消息"事故 1 到达确认 机组过速"。将 0 写入"设置数值"列,按回车键后 M13.0 变为 0 状态,出现报警消息"事故 1 到达确认离开 机组过速"。先后将 2 和 0 写入"设置数值"列,M13.1 变为 1 然后变为 0 状态,出现报警消息"事故 2 到达 机组过流"和"事故 2 到达离开 机组过流"。单击确认按钮，出现报警消息"事故 2 到达离开确认 机组过流"。

图 10-56　仿真器和报警视图

根据报警记录的组态,在运行系统启动时将数据记录清零后开始进行记录(见图 10-53)。关闭仿真器后,打开计算机的文件夹"C:\USB_X60.1\ Alarm _log_1"中的 Alarm_log_10.txt,可以看到该文件记录的 6 条报警消息(见图 10-57)。

文件表头中的"Time_ms"是以 ms 为单位的时间标志,"MsgProc"是报警的属性,2 为报警位处理(操作报警)。"StateAfter"为报警事件的状态,1 为到达,3 为到达确认,2 为到达确认离开,0 为到达离开,6 为到达离开确认。

"MsgClass"为报警类别,1 为"错误"。"MsgNumber"为报警编号,1、2 分别为机组过速和机组过流的编号。Var1 至 Var8 为 String（字符串）格式的报警变量的值，"TimeString" 为报警的时间标志，"MsgText" 为报警文本，"PLC" 为与报警有关的 HMI 设备连接的 PLC。

Alarm_log_10 - 记事本

文件(F) 编辑(E) 格式(O) 查看(V) 帮助(H)

"Time_ms"	"MsgProc"	"StateAfter"	"MsgClass"	"MsgNumber"	"Var1"-"Var8"	"TimeString"	"MsgText"	"PLC"
43948656332.488426	2	1	1	1		"2020-04-27 15:45:07"	"机组过速"	连接_1
43948656445.879631	2	3	1	1		"2020-04-27 15:45:16"	"机组过速"	连接_1
43948656580.937500	2	1	1	1		"2020-04-27 15:45:28"	"机组过速"	连接_1
43948656722.129631	2	1	1	2		"2020-04-27 15:45:40"	"机组过流"	连接_1
43948656764.560181	2	0	1	2		"2020-04-27 15:45:44"	"机组过流"	连接_1
43948656785.497681	2	6	1	2		"2020-04-27 15:45:46"	"机组过流"	连接_1

图 10-57　报警记录文件

原始的报警记录文本文件每一行都有换行，表头和表格中的数字上下没有对齐。为了方便读者阅读，编者在原文件的基础上，调整了各列的宽度，将表头中 8 个字符串格式的报警变量简记为 "Var1"-"Var8"，解决了换行和上下对齐的问题。

10.7.3　趋势视图

1. 生成趋势视图

WinCC flexible SMART 和 TIA 博途中的趋势视图的组态和使用的方法基本上相同。WinCC flexible SMART 的趋势视图相当于 TIA 博途中的 f(t)趋势视图，它没有 TIA 博途的 f(x)趋势视图。

创建一个名为"精彩面板趋势视图"的项目（见随书光盘中的同名例程），HMI 为 Smart 700 IE V3。在"连接"编辑器中生成名为"连接_1"的连接。

将工具箱的"增强对象"中的"趋势视图"拖拽到初始画面中（见图 10-58），用鼠标调节它的大小和位置。

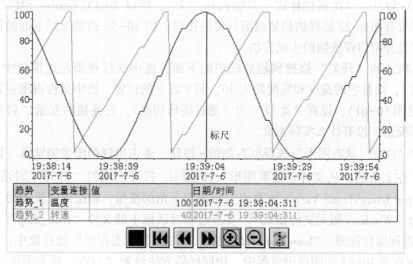

图 10-58　运行时的趋势视图

2. 趋势视图组态

趋势视图的组态方法可以参考 6.3.1 节 TIA 博途中的趋势视图的组态方法。选中属性视图左边窗口中的"常规"(见图 10-59),"行数"是数值表的行数。可组态字体的样式和大小,设置是否显示数值表、标尺和表格线。

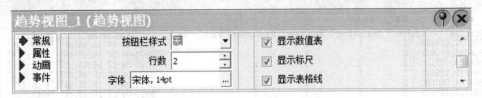

图 10-59 组态趋势视图的常规属性

选中属性视图左边窗口"属性"类别中的"轴",勾选 x 轴、左、右侧数值轴域中的"坐标轴标签"复选框,才能显示坐标轴刻度旁边的数字。

选中属性视图左边窗口中的"表格",设置表格和表头的字体为 14 个像素点。

选中属性视图左边窗口中的"趋势"(见图 10-60),生成用来显示 PLC 变量"温度"和"转速"的两个趋势。"趋势类型"只能选"触发的实时循环"。"边"列用于设置趋势使用左边或右边的数值轴。

图 10-60 组态趋势视图的"趋势"属性

3. 生成和组态启停按钮

在图 10-59 中,"按钮栏样式"只能选择"无",所以 WinCC flexible SMART V3 Upd3 的趋势视图没有图 6-22 那样的趋势视图自带的按钮。图 10-58 趋势视图下面的按钮是用户生成的。首先介绍启停按钮的生成方法。

将工具栏上的"开关"拖拽到趋势视图的下面,选中属性视图左边窗口中的"属性"类的"布局",设置它的高度和宽度均为 40,调节好它的位置。选中属性视图左边窗口中的"常规"(见图 10-61),设置"类型"为"通过图形切换"。它连接的变量"启停变量"是 HMI 的内部变量,没有什么实际意义。

单击"'OFF'状态图形"选择框右侧的▼按钮,单击出现的图像浏览器(图 10-61 右下角的图)左上角的"从文件创建新图形"按钮▣,打开出现的"打开"对话框中的"\RuntimeControl Icons\Trend View"文件夹,单击右下角的按钮,将按钮上显示的"所有图形文件"改为"Windows 图元文件格式"。双击选中对话框中的文件"Icon_Stop"(黑色的小正方形),返回属性视图,"Icon_Stop"出现在"'OFF'状态图形"选择框中,同时"Icon_Stop"出现在图 10-61 的图像浏览器中。用同样的方法设置"'ON'状态图形"为"Icon_Start"(黑色的向右的三角形)。

图 10-61　组态开关的常规属性

选中属性视图左边窗口的"事件"类的"更改"（见图 10-62），设置单击该按钮时调用系统函数"用于图形对象的键盘操作"文件夹中的 TrendViewStartStop，画面对象为"趋势视图_1"。运行时单击该按钮，趋势视图停止运行，按钮上的图形变为▶。再次单击该按钮，趋势视图重新启动，按钮上的图形变为■。

图 10-62　组态开关的事件

4. 生成和组态其他按钮

将工具箱中的"按钮"拖拽到趋势视图下面，选中属性视图左边窗口中的"属性"类的"布局"，设置它的高度和宽度均为 40，放在启停按钮的右边。选中属性视图左边窗口中的"常规"，用单选框设置它的"按钮模式"域和"图形"域均为"图形"，"'OFF'状态图形"为 Icon_ShiftBegin（见表 10-1）。选中属性视图左边窗口的"事件"类的"单击"，设置单击该按钮时调用系统函数 TrendViewBackToBeginning，画面对象为"趋势视图_1"。运行时单击该按钮，趋势视图向后翻页到趋势记录的开始处。

各按钮的图形、图形文件和调用的系统函数见表 10-1。

表 10-1　按钮的图形文件和调用的系统函数

图　形	图 形 文 件	系 统 函 数	功　能
◄◄	Icon_ShiftBegin	TrendViewBackToBeginning	趋势视图向后翻页到趋势记录的开始处
◄◄	Icon_ShiftLeft	TrendViewScrollForward	在趋势视图中向右滚动一个显示宽度

（续）

图 形	图形文件	系统函数	功 能
▶▶	Icon_ ShiftRight	TrendViewScrollBack	在趋势视图中向左滚动一个显示宽度
⊕	Icon_Zoomin	TrendViewExtend	减少在趋势视图中显示的时间段
⊖	Icon_Zoomout	TrendViewCompress	增加在趋势视图中显示的时间段
⚇	Icon_Readline	TrendViewSetRulerMode	在趋势视图中隐藏或显示标尺

5. 仿真调试

单击工具栏的"使用仿真器启动运行系统"按钮 🖳，在图 10-63 的仿真器中生成趋势中的变量"温度"和"转速"，设置好它们的模拟方式、最大值、最小值和周期，写周期为默认的 1 s。用"开始"列的复选框启动这两个变量，用仿真器文件"精彩趋势"保存仿真参数。运行一段时间后得到的趋势曲线如图 10-58 所示。

	变量	数据类型	当前值	格式	写周期 (s)	模拟	设置数值	最小值	最大值	周期	开始
✎	温度	INT	100	十进制	1.0	Sine		0	100	50.000	☑
	转速	INT	28	十进制	1.0	增量		0	100	25.000	☑

图 10-63 仿真器

单击启动/停止趋势图按钮 ■，可以启动或停止趋势视图的动态显示过程。

单击图 10-58 中的 ⊖ 按钮，趋势曲线被压缩；单击 ⊕ 按钮，趋势曲线被扩展。

曲线被扩展后单击 ◀◀ 按钮或 ▶▶ 按钮，趋势曲线向右或向左滚动一个显示宽度。用这样的方法可以显示记录的历史数据。单击 ◀◀ 按钮，趋势曲线向后翻页到趋势记录的开始处，最右边是当前的时间值。

趋势视图下面的数值表动态显示趋势曲线与标尺交点处的变量值和时间值（见图 10-58）。

单击 ⚇ 按钮，可以显示或隐藏标尺。用鼠标左键按住图 10-58 中的标尺并移动鼠标，可以使标尺右移或左移。

10.8 习题

1. 简述精彩系列面板的主要性能指标。

2. SMART LINE V3 有哪些通信接口？

3. 怎样关闭和打开工具箱？

4. 怎样用输出视图右上角的 ⑨ 按钮来隐藏和显示它？

5. 怎样使 WinCC flexible SMART 窗口的排列恢复到生成项目时的初始状态？

6. 有什么简便的方法可以快速关闭或打开画面上对象的属性视图？

7. 在 WinCC flexible SMART 中新建一个名为"电机控制"的项目，HMI 为 Smart 700 IE V3，组态它与 S7-200 SMART 的以太网连接。

8. 在项目"电机控制"的变量表中，生成 Bool 变量"正转""反转""过载""正转按钮""反转按钮"和"停车按钮"，Int 变量"转速测量值"和"转速预设值"。编写 S7-

200 SMART 的异步电机正反转控制的梯形图程序。

9. 在项目"电机控制"的初始画面中，生成显示电动机"正转""反转"的两个指示灯。

10. 在项目"电机控制"的指示灯的下面，生成显示它们的名称的文本域。

11. 在项目"电机控制"的初始画面中，生成控制电动机的三个按钮。

12. 在项目"电机控制"的初始画面中，生成显示转速测量值的输出域和用于设置转速预设值的输入/输出域，以及对应的文本域。

13. 用仿真器检查项目"电机控制"初始画面上的指示灯、按钮和 IO 域的功能。

14. 怎样用 Smart 700 IE V3 的控制面板设置以太网通信的参数？

15. 按 10.4 节的要求组态一个用于报警的项目。

16. 按 10.5 节的要求组态一个用于用户管理的项目。

17. 按 10.6 节的要求组态一个用于配方管理的项目。

18. 按 10.7.1 节的要求组态一个用于数据记录的项目。

19. 按 10.7.2 节的要求组态一个用于报警记录的项目。

附　录

附录 A　实验指导书

实验指导书中的实验几乎都可以在计算机上进行仿真实验。在做实验之前，应在计算机上安装 STEP 7 V13 SP1、S7-PLCSIM V13 SP1、WinCC V13 SP1、TIA V13 SP1 UPD9、PLCSIM V13 SP1 UPD1 和 WinCC flexible SMART V3，或更高版本的软件。

使用本书的教师可以根据本校的实际条件增加一些使用硬件的实验。

A.1　TIA 博途入门实验

1. 实验目的

了解创建 TIA 博途的项目和组态硬件的方法，了解 TIA 博途的用户界面和使用方法。

2. 实验内容

1）打开 TIA 博途，在 Portal 视图和项目视图之间切换。在项目视图中创建一个名为"电机控制"的项目，指定保存项目的路径。

2）单击项目树中的"添加新设备"，生成的 PLC_1 为 CPU 1214C，HMI_1 为 KTP400 Basic PN，订货号为 6AV2 123-2DB03-0AX0。添加 HMI 时去掉复选框"启动设备向导"中的勾。

3）在网络视图中生成"HMI_连接_1"。观察 PLC 和 HMI 默认的 IP 地址和子网掩码。打开和关闭图 2-14 中的"网络概览"视图。打开"连接"选项卡，观察连接的参数。

4）打开和关闭项目树，调节项目树的宽度。用项目树标题栏上的"自动折叠"按钮实现和取消自动折叠功能。打开和关闭详细视图，用详细视图显示项目视图中 PLC_1 文件夹中的内容。隐藏和显示巡视窗口，调节巡视窗口的高度。

5）同时打开画面编辑器和程序编辑器，用"编辑器栏"中的按钮切换它们。最大化工作区后还原它。使工作区浮动，将工作区拖到画面中希望的位置，将工作区恢复原状。

垂直或水平拆分工作区，在工作区同时显示两个窗口。

6）打开程序编辑器后打开任务区中的指令列表，打开画面编辑器后打开工具箱和库，观察它们的窗格中的对象。打开全局库"\Buttons and Switches\主模板"文件夹中的"Pilot-Lights"库，将其中的 PlotLight_Round_G（绿色指示灯）拖拽到画面中。

7）保存项目后退出 TIA 博途，然后打开保存的项目。

A.2　使用变量仿真器的仿真实验

1. 实验目的

熟悉使用变量仿真器的仿真方法。

2. 实验内容

1) 打开随书光盘中的项目"315_精简面板",选中项目树中的 HMI_1,执行菜单命令"在线"→"仿真"→"使用变量仿真器",启动变量仿真器。

2) 编译成功后,在仿真器中生成图 2-36 中的变量。单击勾选"起动按钮""停止按钮"和"预设值"的"开始"列的复选框。

3) 按下和放开画面中的起动按钮或停止按钮,观察仿真器中对应的变量当前值的变化。

4) 在仿真器的变量"电动机"的"设置数值"列分别输入 1 和 0,按计算机的〈Enter〉键确认后,观察画面中的指示灯状态的变化。

5) 在仿真器的变量"当前值"的"设置数值"列输入一个单位为 ms 的常数,按计算机的回车键后,观察仿真器中该变量的"当前值"列和画面中的"当前值"输出域显示的值。

6) 单击画面中的"预设值"输入/输出域,用出现的数字键盘输入一个值,按回车键后观察仿真器中变量"预设值"的当前值。

7) 打开随书光盘中的项目"1200_精智面板",重复上述的实验过程。

A.3 集成仿真实验

1. 实验目的

熟悉使用 S7-PLCSIM 和 HMI 的运行系统的集成仿真方法。

2. 实验内容

1) 用 Windows 7 的控制面板打开"设置 PG/PC 接口"对话框。设置应用程序访问点为"S7ONLINE(STEP 7)→PLCSIM. TCPIP. 1"(见图 2-48)。

2) 打开随书光盘中的项目"315_精简面板",选中项目树中的 PLC_1 站点,单击工具栏上的"开始仿真"按钮🖳,启动 S7-PLCSIM,将"扩展的下载到设备"对话框中的"PG/PC 接口"设置为 PLCSIM。将用户程序下载到仿真 PLC。

在 S7-PLCSIM 中生成 MB2 和 MD4 的视图对象,将仿真 PLC 切换到 RUN-P 模式。

3) 选中项目树中的 HMI_1 站点,单击工具栏上的"开始仿真"按钮🖳,单击画面中的起动按钮和停止按钮,观察是否能通过 PLC 的程序控制 Q0.0,从而改变指示灯的状态。观察在单击画面中的按钮时,视图对象 MB2 中 M2.0 和 M2.1 的状态是否随之而变。

组态"起动"按钮时,设置它的热键为功能键 F2。在运行时单击功能键 F2,观察它是否具有起动按钮的功能。

4) 观察因为 PLC 程序的运行,画面中 T0 的当前值是否从预设值 10 s 开始不断减小,减至 0 s 时又从 10 s 开始减小。

5) 单击画面中"预设值"右侧的输入/输出域,用画面中出现的键盘输入新的预设值,按确认键后,观察输入/输出域显示的值,以及定时器的当前值是否在新的预设值和 0 s 之间反复变化。通过 S7-PLCSIM 中的 MD4 观察变量"当前值"的变化情况。

6) 用 Windows 7 的控制面板打开"设置 PG/PC 接口"对话框。设置应用程序访问点为"S7ONLINE(STEP 7)→PLCSIM S7-1200/S7-1500. TCPIP. 1"(见图 2-39)。

关闭 S7-PLCSIM,打开随书光盘中的项目"1500_精简面板",重复上述的实验过程。

A.4 画面组态实验

1. 实验目的

熟悉画面组态的基本方法和技巧。

2. 实验内容

（1）用图形 I/O 域生成指示灯

1）新建一个项目，PLC_1 为 CPU 315-2PN/DP，HMI_1 为 TP700 Comfort。在网络视图中生成基于以太网的 HMI 连接。

2）在变量表中生成一个名为"红灯"的内部位变量。用 Windows 的"画图"软件画一个圆，边框为黑色，中间为红色，将它保存为名为"红灯 ON"的 bmp 格式的文件。该图形的高、宽与圆的直径相同。另存为名为"红灯 OFF"的 bmp 格式的文件，中间的填充色改为深红色。

3）将"画面_1"改为"初始画面"，将它的背景色改为白色。

4）将工具箱的"简单对象"窗格中的"图形 I/O 域"拖拽到画面工作区，调节它的位置和大小，放大和缩小画面。

在巡视窗口中设置图形 I/O 域的模式为"双状态"，将它与 Bool 变量"红灯"连接。单击"开:"选择框右侧的 ▼ 按钮，单击出现的图形对象列表对话框左下角的"从文件创建新图形"按钮 🖼，在出现的"打开"对话框中打开保存的图形文件"红灯 ON"。用同样的方法设置"关:"选择框中的图形为"红灯 OFF"。

5）执行菜单命令"在线"→"仿真"→"使用变量仿真器"，启动变量仿真器。在仿真器中生成 Bool 变量"红灯"，在"设置数值"列中分别设置该变量的值为 0 和 1，观察指示灯外观的变化。

6）打开工具箱中的"库"，右键单击全局库的空白处，执行快捷菜单命令"新建库"，在打开的对话框中，设置保存新库的文件夹和新库的名称。

7）将创建的红色指示灯拖拽到新建的库的"主模块"文件夹中。

（2）画面切换的组态

1）生成默认名称为"画面_1"的新画面。将项目视图中的"初始画面"拖拽到"画面_1"中，生成画面切换按钮，修改该按钮的颜色、大小和位置。用同样的方法，在初始画面中生成切换到"画面_1"的画面切换按钮。

2）执行菜单命令"在线"→"仿真"→"使用变量仿真器"，启动变量仿真器。单击画面中的画面切换按钮，观察两个画面是否能相互切换。

（3）表格编辑器的使用练习

1）打开项目"HMI 综合应用"的 HMI 默认变量表。

2）用鼠标右键单击表格的表头，用弹出的对话框中的复选框显示或隐藏表格中的某些列，观察修改后的效果。

3）用鼠标改变列的宽度和改变列的排列顺序，用鼠标右键菜单命令优化各列的宽度。

4）改变各行的排列顺序，例如按地址或名称递增或递减的顺序排列变量。

5）删除、复制与粘贴指定的行。

6）复制与粘贴表格的单个单元。

250

（4）动画功能的仿真

将工具箱的"简单对象"窗格中的圆拖拽到初始画面中，选中它以后，双击巡视窗口的"属性 > 动画 > 移动"文件夹中的"添加新动画"，双击出现的对话框中的"对角线移动"。用巡视窗口的"目标位置"域中的 X 和 Y 来修改结束位置的坐标。用变量表中名为"位置"的 Int 型内部变量来控制圆的运动。设置它的值从 0 变化到 100 时，圆从起始位置运动到结束位置。

执行菜单命令"在线"→"仿真"→"使用变量仿真器"，启动变量仿真器。在仿真器中创建变量"位置"，设为增量方式。其最大值和最小值分别为 100 和 0，变量的写周期为 1 s，变量增量变化的周期为 30 s。观察圆的运动是否满足组态的要求。

A.5 I/O 域和按钮的组态实验

1. 实验目的

通过实验，了解 I/O 域和按钮的特性，熟悉它们的组态和仿真的方法。

2. 实验内容

（1）组态 I/O 域

打开 A.4 节创建的项目，在初始画面中创建两个 I/O 域，分别组态它们的模式为"输入"和"输出"（见图 A-1），它们与同一个 Int 型变量"变量 1"连接。输入域输入 5 位整数，输出域有 3 位整数和两位小数。在输入域和输出域下面分别生成文本域"输入域"和"输出域"。

创建一个输入/输出域，与数据类型为 Wstring 的变量"字符串变量"连接，最多可以显示 10 个字符。在输出域下面生成文本域"字符串输出"。

选中巡视窗口的"属性 > 属性 > 外观"，修改输入、输出域的文本颜色、背景色和填充样式，设置或取消边框，修改边框的属性。激活或取消激活"布局"属性中的"使对象适合内容"复选框，选中巡视窗口的"属性 > 属性 > 文本格式"，修改文本的属性和对齐方式，观察各参数修改的效果。

执行菜单命令"在线"→"仿真"→"使用变量仿真器"，启动变量仿真器。在仿真器中生成"变量 1"和"字符串变量"。用输入域输入数值，观察输出域的显示。在仿真器中生成"字符串变量"，在它的"设置数值"列输入最多 10 个字符或 5 个汉字，按回车键后观察是否能用画面中的输入/输出域显示出来。

（2）组态文本模式的按钮

在画面中生成两个文本模式的按钮，各按钮在弹起时和按下时显示的文本均相同。设置两个按钮的文本分别为"+1"和"−1"（见图 A-2）。选中变量表中的 Int 型"变量 2"，在巡视窗口设置它的上限值和下限值。对两个按钮的"单击"事件组态，每按一次按钮，分别将"变量 2"加 1 或减 1。在两个按钮的上面添加一个与变量"变量 2"连接的输出域。

图 A-1 I/O 域　　　　　　　　　　图 A-2 按钮和开关

执行菜单命令"在线"→"仿真"→"使用变量仿真器"，启动变量仿真器。分别多次单击两个按钮，观察它们的作用，以及变量的限制值的作用。

（3）组态图形模式的按钮

在画面中生成一个按钮，选中巡视窗口的"属性 > 属性 > 常规"，用单选框选中"模式"域和"图形"域的"图形"。

单击"按钮'未按下'时显示的图形"选择框右侧的▼按钮，选中出现的图形对象列表中的"Up_Arrow"（向上箭头）。选中巡视窗口的"属性 > 事件 > 单击"，在"系统函数"列表中选择"计算脚本"文件夹中的函数"增加变量"。将 Int 型变量"变量3"加2。

用同样的方法添加和组态一个按钮，按钮上的图形为图形对象列表中的"Down_Arrow"（向下箭头）。出现"单击"事件时，执行系统函数"减少变量"，将"变量3"减2。在两个按钮的上面添加一个与"变量3"连接的输出域。

执行菜单命令"在线" → "仿真" → "使用变量仿真器"，启动变量仿真器。分别多次单击两个按钮，观察它们的作用。

A.6 开关、棒图和日期时间域的组态实验

1. 实验目的

通过实验，了解开关、棒图和日期时间域的特性，熟悉它们的组态和仿真的方法。

2. 实验内容

打开 A.4 节创建的项目，HMI_1 为 TP700 Comfort。

（1）组态通过文本切换的开关

1）将工具箱的"元素"窗格的"开关"拖拽到画面中（见图 A-2），选中巡视窗口的"属性 > 属性 > 常规"，设置开关的模式为"通过文本切换"，将它与变量"位变量1"连接。设置"ON:"的文本为"停机"，"OFF:"的文本为"起动"。在开关的右边生成文本域"开关"。

打开全局库"\Buttons and Switches\主模板"文件夹中的"PilotLights"库，将其中的PlotLight_Round_G（绿色指示灯）拖拽到开关上面。连接的变量为"位变量1"。

2）执行菜单命令"在线" → "仿真" → "使用变量仿真器"，启动变量仿真器。单击组态的开关，观察开关上的文本和指示灯的状态的变化情况。

（2）组态棒图

将工具箱的"元素"窗格中的棒图对象拖拽到起始画面中（见图 A-3），用鼠标调整它的位置和大小。选中巡视窗口的"属性 > 属性 > 常规"，设置棒图连接的 Int 型内部变量为"变量4"，棒图显示的最大值和最小值为200和0。在变量表中设置"变量4"的"范围"中的最大、最小值为160和40。

选中巡视窗口的"属性 > 属性 > 外观"，勾选"含内部棒图的布局"复选框，修改各种对象的颜色和限制值的显示方式，观察修改的效果。

选中巡视窗口的"属性 > 属性 > 布局"，改变棒图方向和刻度位置，观察修改的效果。

选中巡视窗口的"属性 > 属性 > 刻度"，修改参数，观察复选框和各参数对棒图刻度的影响。

选中巡视窗口的"属性 > 属性 > 限制"，设置高于报警范围上限值时和

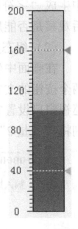

图 A-3　棒图

252

低于报警范围下限值时显示的颜色。

执行"在线"菜单中的命令，启动变量仿真器。在仿真器中设置棒图连接的"变量4"为"增量"型，最大值为200，最小值为0。

单击勾选仿真器中的"开始"复选框，观察"变量4"的值的变化对棒图显示的影响。当变量值超出设置的上限或下限时，观察棒图颜色的变化。

（3）组态日期时间域

将工具箱的"元素"窗格中的日期时间域拖拽到画面中。选中巡视窗口的"属性 > 属性 > 常规"，组态为"输入/输出"模式。分别激活或取消激活"显示日期""显示时间"和"长日期/时间格式"复选框，观察对日期时间域显示方式的影响。

选中巡视窗口的"属性 > 属性"选项卡中的"外观"和"文本格式"，修改其中的参数，观察这些参数对显示的影响。

执行"在线"菜单中的命令，启动变量仿真器。单击日期时间域，用出现的键盘修改日期时间值。观察上述修改对计算机实时时钟显示值的影响。

A.7 符号 I/O 域与图形 I/O 域的组态实验

1. 实验目的

熟悉符号 I/O 域与图形 I/O 域的组态和仿真的方法。

2. 实验内容

（1）组态双状态符号 I/O 域

1）打开 A.4 节创建的项目，将工具箱的"元素"窗格的符号 I/O 域拖拽到画面中（见图 A-4 最上面一行）。选中巡视窗口的"属性 > 属性 > 常规"，组态为"双状态"模式，与变量"位变量2"连接。在"文本"域中，组态"开："和关："的文本分别为"接通"和"断开"。选中巡视窗口的"属性 > 属性 > 布局"，勾选复选框"使对象适合内容"。

2）执行菜单命令"在线"→"仿真"→"使用变量仿真器"，启动变量仿真器。在仿真器中添加变量"位变量2"，在"设置数值"列分别将它设置为1和0，观察符号 I/O 域显示的文本的变化情况。

（2）组态多状态符号 I/O 域

用符号 I/O 域和变量的间接寻址来分时显示 5 台电动机的转速值。

在变量表中生成 5 个内部 Int 变量"转速1"～"转速5"、内部 Int 变量"转速值"和"转速指针"，后者是索引变量。

在文本列表编辑器中，创建一个名为"转速值"的文本列表，它的 5 个条目分别为"转速1"～"转速5"，它们的索引号分别为 0~4。参考图 4-58，选中 HMI 内部变量"转速值"的巡视窗口的"属性 > 属性 > 指针化"，设置索引变量为"转速指针"。图的右侧的变量列表为"转速1"～"转速5"。

在文本域"转速选择"右边创建一个符号 I/O 域（见图 A-4），模式为"输入/输出"，使用文本列表"转速值"，它的"可见条目"为5，将它与索引变量"转速指针"连接。

在文本域"转速显示"的右边创建一个 I/O 域，模式为输出，显示 4 位十进制整数，与变量"转速值"连接。

执行"在线"菜单中的命令，启动变量仿真器。在仿真器中添加变量"转速1"～"转速 5"，分别给它们设置任意的数值（见图 A-5）。

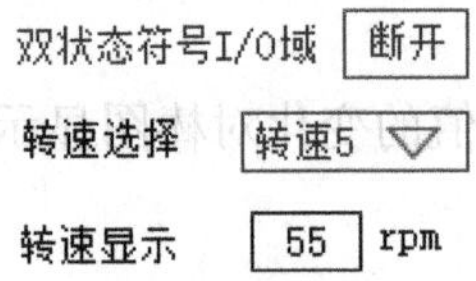

双状态符号 I/O 域 [断开]

转速选择 [转速 5 ▽]

转速显示 [55] rpm

图 A-4 运行时的符号 I/O 域

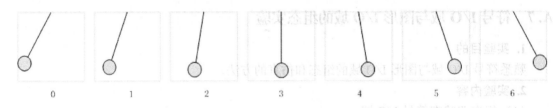

变量	数据类型	当前值	格式	写周期(s)	模拟	设置数值
转速1	INT	11	十进制	1.0	<显示>	
转速2	INT	22	十进制	1.0	<显示>	
转速3	INT	33	十进制	1.0	<显示>	
转速4	INT	44	十进制	1.0	<显示>	
转速5	INT	55	十进制	1.0	<显示>	55

图 A-5 仿真器

检查是否能用符号 I/O 域下面的输出域正确地显示用符号 I/O 域选中的变量的值。

（3）组态图形 I/O 域

图 A-6 是钟摆运动的示意图，它由 7 个在 VISIO 中绘制的图形组成。为了保证在钟摆运动时其悬挂点的位置固定不变，用一个固定大小的矩形作背景，矩形的边框为浅绿色。钟摆的悬挂点在矩形上沿的中点。7 个图形被分别保存为随书光盘的 Project 文件夹中的 *.wmf 格式的文件待用，文件名为"钟摆 0"~"钟摆 6"。

0   1   2   3   4   5   6

图 A-6 钟摆运动的分解图形

1）双击项目树中的"文本和图形列表"，打开文本和图形列表编辑器，在"图形列表"选项卡中创建一个名为"钟摆"的图形列表。按图 A-6 的顺序在"钟摆"图形列表中创建 7 个列表条目，条目的编号为 0~6，与图 A-6 中图形的编号相同。

2）在变量编辑器中生成一个名为"钟摆指针"的 Int 型内部变量，其值被限制为 0~6。

3）将工具箱中的"图形 I/O 域"对象拖拽到画面工作区（见图 A-7），在它的巡视窗口中将它设置为输出模式，连接的过程变量为"钟摆指针"，用于显示名为"钟摆"的图形列表。用鼠标调节图形 I/O 域的大小。设置 HMI 内部变量"钟摆指针"的范围为 0~6。

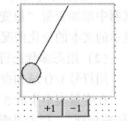

4）将工具箱的"元素"窗格中的"按钮"对象拖拽到画面中。用巡视窗口设置按钮的模式为"文本"，显示的文本为"+1"。组态在单击事件出现时，将 Int 型变量"钟摆指针"加 1。用同样的方法生成一个标有"-1"的按钮，单击它时将变量"钟摆指针"减 1。

图 A-7 钟摆

5）执行"在线"菜单中的命令，启动变量仿真器。连续快速地单击"+1"按钮或"-1"按钮，观察钟摆的运动。

A.8 报警的仿真实验

1. 实验目的

熟悉报警的仿真方法。

2. 实验内容

用 Windows 7 的控制面板打开"设置 PG/PC 接口"对话框。设置应用程序访问点为
"S7ONLINE（STEP 7）→PLCSIM. TCPIP. 1"（见图 2-48）。

打开随书光盘中的项目"精智面板报警"，选中项目树中的"PLC_1"，单击工具栏上
的"开始仿真"按钮，启动 S7-PLCSIM，将程序下载到仿真 PLC，将 CPU 切换到 RUN-P
模式。在 S7-PLCSIM 中生成变量"转速"（MW4）、"温度"（MW12）和"事故信息"MW10
的低位字节 MB11 的视图对象（见图 5-19），温度值设置为 650~750℃之间的正常值，设置
转速的值。

选中项目树中的"HMI_1"，单击工具栏的"开始仿真"按钮，出现仿真面板，观察
出现的系统报警。

按 5.1.5 和 5.1.6 节的仿真要求，检查报警窗口、报警指示器和报警视图的功能。

选中报警视图中当前未确认的"机组过速"报警消息，单击"报警循环"按钮，应
切换到"画面 1"。返回报警视图所在的根画面，观察"机组过速"报警是否被确认。

在 S7-PLCSIM 中生成变量"报警确认"（MW2）的低位字节 MB3。将 M11.0 置位为 1，
在报警窗口中，出现报警消息"到达 机组过速"，单击"确认"按钮，M3.0 被置 1。将
MB11 的第 0 位清零，再将它置 1，激活事故报警"机组过速"，M3.0 被自动清零。单击
PLCSIM 中 MB11 的第 6 位，在报警窗口中应看到该报警被确认，同时 M3.0 变为 1 状态。

A. 9 报警的组态与仿真实验

1. 实验目的

熟悉报警管理的组态和仿真的方法。

2. 实验内容

（1）组态报警

1）创建一个名为"报警实验"的项目，PLC_1 为 CPU 315-2PN/DP，HMI_1 为
KTP400 Comfort。在"连接"编辑器中创建与 S7-300/400 的以太网连接。

2）在 PLC 变量表中创建变量"事故信息"，数据类型为 Word（无符号字），绝对地址
为 MW10。打开 HMI 报警编辑器，在"离散量报警"选项卡中组态 4 个报警（见图 A-8）。

在变量表中创建变量"压力"，数据类型为 Int，绝对地址为 MW12，压力单位为 kPa。
在"模拟量报警"选项卡中组态两个报警（见图 A-9）。

ID	报警文本	报警类别	触发变量	触发位	触发器地址
1	1号设备故障	Errors	事故信息	0	%M11.0
2	2号设备故障	Errors	事故信息	1	%M11.1
3	3号设备故障	Errors	事故信息	2	%M11.2
4	4号设备故障	Errors	事故信息	3	%M11.3

模拟量报警

ID	报警文本	报警类别	触发变量	限制	限制模式
1	压力过高	Errors	压力	500	大于
2	压力升高	Warnings	压力	450	大于

图 A-8 离散量报警   图 A-9 模拟量报警

按图 5-2 设置报警类别的属性，按图 5-3 设置报警状态的文本。

（2）组态报警视图

将工具箱中的"报警视图"对象拖拽到自动生成的"画面_1"中。按 5.1.3 节的要求

组态报警视图的属性。

（3）报警视图的模拟运行

1）执行菜单命令"在线"→"仿真"→"使用变量仿真器"，启动变量仿真器。在仿真器中创建变量"事故信息"和"压力"（见图 A-10），前者的显示格式为二进制（Bin）。用鼠标调节报警视图各列的宽度。

	变量	数据类型	当前值	格式	写周期 (s)	模拟	设置数值	最小值	最大值	周期	开始
▶	事故信息	UINT	0000 0000 0000 0011	Bin	0.1	<显示>		0000 0000 ...	1111 1111 ...		☐
	压力	INT	0	十进制	1.0	<显示>		-32768	32767		☐

图 A-10 仿真器

2）在仿真器中将"事故信息"的值分别设为 1、0、10、0、100、0 和 1000（均为二进制数），观察在报警视图中出现的离散量报警消息。报警出现或消失时单击报警视图中的"确认"按钮，观察报警视图中显示的报警消息。

3）根据图 A-9 中模拟量报警的数值范围，在仿真器中设置变量"压力"的值，使模拟量报警出现或消失，事故报警出现或消失时单击报警视图中的"确认"按钮，观察报警视图中出现的报警消息。

A.10 系统诊断的仿真实验

1. 实验目的

熟悉系统诊断的仿真实验方法。

2. 实验内容

用 Windows 7 的控制面板打开"设置 PG/PC 接口"对话框。设置应用程序访问点为"S7ONLINE（STEP 7）→PLCSIM. TCPIP. 1"（见图 2-48）。

打开随书光盘中的项目"精智面板系统诊断"，打开项目树的"程序块"文件夹和"\程序块\系统块\系统诊断"文件夹，观察自动生成的用于系统故障诊断的 OB、FB、FC 和 DB，和 OB 中自动生成的调用 FB49 的指令。

选中项目树中的"PLC_1"，单击工具栏上的"开始仿真"按钮█，启动 S7-PLCSIM，将程序下载到仿真 PLC，将 CPU 切换到 RUN-P 模式。用 PLCSIM 上的选择框设置通信协议为"PLCSIM（PROFIBUS）"。

选中项目视图中的 HMI_1，单击工具栏上的"开始仿真"按钮█，启动 HMI 运行系统仿真。编译成功后，出现显示根画面的仿真面板。

选中 S7-PLCSIM 的"执行"菜单中的"触发错误 OB"→"机架故障（OB86）"，打开"机架故障 OB"对话框的"DP 故障"选项卡，生成 3 号站的"站故障"，3 号站对应的小方框应变为红色，观察 S7-PLCSIM 的 CPU 视图对象上的指示灯的状态变化。

打开根画面中的系统诊断视图，用视图中的按钮观察各级的诊断信息，以及诊断缓冲区中的诊断信息。打开 S7-PLCSIM 的"机架故障 OB"对话框的"DP 故障"选项卡，令 3 号站的故障消失，用系统诊断视图观察各级的信息，以及诊断缓冲区中的诊断信息。

执行 S7-PLCSIM 的菜单命令"执行"→"触发错误 OB"→"诊断中断（OB82）"，打开"诊断中断 OB（82）"对话框。在"模块地址"文本框输入 AO 模块的起始地址

PQW256，生成"外部电压故障"。然后去掉"外部电压故障"复选框中的勾，单击"应用"按钮，模拟 AO 模块故障消失。观察 CPU 视图对象上指示灯的变化，用系统诊断视图观察有诊断故障和诊断故障消失后诊断缓冲区中的诊断信息。

A.11 用户管理的仿真实验

1. 实验目的

熟悉用户管理的组态和仿真的方法。

2. 实验内容

打开随书光盘中的项目"用户管理"，双击项目视图中的"用户管理"，打开"用户管理"编辑器中的"用户组"选项卡，观察各用户组拥有的权限。打开"用户"选项卡，观察各用户分别属于哪个用户组。

分别选中初始画面中"温度设定值"右边的 I/O 域和"参数设置"按钮，再选中它们的巡视窗口的"属性 > 属性 > 安全"，观察操作它们需要的权限，以及是否勾选了"启用"复选框。执行菜单命令"在线"→"仿真"→"使用变量仿真器"，启动变量仿真器。

1）在初始画面中，单击与变量"温度设定值"连接的输入域，出现 Login（登录）对话框。单击"用户"输入域，输入用户名 WangLan 和口令 2000 后，按"确定"按钮。观察用户视图中是否出现 WangLan 的登录信息，文本域"已登录用户"右边的 I/O 域是否显示"WangLan"。是否能用 I/O 域输入温度设定值。

2）单击"参数设置"按钮，出现登录对话框。输入用户名 LiMing 和口令 3000 后，按"确定"按钮。登录成功后，单击"参数设置"按钮，观察是否能进入"参数设置"画面。返回根画面后注销登录的用户。

3）单击"登录用户"按钮，在登录对话框中输入用户名"Admin"和口令 9000，单击"确定"按钮后，用户视图中应出现所有用户的名称和密码。修改 Admin 之外的某个用户的参数。双击表内的空白行，生成一个新的用户。单击"注销用户"按钮后，观察是否能用新的用户名或修改了参数的用户名登录。注销后用"Admin"登录，观察是否能删除新生成的用户。

A.12 数据记录的仿真实验

1. 实验目的

熟悉数据记录的组态和仿真的方法。

2. 实验内容

按 6.1.2 节的要求和步骤，依次作循环记录、自动创建分段循环记录、显示系统事件、触发器事件、变化时记录和必要时记录数据的仿真实验。

A.13 报警记录的仿真实验

1. 实验目的

熟悉报警记录的组态和仿真的方法。

2. 实验内容

打开随书光盘中的项目"报警记录"，报警记录的组态见图 6-14。打开 HMI 报警编辑器中的"离散量报警"选项卡,查看其中的离散量报警。

双击打开项目树中的"根画面",选中其中的报警视图,查看报警视图的主要组态参数。

选中项目树中的"HMI_1",执行菜单命令"在线"→"仿真"→"使用变量仿真器"。在仿真器中生成变量"事故信息",其参数采用默认值。

在"设置数值"列先后写入数值1、2和0,依次将"事故信息"MW12中的M13.0、M13.1置位为1和将它们复位为0,观察报警视图中出现的报警消息。M13.0或M13.1为1或为0的时候单击报警视图的"确认"按钮,观察出现的报警消息。

打开文件夹C:\Storage Card USB中的文件"报警记录0.csv",根据本书对图6-19中的Excel文件的说明,对照报警视图中的报警消息,解读文件中各条报警记录的意义。

A.14 f(t)趋势视图的仿真实验

1. 实验目的

熟悉f(t)趋势视图的组态和仿真的方法。

2. 实验内容

(1) 用趋势视图显示实时数据

打开随书光盘中的项目"f(t)趋势视图",选中项目树中的"HMI_1",执行菜单命令"在线"→"仿真"→"使用变量仿真器",出现仿真面板。在仿真器中生成变量"正弦变量"和"递增变量",按图6-27的要求设置参数。用"开始"列的复选框启动这两个变量。

经过一段时间后,单击趋势视图上的各个按钮,检查它们的功能。用鼠标选中标尺,按住鼠标左键并移动鼠标,使标尺右移或左移。停止趋势视图的动态显示过程后,观察趋势视图下面的数值表显示的是否是趋势曲线与标尺交点处的变量值和时间值。

(2) 显示数据记录中的历史数据

打开随书光盘中的项目"使用记录数据的f(t)趋势视图",选中项目树中的HMI_1站点后,执行菜单命令"在线"→"仿真"→"使用变量仿真器",开始离线仿真运行。

在变量仿真器中设置变量"温度"按正弦规律变化(见图6-30),用"开始"列的复选框启动变量。用鼠标左键按住趋势画面,将曲线往左边拖拽。运行一段时间后,关闭仿真器。

打开计算机C盘的文件夹\Storage Card SD中的文件"温度记录0.txt",可以看到其中保存的变量值。记住记录的起始时间和结束时间。

去掉图6-28的"温度记录"的"运行系统启动时启用记录"复选框中的勾,设置重启时"向现有记录追加数据"。下次启动运行系统时,温度记录中的数据保持不变。

用"在线"菜单中的命令打开仿真面板。用拖拽的方法或用 ◀◀ 和 ▶▶ 按钮将趋势视图中的时间调节到记录数据的时间段,查看数据记录中保存的数据显示出来的曲线。

A.15 f(x)趋势视图的仿真实验

1. 实验目的

熟悉f(x)趋势视图的组态和仿真的方法。

2. 实验内容

（1）用趋势视图显示实时数据

打开随书光盘中的项目"f(x)趋势视图"，查看初始化组织块 OB100 和循环中断组织块 OB32 中的程序。选中根画面中的"f(x)趋势视图"，选中巡视窗口的"属性 > 属性 > 趋势"，单击"数据源"列右边的▼按钮，查看打开的"数据源"对话框（见图 6-35）。

选中项目树中的"PLC_1"，单击工具栏的"开始仿真"按钮🔳，启动 S7-PLCSIM，将程序下载到仿真 PLC。选中项目树中的"HMI_1"，单击🔳按钮，编译成功后，出现仿真面板。

将 S7-PLCSIM 切换到 RUN-P 模式，观察是否从坐标原点开始，逐点出现图 6-36 中曲线的各线段。

（2）使用数据记录的 f(x)趋势视图的仿真

打开随书光盘中的项目"使用记录数据的 f(x)趋势视图"，打开历史数据编辑器，查看其中的数据记录"DEG 记录"和"OUT 记录"。打开根画面，选中"f(x)趋势视图"，再选中巡视窗口的"属性 > 属性 > 趋势"。单击"数据源"列右边的▼按钮，查看"数据源"对话框（见图 6-38）。

选中项目树中的"PLC_1"，单击工具栏的"开始仿真"按钮🔳，启动 S7-PLCSIM，将程序下载到仿真 PLC。选中项目树中的"HMI_1"，单击🔳按钮，编译成功后，出现仿真面板。

将 S7-PLCSIM 切换到 RUN-P 模式，应逐点出现 f(x)趋势曲线。曲线画完后关闭仿真面板。打开计算机的文件夹 C:\Storage Card SD\Logs 中的文件"DEG 记录 0. txt"和"OUT 记录 0. txt"，查看它们记录的角度值和对应的正弦函数值。

去掉图 6-37 历史数据编辑器中的"DEG 记录"和"OUT 记录"的复选框"运行系统启动时启用记录"中的勾，将重启时的记录处理改为"向现有记录追加数据"。

选中项目树中的"HMI_1"，单击"开始仿真"按钮🔳，启动运行系统，出现仿真面板，应立即显示出图 6-36 中的 f(x)趋势视图。

A. 16　配方管理的仿真实验

1. 实验目的

熟悉配方的组态和仿真调试的方法。

2. 实验内容

（1）了解配方的组态

打开随书光盘中的例程"配方视图"，双击项目树 HMI_1 文件夹中的"配方"，打开"配方"编辑器，查看配方"橙汁"的"元素"选项卡和"数据记录"选项卡。

（2）配方视图与 PLC 直接连接

用 Windows 7 的控制面板打开"设置 PG/PC 接口"对话框。设置应用程序访问点为"S7ONLINE(STEP 7)→PLCSIM. TCPIP. 1"（见图 2-48）。

选中配方"橙汁"，再选中巡视窗口的"属性 > 常规 > 同步"，只勾选了"同步配方变量"复选框。配方视图、配方变量和 PLC 都是连通的。

选中项目树中的"PLC_1"，单击工具栏的"开始仿真"按钮🔳，启动 S7-PLCSIM，将程序下载到仿真 PLC，将 CPU 切换到 RUN-P 模式。选中项目树中的"HMI_1"，单击工具栏上的"开始仿真"按钮 🖳，编译成功后，出现仿真面板和根画面。

用 S7-PLCSIM 监视 MW10（配方中的水），用配方视图的"数据记录名"选择框切换配方数据记录，观察 S7-PLCSIM 中的 MW10 与配方视图和配方变量中的"水"是否同步变化。

在配方视图中修改条目"水"（MW10）的值，修改后单击配方视图中的"保存"按钮 🖫、"写入 PLC"按钮 🖳，或"同步配方变量"按钮 🔄，将修改后的值从配方视图传送到画面中的 I/O 域和 S7-PLCSIM。

修改 S7-PLCSIM 中配方条目"水"（MW10）的值，按回车键确认。观察修改的结果是否立即被画面中的 I/O 域显示出来。单击配方视图中的"保存"按钮 🖫、"从 PLC 读取"按钮 🖳，或"同步配方变量"按钮 🔄，将修改后的值从 PLC 传送到配方视图中。

（3）新建和删除数据记录

单击配方视图中的"添加数据记录"按钮 🖳，出现的新的数据记录，设置新记录的名称和各条目的值，修改完成后单击"保存"按钮 🖫 保存。

关闭运行系统后，又重新打开它，查看新建的数据记录是否存在。显示出新建的数据记录后，单击"删除"按钮 🗑 删除它。删除后单击"数据记录名"选择框，确认是否被删除。

（4）激活"变量离线"的仿真

退出运行系统，选中配方编辑器中的"橙汁"，同时勾选图 7-6 中的 3 个复选框。PLC 与配方变量的连接被断开。

将程序下载到仿真 PLC，将 CPU 切换到 RUN-P 模式。在 S7-PLCSIM 中监控配方条目"水"（MW10）和"数据记录"区域指针中的传送状态字 MW26。选中项目树中的"HMI_1"，单击工具栏的"开始仿真"按钮 🖳，编译成功后，出现仿真面板。

打开某个数据记录，观察配方中的条目值是否自动传送到 S7-PLCSIM。

单击配方视图中的"写入 PLC"按钮 🖳，将配方数据下载到 PLC。或者单击配方视图中的"从 PLC 读取"按钮 🖳，将 PLC 中的配方数据上传到 HMI 设备。观察传送状态字 MW26 为 0 和为 4 时是否可以传送数据，成功传送后 MW26 的值是否变为 4。

退出运行系统，勾选图 7-6 中的"同步配方变量"和"变量离线"复选框，但是不勾选"协调的数据传输"复选框，观察配方数据记录的上传或下载是否与状态字 MW26 的值有关。

A.17 精彩面板的画面组态实验

1. 实验目的

熟悉精彩系列面板的画面组态方法和调试方法。

2. 实验内容

在 S7-200 SMART 的编程软件的符号表中生成 Bool 变量"正转""反转""过载""正转按钮""反转按钮"和"停车按钮"，Int 变量"转速测量值"和"转速预设值"。编写异步电动机正反转控制的程序。

在 WinCC flexible SMART 中新建一个名为"电机控制"的项目，HMI 为 Smart 700 IE V3，组态它与 S7-200 SMART 的以太网连接。在变量表中生成和 PLC 符号表相同的变量。

在初始画面中生成显示电动机正转运行和反转运行的两个指示灯（见图 A-11）。在指示灯的下面生成文本域"正转"和"反转"。生成文本为"正转""反转"和"停车"的三个按钮。生成文本域"转速测量值"和"转速预设值"，在它们的右边生成输出域和输入/输出域。

用仿真器检查画面中的指示灯、按钮和 IO 域的功能。

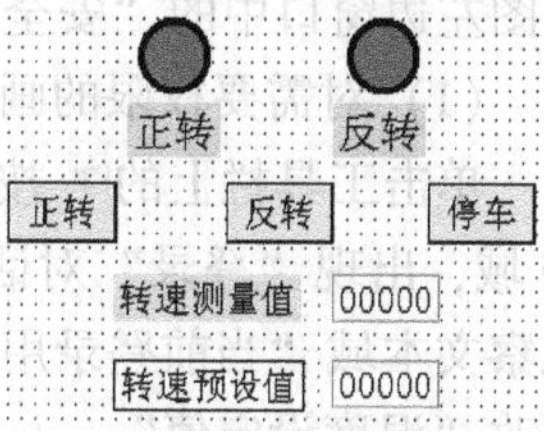

按 10.3.2 小节的要求，用"设置 PG/PC 接口"对话框设置好应用程序访问点，设置好计算机的以太网接口的 IP 地址和子网掩码。将程序下载到 S7-200 SMART 的标准型 CPU，启动 HMI 的运行系统，检查控制系统的功能是否满足设计的要求。

图 A-11 初始画面

A. 18 精彩面板报警的仿真实验

1. 实验目的

熟悉精彩面板报警管理的仿真实验方法。

2. 实验内容

打开随书光盘中的项目"精彩面板报警"，双击项目视图中的"离散量报警"和"模拟量报警"，观察组态的 6 个离散量报警和 4 个模拟量报警。

单击工具栏的"使用仿真器启动运行系统"按钮，出现仿真面板和仿真器，在仿真器中生成变量"事故信息""转速"和"温度"（见图 10-31）。"事故信息"的显示格式为 Bin（二进制数）。

在变量"事故信息"的"设置数值"列输入二进制数 11，观察在报警视图中出现的两条报警消息。单击报警视图上的确认按钮，观察事故 1 和事故 2 是否被同时确认。令变量"事故信息"的"设置数值"为 0，观察是否出现事故 1 和事故 2 的状态均为"到达确认离开"的报警消息。

选中与"机组过速"有关的报警消息，单击报警视图中的"编辑"按钮，观察是否跳转到画面_1。

将变量"温度"的值设为大于 850，观察是否同时出现"警告"和"事故"报警消息。选中"事故"报警消息，单击确认按钮，观察出现的报警消息。

将温度值设为 650~750℃的正常范围之间，观察出现的两条报警消息。

A. 19 精彩面板的用户管理仿真实验

1. 实验目的

熟悉精彩面板用户管理的组态和仿真的方法。

2. 实验内容

打开随书光盘中的项目"精彩面板用户管理"，双击打开项目视图中的"运行系统用户管理"文件夹中的"组",观察各用户组拥有的权限。双击打开项目视图中的"用户",观察各用户属于哪个用户组。

选中初始画面中"温度设定值"右边的 IO 域和"参数设置"按钮,再选中它们的属性视图左边窗口中的"安全",观察操作它们需要的权限,以及是否勾选了"启用"复选框。

(1) 对需要权限的画面对象的操作

单击工具栏上的 ![] 按钮,出现仿真面板和仿真器。单击初始画面中的"温度设定值" IO 域,出现"登录"对话框,输入用户名 WangLan 和密码 2000,单击"确定"按钮确认。观察文本域"当前登录用户"右边的 IO 域是否出现用户名称 WangLan。登录成功后用 IO 域修改"温度设定值"。

单击"参数设置"按钮,在登录对话框中输入用户名"LiMing"和密码 3000,登录成功后,单击"参数设置"按钮,观察是否能打开"参数设置"画面。

单击"注销用户"按钮,注销当前登录的用户。

(2) 在运行系统中管理用户

单击"登录用户"按钮,在登录窗口中输入用户名"Admin"和密码 9000,按"确定"按钮后,用户视图中应出现所有用户的名称及其所属的用户组。双击用户 WangLan,修改她的密码,将所属的组改为"工程师"。

双击最下面的"〈新建用户〉"行,在打开的对话框中设置好新用户的参数,生成一个属于"班组长"组的新用户。然后删除新生成的用户。注销"Admin"后检验 WangLan 被修改的用户密码和权限是否生效。

A.20 精彩面板的数据记录仿真实验

1. 实验目的

熟悉精彩面板数据记录的组态和仿真的方法。

2. 实验内容

(1) 循环记录

打开随书光盘中的项目"精彩面板数据记录",单击工具栏上的 ![] 按钮,出现仿真面板和仿真器。在仿真器中生成变量"温度1"和"温度2",按图 10-49 的要求设置它们的参数。勾选"开始"列中的复选框,变量的值开始变化。将仿真器的参数设置保存在名为"精彩记录"的文件中。

经过一段时间之后关闭仿真器,双击打开文件夹"C:\USB_X60.1\Temp_log_1\"的文本文件 Temp_log_10.txt,观察记录的数据。重新起动仿真器,观察"重启行为"分别为"记录清零"和"添加数据到现有记录的后面"时,对记录的数据的影响。

(2) 自动创建分段循环记录

将每个记录 Temp_log_1 的记录条目数改为 10。记录方法改为"自动创建分段循环记录",记录文件的最大编号为 2,重启时"记录清零"。单击工具栏上的 ![] 按钮,启动仿真器,打开仿真器文件"精彩记录",30 s 之后退出运行系统。打开文件夹"C:\USB_X60.1\Temp_log_1",观察 3 个文本文件记录的数据和它们之间的时间关系。

(3) 显示系统报警

设置 Temp_log_1 的记录条目数为 30。记录方法为"显示系统事件于","填充量"为默认的90%。单击工具栏上的按钮，启动仿真器，打开仿真器文件"精彩记录"，观察报警视图在接近30s时是否出现系统消息"记录Temp_log_1已有百分之90，必须交换出来"。打开文件Temp_log_10. txt，观察它是否记录了30个数据。

（4）触发事件

设置数据记录Temp_log_1的条目数为30，记录方法为"触发事件"。单击工具栏上的按钮，启动仿真器，打开仿真器文件"精彩记录"，观察在记录了30个数据时，初始画面中的"溢出"指示灯是否亮，是否能用按钮关闭"溢出"灯。打开文件Temp_log_10. txt，观察它是否记录了30个数据。

A.21 精彩面板的趋势视图仿真实验

1. 实验目的
熟悉精彩面板趋势视图的组态和仿真的方法。

2. 实验内容
打开随书光盘中的项目"精彩面板趋势视图"，单击工具栏上"的按钮，出现仿真器和仿真面板。在仿真器中生成变量"温度"和"转速"（见图10-63）。用"开始"列的复选框启动这两个变量。

经过一段时间后，单击趋势视图上的各个按钮，检查它们的功能。用鼠标选中标尺，按住鼠标左键并移动鼠标，使标尺右移或左移。停止趋势视图的动态显示过程后，观察趋势视图下面的数值表显示的是否是趋势曲线与标尺交点处的变量值和时间值。

附录 B 随书资源简介

本书配套的视频教程、例程、用户手册、S7-PLCSIM V13 SP1、PLCSIM V13 SP1 UPD1、TIA V13 SP1 UPD9、WinCC flexible SMART V3和WinCC flexible SMART V3 UPD3在光盘1中，STEP 7 Professional V13 SP1在光盘2中，WinCC Professional V13 SP1在云中（可扫描书封底二维码，获取下载链接）。光盘中后缀为pdf的用户手册用Adobe reader或兼容的阅读器阅读，可以在互联网下载阅读器。

下面是多媒体视频教程和例程的名称。

1. 多媒体视频教程
（1）第1、2章视频教程

TIA博途使用入门，组态通信与下载用户程序，触摸屏画面组态（A），触摸屏画面组态（B），S7-1200与HMI的集成仿真，S7-300与HMI的集成仿真，连接硬件PLC的HMI仿真。

（2）第3、4章视频教程

组态技巧（A），组态技巧（B），动画功能的实现，按钮组态与仿真（A），按钮组态与仿真（B），开关组态与仿真，棒图组态与仿真，图形输入输出组态与仿真，符号I/O域组态与仿真，图形I/O域组态与仿真。

（3）第5、6章视频教程

精智面板报警（A），精智面板报警（B），系统诊断组态，系统诊断仿真，系统诊断的硬件实验，用户管理组态，用户管理仿真，数据记录（A），数据记录（B），报警记录，f(t)趋势视图组态，f(t)趋势视图仿真，f(x)趋势视图，使用记录数据的 f(x)趋势视图。

（4）第 7~9 章视频教程

配方视图组态，配方视图仿真（A），配方视图仿真（B），用 PROSAVE 传送数据，HMI 综合应用的仿真调试。

（5）第 10 章视频教程

精彩面板与 S7-200 SMART 的仿真实验，精彩面板报警，精彩面板用户管理组态，精彩面板用户管理仿真，精彩面板数据记录（A），精彩面板数据记录（B），精彩面板趋势视图。

2. 例程

与正文配套的 40 个例程在文件夹 Project 中。

第 2、3 章例程：PLC_HMI，315_精简面板，1200_精智面板，1500_精简面板，1200_KTP600，HMI 设备向导应用，滑入画面与弹出画面，动画。

第 4 章例程：按钮组态，开关与 I/O 域组态，图形输入输出组态，日期时间域符号 I/O 域组态，图形 I/O 域组态，面板组态。

第 5 章例程：精智面板报警，精简面板报警，精智面板系统诊断，用户管理。

第 6 章例程：数据记录，报警记录，f(t)趋势视图，使用记录数据的 f(t)趋势视图，f(x)趋势视图，使用记录数据的 f(x)趋势视图。

第 7~9 章例程：配方视图，配方画面，报表组态，脚本应用，脚本_SP3，Integ_S7，HMI 综合应用。

第 10 章例程：精彩面板以太网通信，精彩面板报警，精彩面板用户管理，精彩面板配方视图，精彩面板数据记录，精彩面板报警记录，精彩面板趋势视图。

S7-200 SMART 程序：HMI 例程，配方。

3. 用户手册

包括与 S7-1200/1500 和变频器有关的硬件、软件和通信的手册 20 多本。

参 考 文 献

[1] 廖常初. S7-300/400 PLC 应用技术 [M]. 4 版. 北京：机械工业出版社，2016.

[2] 廖常初. S7-1200 PLC 编程及应用 [M]. 3 版. 北京：机械工业出版社，2017.

[3] 廖常初. S7-1200/1500 PLC 编程及应用 [M]. 北京：机械工业出版社，2017.

[4] 廖常初. S7-1200 PLC 应用教程 [M]. 2 版. 北京：机械工业出版社，2020.

[5] 廖常初，祖正容. 西门子工业通信网络组态编程与故障诊断 [M]. 北京：机械工业出版社，2009.

[6] 廖常初. S7-300/400 PLC 应用教程 [M]. 3 版. 北京：机械工业出版社，2016.

[7] 廖常初. 跟我动手学 S7-300/400 PLC [M]. 2 版. 北京：机械工业出版社，2016.

[8] 廖常初. PLC 编程及应用 [M]. 5 版. 北京：机械工业出版社，2019.

[9] 廖常初. S7-200 PLC 编程及应用 [M]. 3 版. 北京：机械工业出版社，2019.

[10] 廖常初. S7-200 SMART PLC 编程及应用 [M]. 3 版. 北京：机械工业出版社，2019.

[11] 廖常初. S7-200 SMART PLC 应用教程 [M]. 2 版. 北京：机械工业出版社，2019.

[12] 廖常初. FX 系列 PLC 编程及应用 [M]. 3 版. 北京：机械工业出版社，2020.

[13] 廖常初. PLC 基础及应用 [M]. 4 版. 北京：机械工业出版社，2019.

[14] Siemens AG. 精智面板操作说明，2016.

[15] Siemens AG. 第二代精简系列面板操作说明，2016.

[16] Siemens AG. 西门子操作面板产品样本，2015.

[17] Siemens AG. WinCC Advanced V13.0 SP1 系统手册，2014.

[18] Siemens AG. Smart IE V3 精彩系列面板操作说明，2015.